# DOPPELDECKER, DREIFACHDECKER & WASSERFLUGZEUGE

MICHAEL SHARPE

# DOPPELDECKER, DREIFACHDECKER & WASSERFLUGZEUGE

GONDROM

Lizenzausgabe für Gondrom Verlag GmbH, Bindlach 2001


Bearbeitung und Koordination der deutschen Ausgabe:
akapit Verlagsservice, Berlin – Saarbrücken
Übersetzung: Alexander Lüdeke (akapit Verlagsservice)



ISBN 3-8112-1872-7

Bildnachweise:
Alle Bilder von TRH Pictures und Aerospace Publishing

Covervorderseite: Sopwith Triplane, Albatros D.V, Heinkel He 59D-1, CANT Z.501, Consolidated N4Y-1 (Modell 21-A)
Coverrückseite: AEG C.IV

# Inhalt

# Einleitung

**Dieses Buch bietet einen umfassenden Überblick über die wichtigsten Doppeldecker, Dreifachdecker und Wasserflugzeuge aus der so genannten goldenen Ära der Luftfahrt zwischen 1900 und 1945. Der meistverbreitete Flugzeugtyp jener Epoche waren Doppeldecker, die auch am häufigsten in diesem Buch vertreten sind.**

Obgleich es Eindecker auch schon in den Pioniertagen der Fliegerei gab, waren die Doppeldecker wegen ihrer Stärke und Widerstandsfähigkeit doch lange Zeit eindeutig die beliebteren Flugzeuge. Mitte der 20er Jahre flogen die ersten wirklich erfolgreichen Eindecker, und von ca. 1935 an war der Niedergang des Doppeldeckers nicht mehr aufzuhalten. Jene Epoche erlebte spektakuläre Versuche mit Mehrfachdeckern, Erfolg war jedoch nur den Dreideckern beschieden, die auch in diesem Buch besprochen werden. Der Begriff „Wasserflugzeug" beinhaltet Flugzeuge aller Kategorien, wobei diese sich wiederum in Flugzeuge mit Schwimmern und in Flugboote aufteilen. Die Ersteren sind eigentlich gewöhnliche Flugzeuge, die mit Schwimmern ausgerüstet sind, wohingegen Flugboote einen bootsförmigen Rumpf haben. Flugzeuge, die vom Land und vom Wasser aus operieren, nennt man Amphibienflugzeuge.

*Die Sopwith Camel war eines der besten Jagdflugzeuge des 1. Weltkriegs. Ihren Namen erhielt sie durch den charakteristischen „Kamelhöcker" auf dem vorderen Rumpf.*

Den Geschichtsbüchern zufolge wurde der erste Flug in einem Flugapparat mit starren Tragflächen im Jahre 1849 von einem bis heute unbekannten kleinen Jungen durchgeführt, der einen von Sir George Clayley entworfenen Gleiter flog. Bis zu jener Zeit waren Ballons die einzigen erfolgreichen Fluggeräte gewesen, und trotz Clayleys Erfolg fanden auch in den folgenden vier Jahrzehnten die beachtenswertesten Forschungen auf dem Gebiet der so genannten Leichter-als-Luft-Fluggeräte statt. Clayley leistete Pionierarbeit, doch wurde allgemein angenommen, dass irgendeine Art von Antrieb für den Flug mit einer Maschine, die schwerer als Luft ist, nötig war. Die Suche danach bestimmte die zweite Hälfte des 19. Jahrhunderts. 1890 steckte der Verbrennungsmotor noch in der Anfangsphase, und von allen anderen Möglichkeiten wurde nur Dampf als eventuell geeignet betrachtet. Nach 1850 erschien eine außergewöhnliche Sammlung dampfgetriebener „Luftwagen", die jedoch alle an einem Mangel an Motorkraft und an zu hohem Gewicht litten. Solange keine Kolbenmotoren mit größerer Leistung oder leichtere Flugapparate gebaut werden konnten, war kein Fortschritt in der Luftfahrt möglich.

## DIE WEITERENTWICKLUNG ZUM KAMPFFLUGZEUG

Man sagt, das Bemerkenswerteste am Flug des „Flyers" der Gebrüder Wright am 3. Dezember 1903 sei nicht der Entwurf des Flugzeuges, sondern der Motor gewesen, der erstmals das Gewicht-Leistungs-Problem löste. Der Flugapparat an sich war ein zerbrechlicher Doppeldecker aus Holz und Stoff mit einem einfachen Steuerungssystem, doch durch die Kombination mit dem leichten, leistungsstarken Motor bauten die Gebrüder Wright den ersten erfolgreichen Flugapparat, der schwerer als Luft war.

Die problematische Entwicklung leistungsfähiger und zuverlässiger Flugzeugmotoren verfolgte die Konstrukteure noch viele Jahre. Die relative Leistungsarmut vorhandener Motoren war das Haupthindernis bei der Flugzeugentwicklung bis zum Ende des Krieges. Zudem waren die ersten Flugzeuge kaum mehr als von Stoff bedeckte Holzrahmen. Stabilität verliehen ihnen Verspannungsdrähte und Verstrebungen. Ein- und Mehrdeckerkonstruktionen wurden mit wechselndem Erfolg erprobt. Louis Bleriot, Albert Santos-Dumont und Anthony Fokker waren unter den erfolgreichsten Konstrukteuren von Eindeckern vor dem Krieg, doch ihre Maschinen waren zerbrechlich und unfallanfällig. Dennoch sollte man nicht vergessen, dass zu Anfang des Jahrhunderts die Fliegerei als Wunder

der Technik galt und Konstrukteure wie Piloten von Öffentlichkeit und Presse gefeiert wurden. Doch dies hielt nicht lange an.

Bei Ausbruch des Krieges 1914 hatten alle Großmächte Flugzeuge in ihren Diensten, doch waren dies in keinster Weise Kampfflugzeuge. Ihre Entwürfe stammten aus den Pioniertagen der Fliegerei, und sie waren nicht für einen Einsatz im Krieg bestimmt. Die ersten vorsichtigen Flüge über der Westfront waren Aufklärungs- und Artilleriebeobachtungsmissionen mit langsamen, zerbrechlichen und unbewaffneten Maschinen wie der Royal Aircraft Factory B.E.2c oder der Albratos B.II.

Doch durch die Bewaffnung mit Maschinengewehren und der Entwicklung eines Unterbrechergetriebes, mit dem man durch den Propellerkreis feuern konnte, entstand das Kampfflugzeug. Dieses Unterbrechergetriebe, erstmals eingebaut in die Fokker E.III, war einer der bedeutendsten Fortschritte der militärischen Luftfahrt.

*Das amerikanische Fliegerass Captain Eddie Rickenbacker, hier abgebildet vor den Insignien seines Geschwaders aus dem 1. Weltkrieg.*

Ab Mitte 1915 wurden Luftkämpfe zunehmend häufiger. Interessanterweise bauten beide Seiten nach der Fokker E.III nur noch wenige Eindecker. Die Erfahrung zeigte, dass die beim Luftkampf nötigen, heftigen Manöver Belastungen verursachten, welche die damaligen Eindecker nicht aushielten. Man hielt sie daher für Militäreinsätze nicht geeignet. Die weite Verbreitung militärischer und ziviler Doppeldecker ist eine direkte Folge der größeren Stabilität dieser Bauweise und nicht, wie manchmal angenommen, der Wunsch nach mehr Auftrieb.

Der 1. Weltkrieg erwies sich als mächtiger Katalysator für die Entwicklung der Luftfahrt und legte den Grundstein für

*Die de Havilland DH.82a Tiger Moth war zwischen den Kriegen ein sehr populäres Zivilflugzeug, viele Maschinen fliegen heute noch.*

den späteren Einsatz von Kampfflugzeugen. 1918 erreichten Jagdflugzeuge Geschwindigkeiten über 200 km/h und waren mit zwei durch den Propellerkreis feuernden Maschinengewehren bewaffnet. Geschwindigkeit, Feuerkraft, Gipfelhöhe und weitere Leistungsparameter verbesserten sich erheblich. Doch die Neuerungen betrafen nicht nur die Flugzeugkonstruktionen. Im Maße ihrer Leistungsverbesserung wurden Flugzeuge auch in neuen Rollen eingesetzt, die vom Aufklärer bis zum strategischen Bomber reichten.

Deutschland setzte während der Märzoffensive an der Westfront 1918 erstmals spezielle Kampfstaffeln ein, die vorrückende Bodentruppen aus der Luft unterstützen sollten. Bewaffnet mit leichten Bomben, Splitterhandgranaten und Maschinengewehren zum Beschuss der gegnerischen Truppen sowie über ein rudimentäres Signalsystem vom Boden aus mit Informationen versorgt, erwiesen sich diese Staffeln als höchst erfolgreich. In den letzten Monaten des Krieges verbesserten die Briten diese Taktik und verwendeten Flugzeuge zum Angriff auf Feldartilleriestellungen, die im Weg vorrückender Panzer lagen. 1939 benutzten die deutsche Truppen ähnliche Taktiken bei den Vorstößen in Polen, den Niederlanden, Frankreich und schließlich bei der Operation Barbarossa, dem Angriff auf die Sowjetunion.

Das Wasserflugzeug war ursprünglich lediglich zur Artilleriebeobachtung von Schiffsgeschützen entworfen worden. Es erfuhr eine ähnliche Ausweitung des Einsatzspektrums wie die Jagdflugzeuge. Bei Torpedoangriffen, der Konvoibegleitung, der U-Boot-Jagd sowie bei Einsätzen von Flugzeugträgern war während des Krieges Pionierarbeit geleistet worden. Bei Kriegsende hatte man allgemein die Überzeugung erreicht, dass Flugzeuge eine wichtige Rolle bei der Kriegsführung spielten und in der Zukunft unentbehrlich sein würden.

## ZWISCHEN DEN KRIEGEN

Kürzungen der Verteidigungshaushalte führten in den Jahren zwischen den Kriegen zur drastischen Verkleinerung der amerikanischen und europäischen Luftwaffen, dadurch verlangsamte sich die Kampfflugzeugentwicklung. Während die militärische Luftfahrt stagnierte, profitierte die zivile Luftfahrt, die vor dem Krieg noch in den Kinderschuhen gesteckt hatte, von den Entwicklungen und wurde zum Sinnbild des technischen Fortschritts. Die 20er und 30er Jahre waren eine goldene Zeit für die zivile Luftfahrt. In diesen beiden Jahrzehnten wurden Flugzeugreisen für jedermann möglich, und interkontinentaler Luftverkehr wurde zur Realität. Anfang der 20er Jahre überflutete eine große Anzahl überzähliger Militärflugzeuge den Markt, und für Tausende von zukünftigen Piloten wurde der Privatbesitz einer Maschine möglich, was viele erst dazu brachte, das Fliegen zu erlernen. Die Talfahrt des militärischen Marktes veranlasste die Hersteller, erschwingliche Flugzeuge für den wachsenden privaten Markt zu entwickeln. Ehemalige Militärpiloten und Maschinen bildeten das Rückgrat neu gegründeter Luftfahrtunternehmen und lösten neuen Enthusiasmus für das Abenteuer Fliegen in Europa und in den USA aus.

## DIE ERSTEN FLUGLINIEN

Sowohl in den USA als auch in Europa wurden bald die ersten Luftpostlinien eingerichtet, was den Weg für neue Luftfrachtunternehmen bahnte. Seit den 20er Jahren vergrößerte sich das Netz der Flugverbindungen rasch, vorangetrieben vor allem durch Großbritannien, Deutschland, Italien und die USA. Aus diesen Ländern stammte auch die erste Generation von Linienflugzeugen und Passagierflugbooten. Diese Entwicklung dauerte die nächsten zwei Jahrzehnte an und umfasste die China Clipper und die Flüge der Imperial Airways, bis der Ausbruch des 2. Weltkrieges sie stoppte, gerade als man in Deutschland die ersten Linienflüge nonstop über den Atlantik einrichten wollte.

## REKORDFLÜGE

Eine weitere interessante Entwicklung war das Wiedererwachen des Pioniergeistes bei Flugwettbewerben. Die Piloten strebten danach, schneller, höher und weiter zu fliegen als ihre Konkurrenten, angetrieben von Nationalstolz und der Suche nach internationaler Anerkennung. Die Hersteller wiederum sahen die Rekordflüge als gute Möglichkeit an, ihre neuesten Produkte vorzustellen. Neben den zahlreichen Langstreckenrekorden kann man die Fortschritte jener Zeit an den Rennen um den Schneider-Pokal und an den National Air Races ablesen. Beide Ereignisse verursachten großes öffentliches Interesse und regten die Hersteller zu immer leistungsfähigeren Entwürfen, Motoren und Materialien an. Metall ersetzte Holz, Fahrwerke wurden einziehbar, und Eindecker lösten den Doppeldecker ab.

Die militärische Luftfahrt nahm diese technischen Fortschritte jedoch nur langsam an. Das Geld für Neuentwicklungen war nach dem Versailler Vertrag von 1919 überall knapp, und auf vielen Gebieten wurden kaum Fortschritte gemacht. Zudem gab es in den Jahren zwischen den Kriegen einen sehr deutlichen Glauben an die Bedeutung der Offensive bei der Luftkriegsführung, sodass Großbritannien, Frankreich und die USA lieber geringe Stückzahlen an unzulänglichen Bombern bauten. Sie hielten daran fest, dass mit ausreichender Defensivbewaffnung bestückte Bomberformationen der Schlüssel zum Erfolg im Luftkrieg seien. Die Entwicklung strategischer Bomber wurde daher mit viel Aufwand betrieben, während man Jagd- und Aufklärungsflugzeuge sowie die Marineluftfahrt oft vernachlässigte.

Im Jahr 1930 waren Militärflugzeuge (abgesehen von Bombern) kaum verändert gegenüber den Maschinen von 1918. Die Leistungen hatten sich zwar verbessert, aber die grundsätzliche Auslegung war die gleiche: Es waren Doppeldecker mit Heckspornfahrwerk und leichter Bewaffnung. Man begann gerade erst damit, beim Bau Holz durch Metall zu ersetzen. Doppeldecker flogen noch bis weit in die 30er Jahre hinein, und noch 1936 stellte Großbritannien sein letztes Doppeldecker-Jagdflugzeug in Dienst, die Gloster Gladiator. In Italien ging die Entwicklung von Doppeldeckern sogar noch nach diesem Datum weiter.

*)ie Short Sunderland diente dem Küstenkommando der britischen Luftwaffe während 'es 2. Weltkriegs und erbrachte dabei gute Leistungen.*

## DAS ENDE EINES GOLDENEN ZEITALTERS

ie veralteten Doppeldecker stellten 1939 immer noch einen Großteil der uftwaffen von Großbritannien, Deutschland, Frankreich, Belgien, den iederlanden und anderen Staaten. Bei Fortschreiten des Krieges wurden e jedoch zunehmend bedeutungsloser. Mit Ausnahme der Swordfish varen sie bis 1945 überall ausgemustert. Nur die sowjetischen Konstrukeure von Antonow konnten mit ihrer An-2 das Doppeldeckerkonzept urzfristig wiederbeleben.

Flugboote leisteten als Langstreckenseeaufklärer noch weit nach 1945 ervorragende Dienste, aber die ehrgeizigen Nachkriegspläne für riesige assagierflugboote wurden durch die Entwicklung von Langstreckenjets berholt. Einige Schwimmerflugzeuge und Flugboote werden immer noch uf der ganzen Welt verwendet, besonders in Kanada und der Karibik, och ihre Bedeutung schwindet seit der Einführung des Hubschraubers usehends.

Glücklicherweise blieben viele der Flugzeuge, die in diesem Buch vorestellt werden, in Museen oder in der Hand privater Sammler und Stifungen erhalten. Von anderen gibt es nur Bilder und Erinnerungen. Dieses uch dient als nützliches Nachschlagewerk und erinnert an die Pioniertage er Luftfahrt.

# AEG C.IV

Die Allgemeine Elektrizitäts-Gesellschaft (AEG) begann 1910 mit dem Flugzeugbau, und nach Ausbruch des 1. Weltkrieges 1914 produzierte sie Militärmaschinen für Heer und Marine. Die AEG-„C“-Serie begann mit der im März 1915 eingeführten C.I, einem zweisitzigen, bewaffneten Aufklärer mit einem 150 PS (112 kW) Mercedes-Reihenmotor. Wichtigste Vertreterin dieser Serie war die C.IV, die einen Mercedes- D.III-Reihenmotor und ein fest eingebautes, vorwärts feuerndes MG erhielt. Über 400 Exemplare der C.IV wurden hergestellt. Die C.IV wurde zum N.IV-Nachtbomber mit vergrößerter Spannweite und erhöhter Motorleistung weiterentwickelt, der zweisitzige C.V-Aufklärer und eine C.VIII.Dr-Dreideckerversion blieben jedoch nur Prototypen. Hier abgebildet ist eine AEG C.IV der Fliegerabteilung „A“ (Artilleriebeobachtung) 224, die im Frühjahr 1917 in Chateau Bellingchamp stationiert war.

| | |
|---|---|
| **Herkunftsland:** | Deutschland |
| **Typ:** | zweisitziger, bewaffneter Aufklärer |
| **Triebwerk:** | ein Reihenmotor MercedesD.III mit 160 PS (119 kW) |
| **Leistung:** | Höchstgeschwindigkeit 115 km/h; Dienstgipfelhöhe 5.000 m; Flugdauer 4 h |
| **Gewicht:** | Leergewicht 800 kg; max. Startgewicht 1.120 kg |
| **Abmessungen:** | Spannweite 13,45 m; Länge 7,15 m; Höhe 3,35 m; Flügelfläche 39 qm |
| **Bewaffnung:** | ein fest eingebautes vorwärts feuerndes 7,92-mm-LMG-08/15-MG; ein 7,92-mm-Parabellum-MG auf einem Drehkranz im hinteren Cockpit |

# AEG G.IV

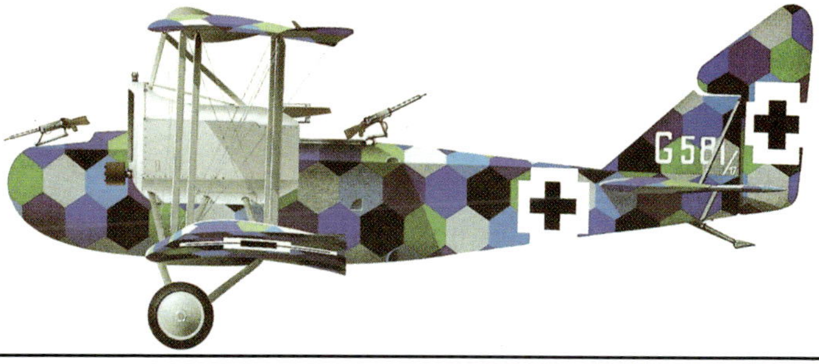


AEG entwickelte schon früh Bomber für die deutschen Kampfstaffeln. Als erste Maschine in der „G"-Serie war die G.I ziemlich untermotorisiert, und nur ein Exemplar wurde gebaut. Auch die folgenden Modelle, G.II und G.III, litten an diesem Problem und wurden daher nur in geringen Stückzahlen gefertigt. Erst der Einbau zweier Mercedes-D.IV-Reihenmotoren führte zu einem weitaus effektiveren Flugzeug, der G.IV, die jedoch erst Ende 1916 in Serie ging. Die vier Besatzungspositionen innerhalb des aus Stahlrohr, Sperrholz und Stoff bestehenden Rumpfes waren miteinander verbunden, sodass die Mannschaft bei Bedarf während des Fluges die Plätze tauschen konnte. Mit der vollen Bombenlast und Besatzungsstärke war die Reichweite eingeschränkt. Abgebildet ist eine AEG G.IV der Bogohl 4, Staffel 19, die im Sommer 1918 in Bazuel stationiert war.

| | |
|---|---|
| **Herkunftsland:** | Deutschland |
| **Typ:** | viersitziger Bomber/Aufklärer |
| **Triebwerk:** | zwei Reihenmotoren Mercedes D.IV a mit 260 PS (194 kW) |
| **Leistung:** | Höchstgeschwindigkeit 165 km/h; Dienstgipfelhöhe 4.500 m; Flugdauer 5 h |
| **Gewicht:** | Leergewicht 2.400 kg ; max. Startgewicht 3.630 kg |
| **Abmessungen:** | Spannweite 18,40 m; Länge 9,7 m; Höhe 3,9 m; Flügelfläche 67 qm |
| **Bewaffnung:** | ein 7,92-mm-Parabellum-MG auf einem Drehkranz im vorderen Cockpit; ein 7,92-mm-Parabellum-MG auf einem Drehkranz im hinteren Cockpit; Haltepunkte unter den Flügeln für max. 400 kg Bomben |

# Aero A.18

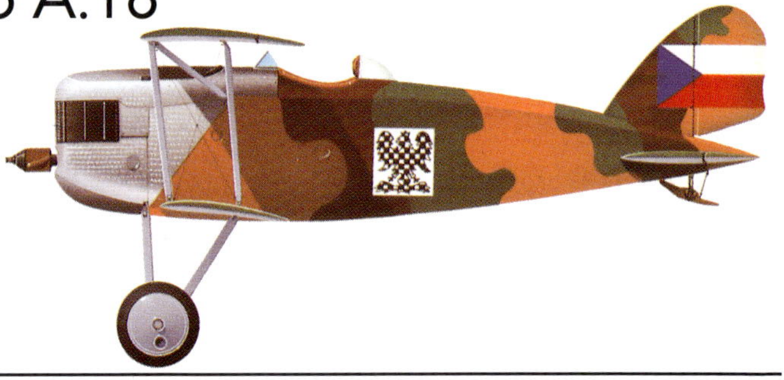

Aero Tovarna Letadel Dr. Kabes wurde direkt nach Ende des 1. Weltkriegs in Prag gegründet, zu einer Zeit als die meisten anderen europäischen Flugzeughersteller ihre Fabriken schlossen. Die A.18 war der erfolgreiche Beitrag der Firma für einen Wettbewerb der neuen tschechoslowakischen Luftwaffe für einen einsitzigen Jäger. Die A.18 war eine kleinere, einsitzige Version der A.11 und hatte wie diese Doppeldeckertragflächen ungleicher Spannweite. Das Antriebsaggregat kam von BMW, und die beiden nach vorne durch den Propellerkreis schießenden Maschinengewehre waren von Vickers. 20 Flugzeuge wurden für die tschechoslowakische Luftwaffe produziert. Nächste Version war die A.18b, die 1923 ein nationales Flugzeugrennen gewann, und die A.18c mit einem Walther-Triebwerk mit 300 PS (224 kW). Abgebildet ist eine A.18, 2. Luftregiment, die Mitte der 20er Jahre in Oloumouc stationiert war.

| | |
|---|---|
| **Herkunftsland:** | Tschechoslowakei |
| **Typ:** | einsitziger Jäger |
| **Triebwerk:** | ein Reihenmotor BMW IIIa mit 185 PS (138 kW) |
| **Leistung:** | Höchstgeschwindigkeit 229 km/h; Dienstgipfelhöhe 9.000 m; Reichweite 400 km |
| **Gewicht:** | Leergewicht 637 kg ; max. Startgewicht 862 kg |
| **Abmessungen:** | Spannweite 7,6 m; Länge 5,9 m; Höhe 2,9 m; Flügelfläche 15,9 qm |
| **Bewaffnung:** | zwei fest eingebaute, vorwärts gerichtete MG |

# Aero A.100

Der Erfolg der A.11 ermutigte Aero, dieses Modell weiterzuentwickeln, jedoch war der Einbau eines Lorraine-Dietrich-Motors mit 450 PS (336 kW) nicht zufriedenstellend, und grundlegende Änderungen an der Struktur mussten vorgenommen werden, bevor das A.30 genannte Modell in Produktion gehen konnte. Aus der A.30 entwickelte man die A.430, welche einen Avia-Motor mit 650 PS (485 kW) und Ölstoßdämpfer für das Fahrwerk erhielt. Dieses Flugzeug bot eine deutlich bessere Leistung als die A.30, und unter der neuen Bezeichnung A.100 wurde es ab 1933 in ca. 44 Exemplaren für die tschechoslowakische Luftwaffe hergestellt. Bomberversionen waren die A.101 mit einem Praga-Motor mit 800 PS (596 kW) und die A. Ab.101 mit einem Hispano-Suiza-Motor mit 750 PS (559 kW). Abgebildet ist eine A.100 des 3. Luftregiments der tschechoslowakischen Luftwaffe, die Mitte der 30er Jahre in Piestnany stationiert war.

| | |
|---|---|
| **Herkunftsland:** | Tschechoslowakei |
| **Typ:** | zweisitziger Langstreckenaufklärer |
| **Triebwerk:** | ein Reihenmotor Avia Vr-36 mit 650 PS (485 kW) |
| **Leistung:** | Höchstgeschwindigkeit 270 km/h; Dienstgipfelhöhe 6.500 m; Flugdauer 4 h |
| **Gewicht:** | Leergewicht 2.040 kg; max. Startgewicht 3.220 kg |
| **Abmessungen:** | Spannweite 14,7 m; Länge 10,6 m; Höhe 3,5 m; Flügelfläche 44,3 qm |
| **Bewaffnung:** | zwei fest eingebaute, vorwärts gerichtete 7,7-mm-Vickers-MG; zwei Lewis-MG auf einer beweglichen Halterung im hinteren Cockpit; externe Bombenlast von max. 600 kg |

# Aichi D1A2 Susie

Wie viele der damaligen neuen Flugzeugbauer war Aichi Tokei Denki Kabushiki Kaisha schon eine erfolgreiche Maschinenbaufirma, bevor man mit der Entwicklung und Produktion von Flugzeugen begann. Erfahrungen konnte man durch die enge Zusammenarbeit mit Ernst Heinkel sammeln, dessen Entwurfsteam 1931 für Aichi den Prototyp (die He 66) eines trägergestützten Sturzbombers nach einer Ausschreibung der japanischen Marine konstruierte. Das in Japan hergestellte, mit einem Nakajima-Motor ausgerüstete Flugzeug wurde als Marine-Typ-94-Trägerbomber bezeichnet (Aichi D1A1). Hieraus entwickelte man die Aichi D1A2, die 1936 erschien und einen leistungsstärkeren Motor, ein verkleidetes Fahrwerk und stromlinienförmigere Cockpitscheiben erhielt. 428 Maschinen wurden für die japanische Marine hergestellt, doch die 1941 noch vorhandenen 70 Exemplare waren nicht mehr in den Fronteinheiten zu finden.

| | |
|---|---|
| **Herkunftsland:** | Japan |
| **Typ:** | zweisitziger, trägergestützter Sturzbomber |
| **Triebwerk:** | ein Sternmotor Nakajima Hikari 1 mit 730 PS (544 kW) |
| **Leistung:** | Höchstgeschwindigkeit 310 km/h; steigt auf 3.000 m in 7 Minuten, 50 Sekunden; Dienstgipfelhöhe 7.000 m; Reichweite 930 km |
| **Gewicht:** | Leergewicht 1.516 kg; max. Startgewicht 2.610 kg |
| **Abmessungen:** | Spannweite 11,4 m; Länge 9,3 m; Höhe 3,41 m; Flügelfläche 34,7 qm |
| **Bewaffnung:** | zwei fest eingebaute, vorwärts gerichtete 7,7-mm-Typ-97-MG und ein 7,7-mm-Typ-92-MG beweglich im hinteren Cockpit; plus externe Halterungen für eine 250-kg- und zwei 30-kg-Bomben |

# Aichi E13A Jake

Der Aichi-Konzern produzierte eine Reihe von Aufklärungsschwimmerflugzeugen für die japanische Marine. Das erfolgreichste und wohl bekannteste ist die E13A. 1937 veröffentliche die japanische Marine eine Ausschreibung für einen mit Schwimmern ausgerüsteten Langstreckenaufklärer, der sowohl von Küstenbasen als auch von Schiffen aus operieren sollte und zum Schutz der für Japan so wichtigen Handelsschiffkonvois eingesetzt werden sollte. Aichis Vorschlag wurde als Marine Typ 0, Aufklärungsseeflugzeug Modell 11 zur Produktion ausgewählt, und die ersten von 1.273 Maschinen gingen Ende 1941 in Dienst. Einige der neuen Flugzeuge flogen Aufklärungsmissionen beim Angriff auf Pearl Harbour. Eine der besten Eigenschaften der E13A, die den ganzen Krieg über im Einsatz blieb, war ihre Reichweite. Die dreiköpfigen Besatzungen unternahmen oft Flüge von bis zu 15 Stunden Dauer.

| | |
|---|---|
| **Herkunftsland:** | Japan |
| **Typ:** | Langstreckenaufklärer |
| **Triebwerk:** | ein Sternmotor Mitsubishi Kinsei 43 mit 1.080 PS (805 kW) |
| **Leistung:** | Höchstgeschwindigkeit 375 km/h; Dienstgipfelhöhe 8.370 m; Flugdauer 15 h; Reichweite 2.090 km |
| **Gewicht:** | Leergewicht 2.642 kg; max. Startgewicht 3.640 kg |
| **Abmessungen:** | Spannweite 14,5 m; Länge 11,3 m; Höhe 7,4 m; Flügelfläche 36 qm |
| **Bewaffnung:** | ein bewegliches 7,7-mm-Typ-92-MG im hinteren Cockpit; externe Halterungen für bis zu 250 kg Bomben; Möglichkeit zum beweglichen Einbau einer 20-mm-Typ-99-MK im unteren Rumpf |

# Airco D.H.2

**Die Aircraft Manufacturing Company (Airco) wurde Anfang 1912 in Hendon gegründet und bediente sich der Entwürfe des britischen Flugzeugkonstrukteurs Geoffrey de Havilland. De Havilland entwarf die D.H.2 als kleinere Version der früheren D.H.1, einem einsitzigen Jagdaufklärer aus Holz und Stoff mit Druckschraube. Da den Briten zu jener Zeit kein Unterbrechergetriebe zur Verfügung stand, musste man die Druckschraubenkonfiguration wählen. Die D.H.2 hatte ein bewegliches 7,7-mm-Lewis-MG mit unbehindertem Schussfeld nach vorn im Cockpit. Gleichzeitiges Steuern der Maschine und Bedienen des MG war zwar schwierig, aber die D.H.2 war Mitte 1916 das beste zur Verfügung stehende Flugzeug und wurde gegen die deutschen Fokker eingesetzt. Über 400 wurden gebaut, doch Anfang 1917 wurde sie von der Albratos D.I und D.II in den Schatten gestellt, worauf die verbliebenen Exemplare von der Westfront abgezogen wurden.**

| | |
|---|---|
| **Herkunftsland:** | Großbritannien |
| **Typ:** | einsitziger Jagdaufklärer |
| **Triebwerk:** | ein Umlaufmotor Gnôme Monosoupape mit 100 PS (75 kW); später ein Umlaufmotor Le Rhône mit 110 PS (82 kW) |
| **Leistung:** | Höchstgeschwindigkeit 150 km/h; Dienstgipfelhöhe 1.300 m; Flugdauer 2 h 45 min |
| **Gewicht:** | Leergewicht 428 kg; max. Startgewicht 654 kg |
| **Abmessungen:** | Spannweite 8,61 m; Länge 7,68 m; Höhe 2,91 m; Flügelfläche 23,13 qm |
| **Bewaffnung:** | ein vorwärts gerichtetes 7,7-mm-Lewis-MG auf einer beweglichen Halterung (Piloten bauten das MG allerdings oft starr ein, da sie es vorzogen, mit dem gesamten Flugzeug zu zielen) |

# Airco D.H.4

De Havilland entwarf die Airco D.H.4 aufgrund einer Ausschreibung des Luftfahrtministeriums für einen neuen Tagbomber um den 200-BHP-(Beardmore-Halford-Pullinger)-Motor herum. Unter Verwendung eines Reihenmotors entschied sich de Havilland für eine recht saubere Linienführung und verabschiedete sich vom bisherigen Umlaufmotor. Der relativ große Abstand von Pilot und Beobachtercockpit war nicht unumstritten und auch nicht ungefährlich, da es die Kommunikation im Flug behinderte. Die 1.449 in Großbritannien hergestellten Maschinen wurden von verschiedenen Firmen produziert. Der verspätete Bau des BHP-Motors führte dazu, dass auch andere Triebwerke zum Einbau kommen mussten. Im Frühjahr 1918 waren neun Staffeln mit den D.H.4 ausgerüstet, und auch die Neusseländer flogen sie. Abgebildet ist eine mit einem Rolls-Royce-Eagle-Motor ausgerüstete D.H.4 der 5. Staffel der Marineluftwaffe.

| | |
|---|---|
| **Herkunftsland:** | Großbritannien |
| **Typ:** | zweisitziger Tagbomber (von Westland gebaut, mit Eagle-VI-Motor) |
| **Triebwerk:** | ein Reihenmotor Rolls-Royce Eagle VI mit 250 PS (186 kW) |
| **Leistung:** | Höchstgeschwindigkeit 230 km/h; Dienstgipfelhöhe 6.705 m; Flugdauer 3 h 45 min |
| **Gewicht:** | Leergewicht 1.083 kg; max. Startgewicht 1.575 kg |
| **Abmessungen:** | Spannweite 12,92 m; Länge 9,35 m; Höhe 3,35 m; Flügelfläche 40,32 qm |
| **Bewaffnung:** | zwei fest eingebaute, vorwärts gerichtete 7,7-mm-Vickers-MG und zwei bewegliche Vickers-MG im hinteren Cockpit; externe Halterungen für max. 209 kg Bomben |

# Airco D.H.4

Sieben verschiedene Triebwerke von 200 PS bis 275 PS Leistung wurden in D.H.4-Serienflugzeugen eingebaut, mit 15 weiteren wurden Versuche durchgeführt. Die verwendeten Motoren waren der Royal Aircraft Factory RAF 3a mit 200 PS (149 kW), der BHP mit 230 PS (171 kW), der Siddeley Puma mit 230 PS (171 kW), der Rolls-Royce Mk IV mit 250 PS (186 kW), der Fiat mit 260 PS (194 kW) und der 275 PS (205 kW) starke Rolls-Royce Eagle IV. Die besten Leistungen erbrachte zwar der 375 PS (280 kW) starke Rolls-Royce Eagle VIII, doch dieser war teuer in der Herstellung und benötigte einen größeren Propeller sowie ein längeres Fahrwerk. Die abgebildete Maschine benutzte den üblicheren RAF 3a, erkennbar am nach unten zulaufenden Frontkühler und am einrohrigen Auspuff. Diese Maschine gehörte im Sommer 1917 zur 18. Staffel der Armeeluftwaffe und hatte Bomben unter den Tragflächen und ein Lewis-MG im hinteren Cockpit.

| | |
|---|---|
| **Herkunftsland:** | Großbritannien |
| **Typ:** | zweisitziger Tagbomber (frühes RAF-3a-Triebwerk) |
| **Triebwerk:** | ein Reihenmotor RAF 3a mit 200 PS (149 kW) |
| **Leistung:** | Höchstgeschwindigkeit 230 km/h; Dienstgipfelhöhe 5.000 m; Flugdauer 3 h 45 min |
| **Gewicht:** | Leergewicht 1.083 kg; max. Startgewicht 1.575 kg |
| **Abmessungen:** | Spannweite 12,92 m; Länge 9,35 m; Höhe 3,35 m; Flügelfläche 40,32 qm |
| **Bewaffnung:** | ein fest eingebautes, vorwärts gerichtetes 7,7-mm-Vickers-MG und ein bewegliches 7,7-mm-Lewis-MG im hinteren Cockpit; externe Halterungen für max. 209 kg Bomben |

# Airco DH-4 Liberty Plane

**Die USA zeigten großes Interesse an der DH-4, und von Mitte 1917 an fertigten drei US-Firmen die Maschine in Lizenz: Dayton-Wright (3.106 Flugzeuge), Fisher Body Corporation (1.600 Flugzeuge) und die Standard Aircraft Corporation (140 Flugzeuge). Die so produzierten Maschinen hatten American-Liberty-12-Motoren, die um die 400 PS leisteten. Viele dieser Flugzeuge gingen nach dem Krieg an private Nutzer, welche die DH-4 (wie sie in den USA genannt wurde) intensiv einsetzten. Nicht weniger als 60 Umbauten erschienen, von Sprühflugzeugen bis zu Maschinen für Luftbildkartografie, und alle verwendeten Versionen des Liberty-Motors. Abgebildet ist eine Maschine der 168. Staffel der amerikanischen Expeditionsstreitkräfte, eine von 13 Staffeln, die diesen Typ flogen. Der auf dem Rumpf abgebildete geflügelte Totenschädel ist das Staffelabzeichen.**

| | |
|---|---|
| **Herkunftsland:** | USA (Großbritannien) |
| **Typ:** | zweisitziger Tagbomber (mit American-Liberty-Motor) |
| **Triebwerk:** | ein Packard-Liberty-12-Motor mit 400 PS (298 kW) |
| **Leistung:** | Höchstgeschwindigkeit 230 km/h; Dienstgipfelhöhe 5.000 m; Flugdauer 3 h 45 min |
| **Gewicht:** | Leergewicht 1.083 kg; max. Startgewicht 1.575 kg |
| **Abmessungen:** | Spannweite 12,92 m; Länge 9,35 m; Höhe 3,35 m; Flügelfläche 40,32 qm |
| **Bewaffnung:** | ein fest eingebautes, vorwärts gerichtetes 7,7-mm-Vickers-MG und ein bewegliches 7,7-mm-Lewis-MG im hinteren Cockpit; externe Halterungen für max. 209 kg Bomben |

# Airco D.H.9A

**Anhaltende deutsche Luftangriffe auf Großbritannien im 1. Weltkrieg führten zur Verdoppelung der Fliegerabteilung der Armee, wobei die meisten der neuen Staffeln mit Tagbombern ausgerüstet wurden. Als Flugzeug hierfür hätte man die Airco D.H.4 erwarten können, doch de Havilland hatte bereits eine neue Version entworfen, die die offensichtliche Schwäche der Cockpitauslegung der früheren Modelle beseitigte, indem Pilot und Beobachter nun Rücken an Rücken saßen. Das D.H.9 genannte Modell hatte jedoch einen nur 230 PS starken Siddeley-Puma-Motor, sodass die Leistung deutlich unter denen der D.H.4 blieb. Ab Dezember 1917 im Einsatz, erwies sich dieser Motor auch noch als chronisch unzuverlässig und verringerte die Gipfelhöhe auf unter 4.000 m. Eine verbesserte Version, die D.H.9A mit einem 420-PS-Liberty-Motor, wurde nach dem Krieg eingeführt und leistete der britischen Luftwaffe während der 20er Jahre gute Dienste.**

| | |
|---|---|
| **Herkunftsland:** | Großbritannien |
| **Typ:** | zweisitziger Tagbomber (American-Liberty-Motor) |
| **Triebwerk:** | ein V-12-Motor Packard Liberty 12 mit 420 PS (313 kW) |
| **Leistung:** | Höchstgeschwindigkeit 198 km/h; Dienstgipfelhöhe 5.105 m; Flugdauer 5 h 15 min |
| **Gewicht:** | Leergewicht 1.270 kg; max. Startgewicht 2.107 kg |
| **Abmessungen:** | Spannweite 14,01 m; Länge 9,22 m; Höhe 3,45 m; Flügelfläche 45,22 qm |
| **Bewaffnung:** | ein fest eingebautes, vorwärts gerichtetes 7,7-mm-Vickers-MG und ein oder zwei bewegliche 7,7-mm-Lewis-MG im hinteren Cockpit; externe Halterungen für max. 299 kg Bomben |

# Airco D.H.9C

In den frühen Nachkriegsjahren boomte die zivile Luftfahrtindustrie, und Airco gehörte zu den zahlreichen Firmen, die überzählige Militärmaschinen für zivile Rollen umrüsteten. Es gab zwei verschiedene Versionen der D.H.9 für den Passagiertransport, die 9B und die 9C. Die 20 9B im britischen Zivilflugzeugregister konnten zwei Passagiere befördern, einen vor und einen hinter dem Piloten. Die 9C hatte Platz für 3 Fluggäste, einer saß vor dem Piloten in einem offenen Cockpit, die anderen zwei hatten die besseren Plätze in einer geschlossenen Kabine hinter ihm. Von diesem Modell wurden insgesamt 19 Maschinen gebaut, 13 für Einsätze in Großbritannien, drei für Australien und die restlichen drei für Spanien. Abgebildet ist eine D.H.9C der Northern Air Lines aus Barton, 1932. Sie hatte einen teilweise frei liegenden Liberty-Motor zur Verbesserung der Kühlung und einen zusätzlichen Kühler.

| | |
|---|---|
| **Herkunftsland:** | Großbritannien |
| **Typ:** | dreisitziges Passagierflugzeug (American-Liberty-Motor) |
| **Triebwerk:** | ein V-12-Motor Packard Liberty 12 mit 420 PS (313 kW) |
| **Leistung:** | Höchstgeschwindigkeit 198 km/h; Dienstgipfelhöhe 5.105 m; Flugdauer 5 h 15 min |
| **Gewicht:** | Leergewicht 1.270 kg; max. Startgewicht 2.107 kg |
| **Abmessungen:** | Spannweite 14,01 m; Länge 9,22 m; Höhe 3,45 m; Flügelfläche 45,22 qm |

# Airco D.H.10 Amiens

De Havilland entwarf 1916 seine erste zweimotorige Maschine für Airco, einen Bomber mit Beadmore-Triebwerken in Druckschraubenauslegung. Diese D.H.3 ging nie in Produktion, doch 1917 überarbeitete de Havilland den Entwurf im Hinblick auf höhere Leistung. Der erste Prototyp der D.H.10 Amiens flog im März 1918 mit zwei 230 PS (171 kW) starken BHP-Motoren als Druckschrauber. Die anderen beiden Prototypen – die Amiens II mit dem 360 PS (286 kW) starken Rolls-Royce Eagle VIII und die Amiens III mit 400-PS-(298 kW)-Triebwerken – waren jedoch konventionelle Zugschrauber. Beim vierten Prototyp montierte man die Triebwerke direkt auf die unteren Tragflächen, und in dieser Form ging das Flugzeug als D.H.10A in Serienproduktion. Von den urspünglich bestellten 1.291 Exemplaren wurden nur 220 fertig gestellt, da der Krieg zu Ende war. Diese Maschinen leisteten bis 1927 gute Dienste.

| | |
|---|---|
| **Herkunftsland:** | Großbritannien |
| **Typ:** | dreisitziger Tagbomber |
| **Triebwerk:** | zwei V-12-Motoren Packard Liberty 12 mit 400 PS (313 kW) |
| **Leistung:** | Höchstgeschwindigkeit 180 km/h; Dienstgipfelhöhe 5.030 m; Flugdauer 5 h 45 min |
| **Gewicht:** | Leergewicht 2.533 kg; max. Startgewicht 4.082 kg |
| **Abmessungen:** | Spannweite 19,96 m; Länge 12,08 m; Höhe 4,42 m; Flügelfläche 77,79 qm |
| **Bewaffnung:** | je ein oder zwei 7,7-mm-Lewis-MG auf Drehkränzen im Bug- und Rückenstand; externe Halterungen für max. 408 kg Bomben |

# Albatros B.III

Die Albatros Flugzeugwerke wurden 1909 gegründet und arbeiteten 1913 mit Ernst Heinkel zum Bau der B.I., eines zweisitzigen Aufklärers, zusammen. Die Entwicklung setzte sich mit der B.II fort, die eine geringere Spannweite und Motoren zwischen 100 und 120 PS (75–85 kW) hatte. Diese in größeren Stückzahlen gebaute Maschine etablierte Albatros als Flugzeughersteller. Die Besatzung war in Tandemcockpits untergebracht, wobei der Pilot hinten saß, eine Auslegung, bei der die Sicht des vorn sitzenden Beobachters durch die Tragflächen behindert wurde. Die B.II-W (Albatros W.I) war eine mit Schwimmern ausgerüstete Variante, die B.IIa war eine Schulmaschine mit vergrößerter Spannweite und einem Mercedes-D.II- oder Argus-As.II-Motor. Abgebildet ist eine B.III, eine 1915 in kleiner Stückzahl gebaute Variante, die im Winter 1916–1917 bei der Fliegerersatzabteilung (FEA) 1 in Döberitz im Einsatz war.

| | |
|---|---|
| **Herkunftsland:** | Deutschland |
| **Typ:** | zweisitziger Aufklärer |
| **Triebwerk:** | ein Reihenmotor Mercedes D.II mit 120 PS (89 kW) |
| **Leistung:** | Höchstgeschwindigkeit 120 km/h; Dienstgipfelhöhe 3.000 m; Flugdauer ungefähr 4 h |
| **Gewicht:** | Leergewicht 723 kg; max. Startgewicht 1.071 kg |
| **Abmessungen:** | Spannweite 11 m; Länge 7,8 m; Höhe 3,15 m; Flügelfläche (B.II) 40,12 qm |

# Albatros C.III

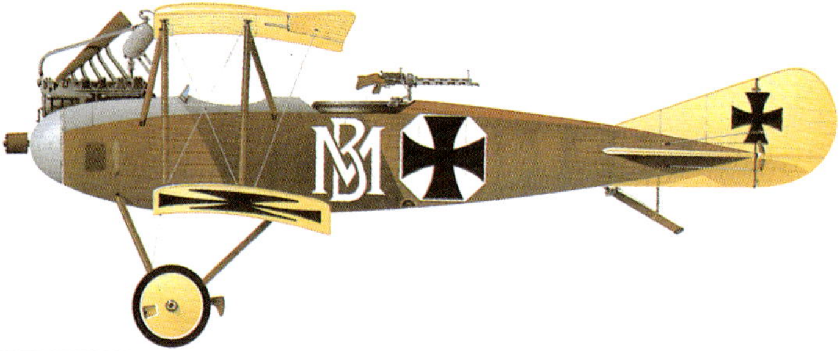

**D**ie natürliche Weiterentwicklung der B.III war die C.I, die einen leistungsstärkeren Motor und eine geänderte Besatzungsanordnung erhielt, bei der der Pilot vorn und der mit einem beweglichen MG ausgestattete Beobachter hinten saßen. Die C.II ging nie in Produktion, doch die C.III, die Ende 1916 in Dienst kam, wurde zum meistgebauten Albatros-Zweisitzer. Die allgemeine Auslegung war ähnlich der C.I, doch hatte die C.III einige bedeutende Verbesserungen, z. B. ein neues Leitwerk, das sich in der Form den runden Leitwerken der späten Albatros-Maschinen annäherte. Die letzten Serienmaschinen hatten ein starres, synchronisiertes MG und einen kleinen Schacht zwischen den Cockpits für kleine Bomben, was den Kampfwert wesentlich erhöhte. Die abgebildete C.III wurde im Januar 1917 an der Ostfront von Leutnant Bruno Maas (siehe Initialen auf dem Rumpf) der Fliegerabteilung 14 geflogen.

| | |
|---|---|
| **Herkunftsland:** | Deutschland |
| **Typ:** | zweisitziges Mehrzweckflugzeug |
| **Triebwerk:** | ein Reihenmotor Benz Bz.III mit 150 PS (112 kW) oder Mercedes D.III mit 160 PS (119 kW) |
| **Leistung:** | Höchstgeschwindigkeit 140 km/h; Dienstgipfelhöhe 3.350 m; Flugdauer ungefähr 4 h |
| **Gewicht:** | Leergewicht 851 kg; max. Startgewicht 1.353 kg |
| **Abmessungen:** | Spannweite 11,69 m; Länge 8,0 m; Höhe mit Benz-Motor 3,07 m; mit Mercedes-Motor 3,10 m; Flügelfläche 36,91 qm |
| **Bewaffnung:** | ein bewegliches 7,92-mm-Parabellum-MG im hinteren Cockpit, spätere Maschinen hatten auch ein starres, vorwärts gerichtetes LMG 08/15, geringe innere Bombenlast |

# Albatros D.V

Der erste der Albatros-Jagdaufklärer der D-Serie, die D.I, wurde Anfang 1917 eingeführt und war eine Zeit lang das beste Flugzeug seiner Klasse. Der von Robert Thelen entworfene Prototyp flog erstmals im August 1916 und hatte eine konventionelle Auslegung mit gestaffelten Doppeldeckertragflächen, führte jedoch den für die D-Serie typischen selbsttragenden Sperrholzrumpf ein. Dieser war zwar teuer in der Herstellung, doch die Maschine wurde damit zum Lieblingsflugzeug der Fliegerasse wie Bölcke und von Richthofen. Für die verbesserte D.II wurde die obere Tragfläche näher am Rumpf montiert, um dem Piloten eine bessere Sicht zu ermöglichen. Die Albatros D.III war Thelens Versuch, die Manövrierfähigkeit der D.II durch eine neue Tragflächenauslegung zu verbessern, doch die rasante Entwicklung der alliierten Jagdflugzeuge führte zum Bau der hier abgebildeten D.V.

| | |
|---|---|
| **Herkunftsland:** | Deutschland |
| **Typ:** | einsitziger Jagdaufklärer |
| **Triebwerk:** | ein Reihenmotor Mercedes D.II mit 180/200 PS (134/149 kW) |
| **Leistung:** | Höchstgeschwindigkeit 186 km/h; Dienstgipfelhöhe 5.700 m; Flugdauer ungefähr 2 h |
| **Gewicht:** | Leergewicht 687 kg; max. Startgewicht 937 kg |
| **Abmessungen:** | Spannweite 9,05 m; Länge 7,33 m; Höhe 2,70 m; Flügelfläche 21,20 qm |
| **Bewaffnung:** | zwei fest eingebaute, vorwärts gerichtete 7,92-mm-LMG-08/15-MG |

# Albatros D.Va

Die Entwicklung der D.IV begann Anfang 1917 als Antwort auf verbesserte alliierte Jagdmaschinen, doch Probleme mit dem Mercedes-D.III-Triebwerk führten dazu, dass die Maschine nie in Produktion ging. Die folgende D.V wurde mit dem D.IIIa-Motor ausgerüstet und hatte einen tieferen, stromlinienförmigen Rumpf, der den Luftwiderstand reduzierte. Die obere Tragfläche wurde noch näher am Rumpf angebracht, die Ruderflächen wurden vergrößert und die Querruder verbessert. Die D.V ging im Mai 1917 in Dienst, bald gefolgt von der D.Va, bei der man wieder zur Tragflächen- und Querruderauslegung der D.III zurückkehrte. Beide D-Modelle wurden in über 3.000 Exemplaren hergestellt, von denen im Mai 1918 noch 1.512 Stück an der Westfront flogen. Zu jener Zeit jedoch wurden sie schon von neueren Modellen beider Seiten in den Schatten gestellt. Abgebildet ist eine D.Va, geflogen von Leutnant H. J. von Hippel, Jagdstaffel 5, im Frühjahr 1918.

| | |
|---|---|
| **Herkunftsland:** | Deutschland |
| **Typ:** | Schlachtflugzeug |
| **Triebwerk:** | ein Reihenmotor Mercedes D.II mit 180/200 PS (134/149 kW) |
| **Leistung:** | Höchstgeschwindigkeit 186 km/h; Dienstgipfelhöhe 5.700 m; Flugdauer ungefähr 2 h |
| **Gewicht:** | Leergewicht 687 kg; max. Startgewicht 937 kg |
| **Abmessungen:** | Spannweite 9,05 m, Länge 7,33 m; Höhe 2,70 m; Flügelfläche 21,20 qm |
| **Bewaffnung:** | zwei fest eingebaute, vorwärts gerichtete 7,92-mm-LMG-08/15-MG |

# Albatros J.I

Auf dem Gebiet der Infanterieunterstützung aus der Luft leisteten die Deutschen 1916 Pionierarbeit, als sie bei der Schlacht um Verdun erstmals so genannte nfanterieflieger einsetzten. Da diese Rolle immer wichtiger wurde, begann Albaros mit der Entwicklung eines speziellen Flugzeuges für diesen Zweck, der J.I, vobei die Tragflächen des zweisitzigen C.XII-Aufklärers mit einem neu entworfenen Rumpf kombiniert wurden. Da man bei Tiefflugeinsätzen dieser Art mit Beschuss om Boden rechnen musste, wurden Cockpitseiten und Boden gepanzert. Diese usätzlichen 490 kg Gewicht und die Entscheidung, den leistungsarmen Benz-Bz.IV-Motor anstelle des stärkeren Mercedes-D.IVa zu verwenden, reduzierten die Leisungen entsprechend. Die J.I erschien Ende 1917 und konnte trotz ihrer Mängel inige Erfolge verzeichnen. Abgebildet ist eine J.I der polnischen Luftwaffe, welche die J.I nach 1918 einsetzte.

| | |
|---|---|
| **Herkunftsland:** | Deutschland |
| **Typ:** | zweisitziger Infanterieunterstützer |
| **Triebwerk:** | ein Reihenmotor Benz Bz.IV mit 200 PS (149 kW) |
| **Leistung:** | Höchstgeschwindigkeit 140 km/h; Dienstgipfelhöhe 4.000 m; Flugdauer ungefähr 2 h 30 min |
| **Gewicht:** | Leergewicht 1.398 kg; max. Startgewicht 1.808 kg |
| **Abmessungen:** | Spannweite 14,14 m; Länge 8,83 m; Höhe 3,37 m; Flügelfläche 42,82 qm |
| **Bewaffnung:** | zwei fest eingebaute, nach unten feuernde 7,92-mm-LMG-08/15-MG; ein bewegliches 7,92-mm-Parabellum-MG im hinteren Cockpit |

# Antonow An-2 Colt

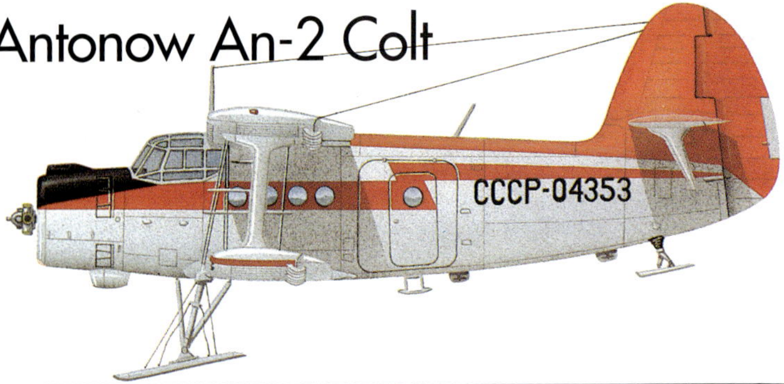


**O**leg Antonows An-2 flog erstmals 1947 und wird selbst heute noch häufig eingesetzt. Sie kann wohl zu Recht als eine der bedeutenden Maschinen der Luftfahrtgeschichte bezeichnet werden. Sie hatte den NATO-Codenamen „Colt" und wurde in der ehemaligen Sowjetunion „Anuschka" genannt. Das Antonow-Konstruktionsbüro wurde 1946 zu dem Zweck gegründet, für das Land- und Forstwirtschaftsministerium einen Mehrzwecktransporter als Ersatz für die Polikarpow Po-2 zu entwerfen. Die An-2 ist der größte einmotorige Doppeldecker, der je gebaut wurde. Dies soll nicht über die hervorragenden Kurzstart- und Landeeigenschaften (STOL) hinwegtäuschen, welche zusammen mit der robusten und einfachen Konstruktion viel zum Exporterfolg der Maschine beigetragen haben. Die abgebildete mit Skiern versehene An-2 diente im hohen Norden der Sowjetunion. Das Farbschema sollte die Maschine im Schnee leichter erkennbar machen.

| | |
|---|---|
| **Herkunftsland:** | Sowjetunion |
| **Typ:** | 12-sitziges Transportflugzeug |
| **Triebwerk:** | ein 9-Zylinder-Sternmotor Schwetsow ASh-62IR mit 1.000 PS (746 kW) |
| **Leistung:** | Höchstgeschwindigkeit 258 km/h; Dienstgipfelhöhe 4.500 m; Reichweite 845 km |
| **Gewicht:** | Leergewicht 3.450 kg; max. Startgewicht 5.500 kg |
| **Abmessungen:** | Spannweite 18,18 m; Länge 12,4 m; Höhe 4,13 m; Flügelfläche 71,6 qm |

# Antonow An-2TD Colt

Die An-2 wurde mit einigen Modifikationen in einer Reihe verschiedener Rollen eingesetzt, so auch als Mehrzwecktransporter (An-2T), Sprühflugzeug (An-SKh), zur Feuerbekämpfung (An-2L), als Sanitätsflugzeug (An-2S), zum Sammeln on Atmosphärenproben (An-2ZA), zur Artilleriebeobachtung (An-2RK) und als /asserbomber mit Schwimmern (An-2PP). Ein spezieller Fallschirmtrainer, die n-2TD, wurde mit besonderen Einrichtungen zum Fallschirmsprung versehen, arunter eine entfernbare Kabinentür und klappbare Sitze entlang der Kabine. iele Jahre lang war die Antonow die Hauptstütze der DOSAAF, der paramilitäri-:hen Fallschirmspringerorganisation der Sowjetunion. Auch nachdem die Produk-on der An-2 1960 von WSK-PZL in Polen übernommen wurde, ging die Fertigung ieser Version weiter. In Polen wurde die An-2 bis weit in die 80er Jahre gebaut, :hätzungen beziffern die Zahl aller gebauten An-2 auf über 23.000 Stück.

| | |
|---|---|
| **Herkunftsland:** | Sowjetunion |
| **Typ:** | 12-sitziges Fallschirmtrainingsflugzeug |
| **Triebwerk:** | ein 9-Zylinder-Sternmotor Schwetsow ASh-62IR mit 1.000 PS (746 kW) |
| **Leistung:** | Höchstgeschwindigkeit 258 km/h; Dienstgipfelhöhe 4.500 m; Reichweite 845 km |
| **Gewicht:** | Leergewicht 3.450 kg; max. Startgewicht 5.500 kg |
| **Abmessungen:** | Spannweite 18,18 m; Länge 12,4 m; Höhe 4,13 m; Flügelfläche 71,6 qm |

# Antonow An-2T Antek

Die erste in einer langen Reihe von An-2-Varianten war die An-2T (Transportnji) die im Oktober 1948 erschien und fast 40 Jahre in Produktion blieb. Nahezu die Hälfte aller hergestellten An-2 waren vom Typ An-2T. Andere Passagierversionen der An-2 waren die An-2P, von der Ende der 50er Jahre ca. 100 unter Lizenz in der ehemaligen DDR gebaut wurden, die verbesserte An-2TP und die von PZL-Mielec gebaute An-2PK, eine fünfsitzige Variante zum VIP-Transport. Allen An-2 ist die relative Schwanzlastigkeit und die daraus resultierende Neigung abzusacken gemeinsam, ansonsten lassen sie sich gutmütig fliegen. Wenn auch die meisten der in Polen gebauten Maschinen (8.000–10.000) in die Sowjetunion geliefert wurden, blieben auch einige in Polen selbst oder wurden in die ganze Welt exportiert. Diese polnische An-2T hat einen AV-2-Propeller ohne Haube. Die beiden kleinen Kuppeln unter dem hinteren Rumpf enthalten den Funkhöhenmesser.

| | |
|---|---|
| **Herkunftsland:** | Sowjetunion |
| **Typ:** | 12-sitziges Transportflugzeug |
| **Triebwerk:** | ein 9-Zylinder-Sternmotor Schwetsow ASh-62IR mit 1.000 PS (746 kW) |
| **Leistung:** | Höchstgeschwindigkeit 258 km/h; Dienstgipfelhöhe 4.500 m; Reichweite 845 km |
| **Gewicht:** | Leergewicht 3.450 kg; max. Startgewicht 5.500 kg |
| **Abmessungen:** | Spannweite 18,18 m; Länge 12,4 m; Höhe 4,13 m; Flügelfläche 71,6 qm |

# Antonow An-3

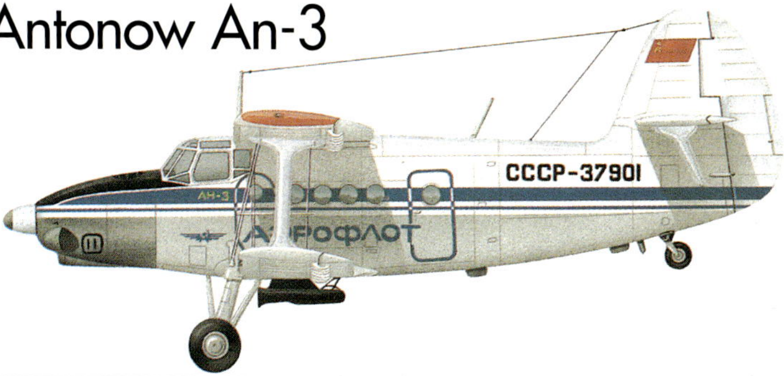


In den frühen 70er Jahren begann das Landwirtschaftsministerium der Sowjetunion mit der schwierigen Aufgabe, einen Nachfolger für seine riesige Flotte von An-2SKh- und An-2R-Sprühflugzeugen zu finden. Nachdem man den unkonventionellen Doppeldecker PZL-Mielec Lala-1 (eine experimentelle Version der An-2 mit doppeltem Leitwerksträgern) abgelehnt hatte, entschied man sich für eine modernisierte Version der An-2. Diese von Antonow in den späten 70er Jahren konstruierte An-3 war eigentlich eine An-2 mit einem 1.450 PS-Turbinentriebwerk Gluschenkow TVD. PZL-Mielec baute zahlreiche An-2 auf den An-3-Standard um, indem man die Triebwerke austauschte und einen 2.200-Liter-Chemikalientank in der Kabine installierte. Abgebildet ist eines der ersten Serienmodelle mit einer unter den unteren Tragflächen installierten Sprühanlage.

| | |
|---|---|
| **Herkunftsland:** | Sowjetunion |
| **Typ:** | 12-sitziges Sprüh-/Landwirtschaftsmehrzweckflugzeug |
| **Triebwerk:** | eine Propellerturbine Gluschenkow TVD-20 mit 1.450 PS (1.081 kW) |
| **Leistung:** | Höchstgeschwindigkeit 258 km/h; Dienstgipfelhöhe 4.500 m; Reichweite 845 km |
| **Gewicht:** | Leergewicht 3.450 kg; max. Startgewicht 5.500 kg |
| **Abmessungen:** | Spannweite 18,18 m; Länge 12,4 m; Höhe 4,13 m; Flügelfläche 71,6 qm |

# Arado Ar 65F

**Die Arado Handelgesellschaft entstand 1925 aus der Flugzeugbaufirma AGO. Sie übernahm die Produktionshallen der Flugzeugbau Friedrichshafen in Warnemünde. Da Deutschland nach den Waffenstillstandsbedingungen der Bau von Militärmaschinen offiziell untersagt war, geschah die Entwicklung der Jagdflugzeuge SDI und II im Auftrag des Reichswehrministeriums Ende der 20er Jahre unter größter Geheimhaltung. Auf diesen Modellen basierte die Ar 64, welche die Fokker DXIII ersetzen sollte, mit der zu jener Zeit die geheime deutsche Flugschule für Militärpiloten in Lipetsk (in der Sowjetunion) ausgestattet war. Aus der Ar 64 wurde die Ar 65 entwickelt, die einen stärkeren Motor erhielt. Das erste Produktionsmodell war die Ar 65E, gefolgt von der Ar 65F mit verbesserten Funkgeräten. Die Ar-65-Modelle wurden nur kurz als Jagdflugzeuge eingesetzt, dienten aber bis 1936 als Jagdtrainer.**

| | |
|---|---|
| **Herkunftsland:** | Deutschland |
| **Typ:** | einsitziges Jagdflugzeug/Jagdtrainer |
| **Triebwerk:** | ein V-12 Motor BMW V1 7.3 mit 750 PS (560 kW) |
| **Leistung:** | Höchstgeschwindigkeit 300 km/h; Dienstgipfelhöhe 7.600 m |
| **Gewicht:** | Leergewicht 1.550 kg; max. Startgewicht 1.970 kg |
| **Abmessungen:** | Spannweite 11,2 m; Länge 8,4 m; Höhe 3,42 m; Flügelfläche 23 qm |
| **Bewaffnung:** | zwei fest eingebaute, vorwärts gerichtete 7,92-mm-MG 17 mit je 500 Schuss |

# Arado Ar 68E

Nach 1933 leiteten die Nationalsozialisten ein rasches Wiederaufrüstungsprogramm ein. Arado und Heinkel wurden beauftragt, schnellstmöglich ein Jagdflugzeug für die neue Luftwaffe zu entwerfen und zu bauen. Das Ergebnis war der AR-68A-Prototyp, ein einsitziger Jäger mit einem ovalen Rumpf in Stahlrohrbauweise und einem 550 PS (410 kW) starken BMW-VId-Motor. Die Ar-68B- und Ar-68C-Prototypen erhielten den Junkers Jumo 210, die Ausführung C zudem einen verbesserten Kühler. Die Modelle F und E erhielten wieder den BMW-, bzw. den Junkersmotor, und wenn auch der Jumo 210 zur Serienproduktion ausgewählt wurde, stellte die Luftwaffe wegen Lieferengpässen beim Jumo 210 die Ar 68F mit dem BMW VI im Sommer 1936 zuerst in Dienst. Die Ar 68E-1 folgte dann im Frühjahr 1937. Abgebildet ist eine Ar 68E, geflogen von Leutnant Riegel, Adjutant der III/Jg. 141, 1938 stationiert in Fürstenwalde.

| | |
|---|---|
| **Herkunftsland:** | Deutschland |
| **Typ:** | einsitziges Jagdflugzeug |
| **Triebwerk:** | ein hängender Motor Junkers-Jumo 210Da mit 690 PS (515 kW) |
| **Leistung:** | Höchstgeschwindigkeit 305 km/h; Dienstgipfelhöhe 8.100 m; Reichweite 415 km |
| **Gewicht:** | Leergewicht 1.840 kg; max. Startgewicht 2.475 kg |
| **Abmessungen:** | Spannweite 11 m; Länge 9,5 m; Höhe 3,28 m; Flügelfläche 27,3 qm |
| **Bewaffnung:** | zwei fest eingebaute, vorwärts gerichtete 7,92-mm-MG 17 mit je 500 Schuss |

# Arado Ar 68F

Trotz der guten Triebwerke war die Ar 68 keine herausragende Maschine und ihrer großen Konkurrentin, der Heinkel He 51, insgesamt unterlegen. Schon bald nach ihrer Einführung war die Ar 68 durch die Bf 109 veraltet, und bei Ausbruch des Krieges 1939 waren fast alle Ar 68 als Jagdtrainer an Jagdfliegerschulen abgegeben worden. Eine modernisierte Version, die Ar 68H mit einem 850 PS (634 kW) starken BMW-132-Sternmotor, geschlossenem Cockpit und zwei zusätzlichen MG 17 im Oberflügel, wurde nur als Prototyp gebaut. Zeitgleich mit der Ar 68H entwickelt (und daher mit vielen ihrer Merkmale ausgestattet) wurde die Ar 197, ein einsitziger Jagdbomber für das geplante, aber nie verwirklichte Flugzeugträgerprogramm der Kriegsmarine. Abgebildet ist eine Ar 68F der 2./Jg. 131, die im Sommer 1937 in Seerappen stationiert war.

| | |
|---|---|
| **Herkunftsland:** | Deutschland |
| **Typ:** | einsitziges Jagdflugzeug |
| **Triebwerk:** | ein V-12-Motor BMW VI mit 750 PS (570 kW) |
| **Leistung:** | Höchstgeschwindigkeit 305 km/h; Dienstgipfelhöhe 8.100 m; Reichweite 415 km |
| **Gewicht:** | Leergewicht 1.840 kg; max. Startgewicht 2.475 kg |
| **Abmessungen:** | Spannweite 11 m; Länge 9,5 m; Höhe 3,28 m; Flügelfläche 27,3 qm |
| **Bewaffnung:** | zwei fest eingebaute, vorwärts gerichtete 7,92-mm-MG 17 mit je 500 Schuss |

# Arado Ar 68F Nachtjäger

Die Ar 68F war der letzte Doppeldeckerjäger im Dienst der deutschen Luftwaffe. Der ovale Rumpf bestand aus Stahlrohrholmen mit Metallbeplankung, die Flü-
gel hingegen waren aus Holz und mit Stoff bespannt. 1939 waren die meisten Ar 68
ls Jagdtrainer an Jagdfliegerschulen abgegeben worden, nur bei einigen Nacht-
gdgeschwadern war sie noch im Dienst. Für diese Rolle erhielt sie Flammendämp-
er an den Auspuffrohren und eine spezielle Nachttarnung. Die so umgerüsteten
laschinen blieben noch lange nach der Umrüstung der normalen Jagdgeschwader
uf die Messerschmidt Bf 109 als Nachtjäger im Dienst. Die abgebildete Maschine
var matt olivgrün gestrichen und bei der 10. (Nacht)/Jg. 53 im Einsatz, die im Sep-
ember 1939 in Ödheim/Heilbronn stationiert war. Das Eulenemblem des Geschwa-
ers ist hinter der Flügelstrebe versteckt.

| | |
|---|---|
| **Herkunftsland:** | Deutschland |
| **Typ:** | einsitziges Jagdflugzeug |
| **Triebwerk:** | ein V-12-Motor BMW VI mit 750 PS (570 kW) |
| **Leistung:** | Höchstgeschwindigkeit 305 km/h; Dienstgipfelhöhe 8.100 m; Reichweite 415 km |
| **Gewicht:** | Leergewicht 1.840 kg; max. Startgewicht 2.475 kg |
| **Abmessungen:** | Spannweite 11 m; Länge 9,5 m; Höhe 3,28 m; Flügelfläche 27,3 qm |
| **Bewaffnung:** | zwei fest eingebaute, vorwärts gerichtete 7,92-mm-MG 17 mit je 500 Schuss |

# Arado Ar 95A-1

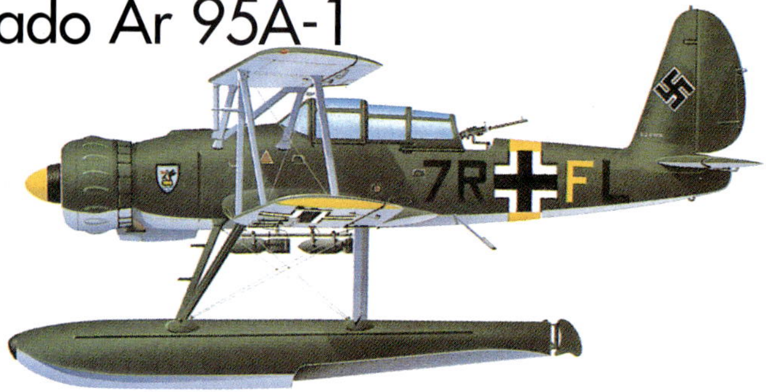


Arados Chefkonstrukteur Walter Blume entwarf 1935 die Ar 95 mit zwei Schwimmern auf eine Ausschreibung der deutschen Luftwaffe für ein zweisitziges Patrouillen- und leichtes Angriffsflugzeug. Zwei Prototypen mit unterschiedlichen Motoren – dem 880 PS (656 kW) starken 9-Zylinder-Sternmotor BMW 132De und dem Junkers-Jumo mit 690 PS (515 kW) – flogen erstmals 1937. Nach einem Vergleichstest mit der Fokker Wulf Fw 62 entschied man sich für die mit dem BMW-Sternmotor ausgestattete Ar 95V-2. Zwölf Maschinen wurden zu Testzwecken nach Spanien gesandt, doch die deutsche Luftwaffe zeigte kein großes Interesse an dem Flugzeug, sodass Arado sie als Ar 95W mit Schwimmern und mit festem Radfahrwerk als Ar 95L zum Export anbot. Eine türkische Bestellung über einige Ar 95W wurde bei Ausbruch des Krieges unter der Bezeichnung Ar 95A der Luftwaffe übergeben. Abgebildet ist eine Ar 95A der 3. Staffel der Seeaufklärungsgruppe 125, 1941 stationiert im Ostseeraum.

| | |
|---|---|
| **Herkunftsland:** | Deutschland |
| **Typ:** | zweisitziges Patrouillen- und leichtes Angriffsflugzeug |
| **Triebwerk:** | ein 9-Zylinder-Sternmotor BMW 132De mit 880 PS (656 kW) |
| **Leistung:** | Höchstgeschwindigkeit 310 km/h; Dienstgipfelhöhe 7.300 m; Reichweite 1.100 km |
| **Gewicht:** | Leergewicht 2.450 kg; max. Startgewicht 3.560 kg |
| **Abmessungen:** | Spannweite 12,5 m; Länge 11,1 m; Höhe 3,6 m; Flügelfläche 45,40 qm |
| **Bewaffnung:** | ein fest eingebautes, vorwärts gerichtetes 7,92-mm-MG 17, ein bewegliches 7,92-mm-MG 15 im hinteren Cockpit; Unterrumpfhalterungen für einen 800-kg-Torpedo oder 500 kg Bomben |

# Arado Ar 196A-1

**E**ines der wenigen außerhalb des pazifischen Kriegsschauplatzes verwendeten Schwimmerflugzeuge war die Arado Ar 196, die als Ersatz für den He-60-Doppeldecker von Heinkel gedacht war, der als Katapultaufklärer auf den deutschen Großkampfschiffen eingesetzt wurde. Vier mit verschiedenen Schwimmerkonstruktionen ausgerüstete Prototypen, die alle mit BMW-132Dc-Sternmotoren versehen waren, wurden gebaut. Die Ar 196V-1 flog erstmals im Mai 1938, und 1939 gingen die ersten Ar 196A-1 in Dienst. Die Maschinen wurden an Bord der Schiffe *Admiral Graf Spee, Lützow, Deutschland, Prinz Eugen, Admiral Hipper, Gneisenau* und *Scharnhorst* eingesetzt, wobei sie offiziell zu den Bordfliegerstaffeln 1./196 (Wilhelmshaven) und 5./196 (Kiel-Holtenau) gehörten. Das erste Schiff, das die Ar 196 auf See einsetzte, war die *Admiral Graf Spee*.

| | |
|---|---|
| **Herkunftsland:** | Deutschland |
| **Typ:** | zweisitziger Borderkunder und Küstenaufklärer |
| **Triebwerk:** | ein 9-Zylinder-Sternmotor BMW 132K mit 960 PS (716 kW) |
| **Leistung:** | Höchstgeschwindigkeit 310 km/h; Dienstgipfelhöhe 7.000 m; Reichweite 1.070 km |
| **Gewicht:** | Leergewicht 2.990 kg; max. Startgewicht 3.730 kg |
| **Abmessungen:** | Spannweite 12,4 m; Länge 11 m; Höhe 4,45 m; Flügelfläche 28,40 qm |
| **Bewaffnung:** | ein starres, vorwärts gerichtetes 7,92-mm-MG 17 im rechten oberen Rumpf, ein bewegliches 7,92-mm-MG 15 im hinteren Cockpit; Unterflügelhalterungen für zwei 50-kg-Bomben |

# Arado Ar 196A-3

**Der Erfolg der Ar 196A-1 veranlasste Arado zur Weiterentwicklung dieses Typs. Die A-2 war für Küstenpatrouillen ausgelegt und erhielt eine bessere Bewaffnung (zwei 20-mm-MG-FF-Kanonen in den Tragflächen), welche die Maschine aber über 200 kg schwerer machte. Das Folgemodell war die A-3, eine strukturell verstärkte Version mit zusätzlicher Funkausrüstung und einem dreiblättrigen Verstellpropeller. Die A-3 war mit 401 Exemplaren die meistgebaute Version aller Ar 196. Das vielseitige Mehrzweckflugzeug wurde hauptsächlich in der Biskaya und von Inseln im Mittelmeer aus für Küstenpatrouillen eingesetzt. Auch im besetzten Frankreich bei SNCA in St. Nazaire und von Fokker in Amsterdam wurden eine Anzahl der Maschinen in deutschem Auftrag gebaut. Abgebildet ist eine Ar 196A-3 der 1./Bordfliegergruppe 196, die im Februar 1944 auf den Lofoten stationiert war.**

| | |
|---|---|
| **Herkunftsland:** | Deutschland |
| **Typ:** | zweisitziger Borderkunder und Küstenaufklärer |
| **Triebwerk:** | ein 9-Zylinder-Sternmotor BMW 132K mit 960 PS (716 kW) |
| **Leistung:** | Höchstgeschwindigkeit 310 km/h; Dienstgipfelhöhe 7.000 m; Reichweite 1.070 km |
| **Gewicht:** | Leergewicht 2.990 kg; max. Startgewicht 3.730 kg |
| **Abmessungen:** | Spannweite 12,4 m; Länge 11 m; Höhe 4,45 m; Flügelfläche 28,40 qm |
| **Bewaffnung:** | zwei fest eingebaute, vorwärts gerichtete 20-mm-MG-FF-Kanonen in den Tragflächen; ein starres, vorwärts gerichtetes 7,92-mm-MG 17 im rechten, oberen Rumpf, ein bewegliches 7,9-2mm-MG 15 im hinteren Cockpit; Unterflügelhalterungen für zwei 50-kg-Bomben |

# Arado Ar 196A-5

**Die Ar 196A-4 war die Katapultversion der A-3 und sollte die A-1 an Bord deutscher Großkampfschiffe ersetzen. Nur wenige A-4 wurden jedoch auch auf See eingesetzt, da sich zu der Zeit ihres Erscheinens die deutsche Marineaktivität schon größtenteils auf U-Boot- und Schnellbooteinsätze beschränkte. Das letzte Produktionsmodell war die A-5, von der 1943–1944 durch Fokker 91 Stück gebaut wurden. Diese hatten eine verbesserte Funkausrüstung und ein MG-81Z-Zwillings-MG im hinteren Cockpit. Das letzte Flugzeug wurde im August 1944 abgeliefert. Insgesamt wurden von allen Varianten über 500 Exemplare hergestellt. Die abgebildete A-5 diente 1943 bei der 2./Seeaufklärungsgruppe 125 im östlichen Mittelmeer und in der Ägäis zusammen mit Bv-138-Seeaufklärern von Blohm und Voss. Diese Einheit wurde später zur 4./Seeaufklärungsgruppe 126 unter dem Befehl des Luftwaffenkommandos Südost.**

| | |
|---|---|
| **Herkunftsland:** | Deutschland |
| **Typ:** | zweisitziger Borderkunder und Küstenaufklärer |
| **Triebwerk:** | ein 9-Zylinder-Sternmotor BMW 132K mit 960 PS (716 kW) |
| **Leistung:** | Höchstgeschwindigkeit 310 km/h; Dienstgipfelhöhe 7.000 m; Reichweite 1.070 km |
| **Gewicht:** | Leergewicht 2.990 kg; max. Startgewicht 3.730 kg |
| **Abmessungen:** | Spannweite 12,4 m; Länge 11 m; Höhe 4,45 m; Flügelfläche 28,40 qm |
| **Bewaffnung:** | zwei fest eingebaute, vorwärts gerichtete 20-mm-MG-FF-Kanonen in den Tragflächen; ein starres, vorwärts gerichtetes 7,92-mm-MG 17 im rechten oberen Rumpf, ein bewegliches 7,92-mm-MG 15 im hinteren Cockpit; Unterflügelhalterungen für zwei 50-kg-Bomben |

# Armstrong Whitworth Argosy Mk 1

Zusammen mit der de Havilland Hercules wurde die Armstrong Whitworth Argosy speziell entwickelt, um den Bedarf der Imperial Airways nach einem komfortablen, verlässlichen und effizienten Linienflugzeug sowie nach einem Fracht- und Posttransporter zu decken. Das erste Exemplar dieser dreimotorigen Maschine flog im März 1926, und im Juli 1926 eröffnete eine Argosy die Strecke Croydon–Paris für Imperial Airways. Berühmt wurden diese Maschinen durch den so genannten Silver-Wing-Luxusservice, den sie auf dieser Route von Mai 1927 ab anboten. Auf der Strecke Croydon–Paris standen die Argosys im Wettbewerb mit den LeO 212 der französischen Air Union. Eine spätere Version war die Argosy II mi Armstrong-Siddeley-IVa-Motoren, die 1929–1936 auf der Postroute nach Indien eingesetzt war. Hier zu sehen ist die „City of Glasgow", eine Argosy Mk I der Imperial Airways.

| | |
|---|---|
| **Herkunftsland:** | Großbritannien |
| **Typ:** | 20-sitziges, kommerzielles Transportflugzeug |
| **Triebwerk:** | drei 14-Zylinder-Sternmotoren Armstrong Siddeley Jaguar IIIA mit 385 PS (287 kW) |
| **Leistung:** | Höchstgeschwindigkeit 177 km/h; Reichweite 652 km |
| **Gewicht:** | Leergewicht 5.443 kg; max. Startgewicht 8.165 kg |
| **Abmessungen:** | Spannweite 27,64 m; Länge 20,07 m; Höhe 6,05 m; Flügelfläche 175,22 qm |

# Armstrong Whitworth F.K.3

Der niederländische Konstrukteur Frederick Koolhoven begann 1910 mit dem Entwurf von Flugzeugen und trat 1914 Armstrong Whitworth in Coventry bei, ɪr die er eine Anzahl von Maschinen konstruierte, die alle seine Initialen trugen. ie erste war die von der Royal Aircraft Factory B.E.2C abgeleitete F.K.3. Der Proto- p hatte noch einen 70 PS (52 kW) starken Renault-Motor, die Serienmaschinen doch waren mit einem stärkeren Royal-Aircraft-Factory-Motor ausgerüstet, der die eistung entscheidend verbesserte. Die F.K.3 und die B.E.2C wurden in Upavon inem Vergleichstest unterzogen, wobei die F.K.3 eine überlegene Geschwindigkeit nd Gipfelhöhe zeigte. Insgesamt wurden 493 Maschinen gebaut, 150 durch Arm- rong Whitworth selbst und über 300 durch Hewlett & Blondeau. Das abgebildete lugzeug diente bei der 47. Staffel in Saloniki, zumeist als Trainingsmaschine, bis es chließlich durch die Avro 504K abgelöst wurde.

| | |
|---|---|
| **Herkunftsland:** | Großbritannien |
| **Typ:** | zweisitziges Mehrzweckflugzeug |
| **Triebwerk:** | ein Reihenmotor Royal Aircraft Factory IA mit 90 PS (67kW) |
| **Leistung:** | Höchstgeschwindigkeit 143 km/h; Dienstgipfelhöhe 3.660 m; Flugdauer 3 h |
| **Gewicht:** | Leergewicht 629 kg; max. Startgewicht 983 kg |
| **Abmessungen:** | Spannweite 12,19 m; Länge 8,84 m; Höhe 3,63 m; Flügelfläche 42,46 qm |
| **Bewaffnung:** | ein bewegliches 7,7-mm-MG im hinteren Cockpit |

# Armstrong Whitworth F.K.8

Die zunehmende Bedeutung der Unterstützung der Bodentruppen aus der Luft ab 1916 führte zur Entwicklung einer größeren Version der F.K.3, der F.K.8. Koolhoven entwarf dazu einen robusteren Rumpf, der ein stärkeres Triebwerk aufnehmen konnte, was eine Bombenlast von bis zu 72 kg ermöglichte. Die F.K.8 war der Royal Aircraft Factory R.E.8 vergleichbar, aber obwohl sie das überlegene Flugzeug war, wurde die F.K.8 aus politischen Gründen nicht in der gleichen Stückzahl hergestellt. Armstrong Whitworth baute 700 Stück von August 1916 bis Juli 1918 , und danach stellten Angus Sanderson & Co. nochmals 700 Exemplare her. Di „Big Ack" genannte Maschine galt als robust und verlässlich und übernahm jede Ar von Aufklärungs-, Bomben- und Tiefangriffsmissionen an der Westfront, in Mazedonien und in Palästina. Nach dem Krieg wurden zwei F.K.8 in Australien zum Passagiertransport eingesetzt.

| | |
|---|---|
| **Herkunftsland:** | Großbritannien |
| **Typ:** | zweisitziges Mehrzweckflugzeug |
| **Triebwerk:** | ein Beardmore-Motor mit 160 PS (119 kW), ein Lorraine-Dietrich-Motor mit 150 PS (112 kW) oder ein Royal-Aircraft-Factory-4A-Motor mit 150 PS (112 kW) |
| **Leistung:** | Höchstgeschwindigkeit 153 km/h; Dienstgipfelhöhe 3.690 m; Flugdauer 3 h |
| **Gewicht:** | Leergewicht 869 kg; max. Startgewicht 1.275 kg |
| **Abmessungen:** | Spannweite 13,26 m; Länge 9,58 m; Höhe 3,33 m; Flügelfläche 50,17 qm |
| **Bewaffnung:** | ein fest eingebautes, vorwärts gerichtetes 7,7-mm-Vickers-MG; ein bewegliches 7,7-mm-Lewis-MG im hinteren Cockpit, bis zu 72 kg Bombenlast |

# Armstrong Whitworth Siskin IIIA

**Diese Maschine hat ihren Ursprung in der Siddeley S.R.2 Siskin, die 1918 von Siddeley-Deasy für den 300 PS (224 kW) starken Royal-Aircraft-Factory-RAF.8-Motor gebaut wurde, dann aber doch mit dem 320 PS (239 kW) starken ABC-Dragonfly flog. Die schlechte Leistung des Motors bewog Armstrong Siddeley, die Maschine mit einem eigenen Jaguar-Motor mit 325 PS (242 kW) auszurüsten. Nachdem das Flugzeug den Anforderungen des Luftfahrtministeriums entsprechend als Ganzmetallausführung umgerüstet worden war, wurde es 1923 von der britischen Luftwaffe als Siskin IIIA übernommen. 360 Maschinen wurden von Armstrong Whitworth, Bristol, Vickers, Gloster und Blackburn produziert. Ab 1927 war diese Maschine das Rückgrat der britischen Heimatverteidigung, wurde aber ab 1930 zurückgezogen, als neuere Typen wie die Bristol Bulldog zur Verfügung standen. Abgebildet ist eine Siskin III.**

| | |
|---|---|
| **Herkunftsland:** | Großbritannien |
| **Typ:** | einsitziges Jagdflugzeug |
| **Triebwerk:** | ein Sternmotor Armstrong Siddeley Jaguar IV mit 420 PS (313 kW) |
| **Leistung:** | Höchstgeschwindigkeit 251 km/h; Dienstgipfelhöhe 8.230 m; Flugdauer 3 h |
| **Gewicht:** | Leergewicht 935 kg; max. Startgewicht 1.366 kg |
| **Abmessungen:** | Spannweite 10,11 m; Länge 7,72 m; Höhe 3,10 m; Flügelfläche 27,22 qm |
| **Bewaffnung:** | zwei fest eingebaute, vorwärts gerichtete 7,7-mm-Vickers-MG im vorderen Rumpf; Unterflügelhalterungen für max. 4 9-kg-Bomben |

# Avia B.534-IV

Frantisek Nowotny wurde 1930 Chefkonstrukteur der Flugzeugbaufirma Avia in Prag-Letnany. Sein erster Entwurf war die B.34, die dann einen neuen Hispano-Suiza-12-Ydrs-Motor erhielt und schließlich zum B.534-I-Prototypen wurde. Erstes Produktionsmodell dieses Jägers war die B.534, die eine hölzerne Luftschraube anstelle der metallenen des Prototyps besaß und ein offenes Cockpit hatte. Die Bewaffnung bestand aus zwei MG im oberen Rumpfvorderteil und zwei weiteren in Verkleidungen unter den unteren Tragflächen. Bei der B.534-II saßen alle vier MG unter einer stromlinienförmigen Verkleidung seitlich am Rumpf, sodass der untere Flügel für Bombenhalterungen frei blieb. Die B.534-III hatte verkleidete Räder und einen geänderten Vergaser. Das abschließende Modell B.534-IV besaß ein geschlossenes Cockpit und ein geändertes Rumpfhinterteil. Abgebildet ist eine B.534-IV der slowakischen Luftwaffe, die beim Aufstand im September 1944 eingesetzt wurde.

| | |
|---|---|
| **Herkunftsland:** | Tschechoslowakei |
| **Typ:** | einsitziges Jagdflugzeug |
| **Triebwerk:** | ein Hispano-Suiza-Motor HS-12Ydrs mit 850 PS (634 kW) |
| **Leistung:** | Höchstgeschwindigkeit 394 km/h; Dienstgipfelhöhe 10.600 m; Reichweite 580 km |
| **Gewicht:** | Leergewicht 1.460 kg; max. Startgewicht 2.120 kg |
| **Abmessungen:** | Spannweite 9,4 m; Länge 8,2 m; Höhe 3,1 m; Flügelfläche 23,56 qm |
| **Bewaffnung:** | vier fest eingebaute, vorwärts gerichtete 7,7-mm-Modell-30-MG im Rumpf; Unterflügelhalterungen für bis zu sechs 20-kg-Bomben |

# Avia B.534-IV

**Die B.534 erwies sich als das herausragende Flugzeug beim internationalen Flugtag in Zürich 1937 und galt weithin als das beste Jagdflugzeug ihrer Zeit, is sie schließlich durch die Eindecker deklassiert wurde. Zur Zeit des Münchener bkommens im September 1938 war die B.534 schon drei Jahre in Produktion, und ber 300 der insgesamt 445 hergestellten Maschinen befanden sich bei 21 tschecholowakischen Jagdstaffeln im Einsatz. Nach der Besetzung der Tschechoslowakei im lärz 1939 wurde eine große Anzahl von der deutschen Luftwaffe übernommen, nd auch an Ungarn und Bulgarien gingen einige B.534. Bulgarien musste aus langel an anderen Flugzeugen diese Maschinen noch 1943 als Abfangjäger gegen -24-Liberator-Bomber einsetzten, die die Ölfelder in Plösti angriffen. Hier ist eine via B.534-IV der 3./JG 71 zu sehen, die Ende 1939 in Eutlingen stationiert war. urz darauf rüstete die Einheit auf die Messerschmidt Bf 109 um.**

| | |
|---|---|
| **Herkunftsland:** | Tschechoslowakei |
| **Typ:** | einsitziges Jagdflugzeug |
| **Triebwerk:** | ein Hispano-Suiza-Motor HS-12Ydrs mit 850 PS (634 kW) |
| **Leistung:** | Höchstgeschwindigkeit 394 km/h; Dienstgipfelhöhe 10.600 m; Reichweite 580 km |
| **Gewicht:** | Leergewicht 1.460 kg; max. Startgewicht 2.120 kg |
| **Abmessungen:** | Spannweite 9,4 m; Länge 8,2 m; Höhe 3,1 m; Flügelfläche 23,56 qm |
| **Bewaffnung:** | vier fest eingebaute, vorwärts gerichtete 7,7-mm-Modell-30-MG im Rumpf; Unterflügelhalterungen für bis zu sechs 20-kg-Bomben |

# Avia BH.21

Avia wurde 1919 gegründet und eröffnete ein Werk in Zakowitsch in der neu entstandenen Tschechoslowakei. Bis zum Umzug nach Prag 1927 waren Pawel Benes und Miroslaw Hajn die leitenden Konstrukteure. Die BH-21 geht auf den BH-17-Jagd-Doppeldecker von 1924 zurück und hatte einen überarbeiteten vorderen Rumpf (bessere Pilotensicht), einen einzelnen Unterrumpfkühler als Ersatz der zuvor an den Fahrwerksstreben angebrachten Kühler und „N"-Stiele als Flügelverstrebung. 137 Maschinen wurden von der tschechoslowakischen Luftwaffe unter der Bezeichnung B.21 bis in die 30er Jahre hinein verwendet, bis sie schließlich durch die Avia B.33 ersetzt wurden. Nach einem Vergleichswettbewerb in Belgien, aus dem die BH.21 als Sieger hervorging, bauten die belgischen Firmen SABCA und SEGA je 44 bzw. 39 BH.21. Abgebildet ist eine BH.21 der tschechoslowakischen Luftwaffe.

| | |
|---|---|
| **Herkunftsland:** | Tschechoslowakei |
| **Typ:** | einsitziges Jagdflugzeug |
| **Triebwerk:** | ein Avia-Motor mit 310 PS (231 kW), Lizenz des Hispano-Suiza 8Fb |
| **Leistung:** | Höchstgeschwindigkeit 245 km/h; Dienstgipfelhöhe 5.500 m; Reichweite 550 km |
| **Gewicht:** | Leergewicht 720 kg; max. Startgewicht 1.084 kg |
| **Abmessungen:** | Spannweite 8,9 m; Länge 6,87 m; Höhe 2,74 m; Flügelfläche 21,96 qm |
| **Bewaffnung:** | zwei fest eingebaute, vorwärts gerichtete 7,7-mm-Vickers-MG im vorderen Rumpf |

# Avia BH.25

Avias erster Versuch auf dem zivilen Flugzeugmarkt war die 1928 von Benes und Hajn entworfene BH.25, ein einmotoriger Doppeldecker in Stoff- und Holzbau-eise. Der Prototyp war mit einem von Skoda gebauten 450 PS (335 kW) starken rraine-Dietrich-Reihenmotor ausgestattet, und die unteren Tragflächen hatten – r einen Doppeldecker ungewöhnlich – eine größere Spannweite als die oberen. rekt vor den Tragflächen befand sich das Cockpit, in dem der Kapitän und sein ›pilot nebeneinandersaßen. Die geschlossene Kabine war für sechs Passagiere ısgelegt und bot zudem noch Platz für ca. 100 kg Gepäck. Nach den ersten Flug-rsuchen stellte sich heraus, dass wesentliche Änderungen am Grundentwurf ›tig waren, und der Reihenmotor wurde durch einen Walter-Sternmotor mit ›0 PS (313 kW) ersetzt. Acht der zwölf gebauten BH.25 flogen in der Tschechoslo-akei, die anderen vier gingen nach nach Rumänien.

| | |
|---|---|
| **Herkunftsland:** | Tschechoslowakei |
| **Typ:** | sechssitziges ziviles Transportflugzeug |
| **Triebwerk:** | ein Walter-9-Zylinder-Sternmotor mit 420 PS (313 kW) (Lizenzbau des Bristol Jupiter IV) |
| **Leistung:** | Höchstgeschwindigkeit 180 km/h; Dienstgipfelhöhe 4.000 m; Reichweite 600 km |
| **Gewicht:** | Leergewicht 1.840 kg; max. Startgewicht 3.100 kg |
| **Abmessungen:** | Spannweite 15,3 m; Länge 12,82 m; Flügelfläche 62,5 qm |

# Avia BH.26

**D**er Prototyp des zweisitzigen Jagdaufklärers BH.26 flog erstmals 1927. Wie bei früheren Entwürfen von Benes und Hajn hatte auch die BH.26 einen Rumpf mit flachen Seitenwänden, einstielige Doppeldeckertragflächen ungleicher Spannweite und ein voll bewegliches Seitenruder. Testflüge zeigten jedoch, dass diese Auslegung keine ausreichende Steuerbarkeit ergab, sodass man auf ein konventionelles Seitenruder zurückgriff. Nur acht Exemplare wurden für die tschechoslowakischen Streitkräfte hergestellt und flogen unter der Bezeichnung B.26. Eine Weiterentwicklung der BH.26, die BH.28, hatte als Antrieb einen 385 PS (287kW) starken Armstrong-Siddeley-Jaguar-Sternmotor, doch kam diese Maschine nicht über das Prototypenstadium hinaus. Auf der Abbildung ist eine Avia B.26 der zentralen Flugschule der tschechoslowakischen Luftwaffe zu sehen.

| | |
|---|---|
| **Herkunftsland:** | Tschechoslowakei |
| **Typ:** | zweisitziger Jagdaufklärer |
| **Triebwerk:** | ein Walter-9-Zylinder-Sternmotor mit 420 PS (313 kW) (Lizenzbau des Bristol Jupiter IV) |
| **Leistung:** | Höchstgeschwindigkeit 242 km/h; Dienstgipfelhöhe 8.500 m; Reichweite 530 km |
| **Gewicht:** | Leergewicht 1.030 kg; max. Startgewicht 1.630 kg |
| **Abmessungen:** | Spannweite 10,8 m; Länge 8,85 m; Höhe 3,35 m; Flügelfläche 31 qm |
| **Bewaffnung:** | zwei fest eingebaute, vorwärts gerichtete 7,7-mm-Vickers-MG im Rumpf; zwei 7,7-mm-Lewis-MG auf einer Skoda-Drehlafette im hinteren Cockpit |

# Aviatik B.II

Die anfänglich von der Automobil und Aviatik AG in Mühlhausen gebauten Maschinen waren Kopien französischer Entwürfe. Die bis dahin gemachten rfahrungen erlaubten bald die Herstellung eigener Konstruktionen. Die B.I, ein weisitziger Aufklärer, erschien 1914 und basierte auf einem Entwurf für einen enn-Doppeldecker aus dem Jahr 1913. Wie zu jener Zeit bei unbewaffneten Auflärern üblich, saß der Beobachter im vorderen Cockpit. Angetrieben wurde die reistielige Maschine von einem 100 PS (75 kW) starken Mercedes-D.I-Reihenmotor, essen Kühler auf der linken unteren Tragfläche nahe am Rumpf saß. Das Nachlgemodell B.II erschien 1915 und hatte ein leichteres, jedoch robusteres Leitwerk owie einen stärkeren Mercedes-Motor. Die Abbildung zeigt eine Aviatik B.II der eobachterschule in Köln-Butzweilerhof 1916.

| | |
|---|---|
| **Herkunftsland:** | Deutschland |
| **Typ:** | zweisitziger Aufklärer |
| **Triebwerk:** | ein 6-Zylinder-Reihenmotor Mercedes D.III mit 120 PS (89 kW) |
| **Leistung:** | Höchstgeschwindigkeit 100 km/h; Flugdauer 4 h |
| **Gewicht:** | 1.088 kg |
| **Abmessungen:** | Spannweite 13,97 m; Länge 7,97 m; Höhe 3,3 m |

# Aviatik C.Ia

Die erste von Beginn an als Militärmaschine entworfene Aviatik war die C.I, die eine große Ähnlichkeit zur B.I aufwies. Obwohl der Beobachter mit einem MG auf einer beweglichen Halterung ausgerüstet war, hatte man ihn doch im vorderen Cockpit belassen, was das Schussfeld sehr einschränkte. Bei der Version C.Ia platzierte man den Beobachter schließlich hinten und steigerte so den Kampfwert. Die C.Ia zeigte die übliche Holz-Stoff-Bauweise, hatte einen aluminiumverkleideten Motorraum und ein Heckspornfahrwerk. Angetrieben wurde die C.Ia durch einen 160 PS (119 kW) starken Mercedes-Motor, doch wurden nur wenige produziert, bevor das Nachfolgemodell C.II erschien, das einen stärkeren Benz-Bz.IV-Motor mit 200 PS (149 kW) und überarbeitete Ruderflächen hatte. Die meistproduzierte C-Version war die C.III, die eine geringere Spannweite, einen stromlinienförmigen Bug und zwei MG besaß. Die abgebildete C.Ia flog Einsätze an der Ostfront.

| | |
|---|---|
| **Herkunftsland:** | Deutschland |
| **Typ:** | zweisitziger Aufklärer |
| **Triebwerk:** | ein 6-Zylinder-Reihenmotor Mercedes D.II mit 120 PS (89 kW) |
| **Leistung:** | Höchstgeschwindigkeit 142 km/h; Dienstgipfelhöhe 3.500 m; Flugdauer 3 h |
| **Gewicht:** | Leergewicht 980 kg; max. Startgewicht 1.340 kg |
| **Abmessungen:** | Spannweite 12,5 m; Länge 7,92 m; Höhe 2,95 m |
| **Bewaffnung:** | ein bewegliches 7,92-mm-Parabellum-MG im hinteren Cockpit |

# Avions Fairey Fox VI

Nach einem Vergleichstest mit verschiedenen Konkurrenzmodellen entschied sich die belgische Regierung, eine Ganzmetallversion der Fairey Fox vom belgischen Fairey-Tochterunternehmen Avions Fairey in Gosselies in Lizenz herstellen zu lassen. Das Flugzeug wurde durch einen 480 PS (385 kW) starken Motor angetrieben, und 1933 nahmen die ersten Maschinen bei der belgischen Luftwaffe den Dienst auf. Avions Fairey entwickelte eine ganze Reihe von Varianten, darunter den Fox-III-Jagdaufklärer mit Armstrong-Siddeley-Sternmotor, die Fox IIIc mit geschlossenem Cockpit und einem Rolls-Royce-Kestrel-Triebwerk, Trainingsmodelle (Fox IIIS und CS) mit Doppelsteuerung und schließlich die Fox VI mit einem Hispano-Suiza-12Ydrs-Motor. Hier abgebildet ist eine Fox VI der 6/III, 2e Regiment d'Aéronautique, die kurz vor dem deutschen Einmarsch am 10. Mai 1940 in Le Zoute stationiert war.

| | |
|---|---|
| **Herkunftsland:** | Belgien |
| **Typ:** | zweisitziger Jagdaufklärer |
| **Triebwerk:** | ein Hispano-Suiza-Motor 12Ydrs mit 860 PS (641 kW) |
| **Leistung:** | Höchstgeschwindigkeit 365 km/h; Dienstgipfelhöhe 11.200 m; Reichweite 600 km |
| **Gewicht:** | Leergewicht 1.361 kg; max. Startgewicht 2.245 kg |
| **Abmessungen:** | Spannweite 11,58 m; Länge 9,17 m; Höhe 3,35 m |
| **Bewaffnung:** | zwei fest eingebaute, vorwärts gerichtete 7,5-mm-FN-MG im Rumpf; ein bewegliches 7,7-mm-Lewis-MG in hinteren Cockpit; Unterflügelhalterungen für bis zu 240 kg Bomben |

# Avro Typ D

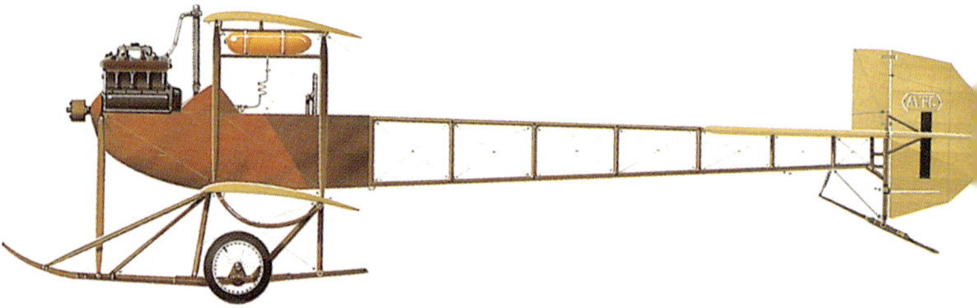

Alliot Verdon Roe war einer der Luftfahrtpioniere in Großbritannien und baute seine erste Flugmaschine 1907. Die Erfahrungen, die Roe mit seinen frühen Dreideckern sammeln konnte (sowie die finanzielle Hilfe durch seinen Bruder), erwiesen sich als unschätzbare Hilfe, eines der bekanntesten Luftfahrtunternehmen Großbritanniens auf den Weg zu bringen. Der Typ „D“ markierte die Abkehr vom Dreideckerprinzip früherer Avro-Konstruktionen. Die erste von insgesamt sechs Maschinen des Typs „D“, die mit einem 35 PS (26 kW) starken Green-Motor ausgerüstet war, flog am 1. April 1911 in Brooklands. Das Flugzeug erwies sich als einfach zu handhaben. Eine mit Schwimmmern versehene Version wurde, als sie am 18. November 1911 vom Wasser abhob, das erste erfolgreiche britische Seeflugzeug. Die sechs gebauten Maschinen waren mit unterschiedlichen Motoren zwischen 35 und 50 PS (26–37 kW) ausgerüstet.

| | |
|---|---|
| **Herkunftsland:** | Großbritannien |
| **Typ:** | zweisitziger Doppeldecker |
| **Triebwerk:** | ein Green-4-Zylinder-Reihenmotor mit 35 PS (26 kW) |
| **Leistung:** | Höchstgeschwindigkeit 78 km/h |
| **Gewicht:** | max. Startgewicht 227 kg |
| **Abmessungen:** | Spannweite 9,45 m; Länge 8,53 m; Höhe 2,79 m; Flügelfäche 28,8 qm |

# Avro 504K

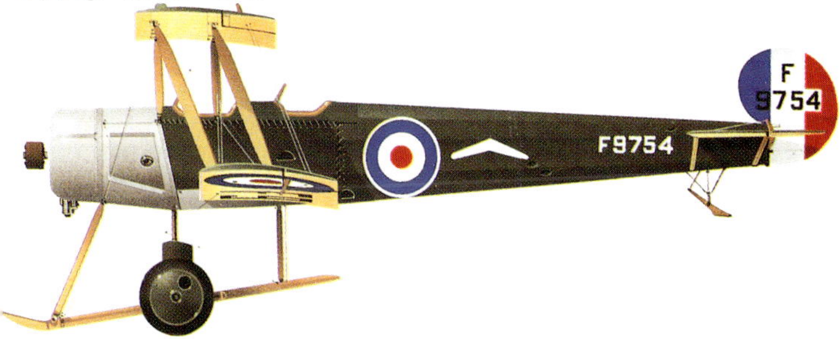


Als A.V. Roe über ein Jahr vor Ausbruch des 1. Weltkriegs die erste Avro 504 baute, konnte er nicht ahnen, dass dieses Modell noch 1933 in Produktion sein würde. Allein während des Krieges wurden 8.340 Exemplare hergestellt. Im Sommer 1913 bestellte das britische Kriegsministerium die ersten 12 Maschinen für die Fliegerabteilung der Armee, danach weitere für die Marineluftwaffe. Zu Anfang des Krieges wurde die Avro 504 noch für Fronteinsätze verwendet, darunter auch für den Angriff auf die Zeppelinhallen in Friedrichshafen am 21. November 1914. Weit häufiger kam sie jedoch in der Rolle als Anfängerschulflugzeug zum Einsatz. Auf der Abbildung ist eine von Hewlett & Blondeau gebaute Avro 504K des 8. Ausbildungsgeschwaders der britischen Luftwaffe aus dem Jahr 1918 zu sehen. Bauaufträge für die 504 erhielten außerdem Harland & Wolff, Frederic Sage, Humber Motor und Sunbeam.

| | |
|---|---|
| **Herkunftsland:** | Großbritannien |
| **Typ:** | (504K) zweisitziges Anfängerschulflugzeug |
| **Triebwerk:** | ein Le-Rhône-Umlaufmotor mit 110 PS (82 kW) |
| **Leistung:** | Höchstgeschwindigkeit 153 km/h; Dienstgipfelhöhe 4.875 m; Reichweite 402 km |
| **Gewicht:** | Leergewicht 558 kg; max. Startgewicht 830 kg |
| **Abmessungen:** | Spannweite 10,97 m; Länge 8,97 m; Höhe 3,17 m; Flügelfläche 30,66 qm |

# Avro 504K

Hauptversionen der Avro 504 während des 1. Weltkriegs waren die 504A mit kleineren Querrudern und breiteren Streben (455 gebaute Maschinen), die 504B-Marineversion mit Bombenhalterungen, größerem Heckruder und einem Lewis-MG für den Beobachter (240), die einsitzigen 504C und 504D für Anti-Zeppelin-Patrouillen, die 504E der Marineluftwaffe mit dem 100 PS (75 kW) starken Gnome-Monosoupape-Motor (10) und der 504G-Waffentrainer (10 neu gebaut sowie zahlreiche Umrüstungen). Die Avro 504F und 504H schafften es nicht über das Prototypenstadium hinaus. Die wichtigsten Versionen waren die 504J, eigentlich eine 504A mit 100 PS (75kW) starkem Gnome-Monosoupape-Motor (1.050), und die meistgebaute Variante überhaupt, die 504K (6.350). Die 504K unterschied sich nur geringfügig von der J, konnte aber mit zwölf verschiedenen Triebwerken ausgerüstet werden. Abgebildet ist eine 504K, die 1923–1924 in Portugal diente.

| | |
|---|---|
| **Herkunftsland:** | Großbritannien |
| **Typ:** | (504K) zweisitziges Anfängerschulflugzeug |
| **Triebwerk:** | ein Le-Rhône-Umlaufmotor mit 110 PS (82 kW) |
| **Leistung:** | Höchstgeschwindigkeit 153 km/h; Dienstgipfelhöhe 4.875 m; Reichweite 402 km |
| **Gewicht:** | Leergewicht 558 kg ; max. Startgewicht 830 kg |
| **Abmessungen:** | Spannweite 10,97 m; Länge 8,97 m; Höhe 3,17 m; Flügelfläche 30,66 qm |

# Avro 504R

**Als die Produktion der Avro 504 nach 24 Jahren 1937 endete, war die Maschine in die ganze Welt exportiert worden. Zahlreiche Flugzeuge waren in Lizenz hergestellt worden, unter anderem in Argentinien, Australien, Belgien, Kanada und Japan. Die letzte Version der Avro 504 war die 504R Gosport, die einen Versuch darstellte, eine günstigere Variante der 504N mit schwächerem Motor zu produzieren, ohne die Leistung zu schmälern. Man testete verschiedene Triebwerke, darunter den 90 PS (67 kW) starken Avro Alpha, den 100 PS (75 kW) starken Gnome-Monosoupape und den 150 PS (112 kW) starken Mongoose. Am besten schnitt der Mongoose ab, und in dieser Form wurden zehn Maschinen nach Argentinien, sechs nach Estland und eine unbekannte Zahl nach Peru exportiert. Auf der Abbildung ist eines der estnischen Flugzeuge vom November 1928 zu sehen. Einige der estnischen Avros flogen bis in die 40er Jahre hinein.**

| | |
|---|---|
| **Herkunftsland:** | Großbritannien |
| **Typ:** | zweisitziges Anfängerschulflugzeug |
| **Triebwerk:** | ein Mongoose-Umlaufmotor mit 150 PS (112 kW) |
| **Leistung:** | Höchstgeschwindigkeit 153 km/h; Dienstgipfelhöhe 4.875 m; Reichweite 402 km |
| **Gewicht:** | Leergewicht 558 kg; max. Startgewicht 830 kg |
| **Abmessungen:** | Spannweite 10,97 m; Länge 8,97 m; Höhe 3,17 m; Flügelfläche 30,66 qm |

# Avro 504N

Kurz nach Ende des 1. Weltkriegs konnte man überzählige Avro-504-Maschinen sehr günstig erwerben, sodass dieser Typ die Ausrüstung für viele der neu entstandenen Flugschauen bildete, die mit ihren Vorführungen durch das Land zogen. In dieser Form überlebten einige der 504-Maschinen bis in die 30er Jahre. Auch die britische Luftwaffe hatte noch große Bestände des Flugzeugs und benutzte es noch viele Jahre als Schulmaschine. Die Hauptvariante der Nachkriegsproduktion war die Avro 504N, die ersten waren noch aus umgebauten 504K entstanden. Diese hatten ein überarbeitetes Fahrwerk ohne Landekufen, neue Querruder und verschiedene Triebwerke. Die ersten beiden komplett neuen 504N wurden 1925 mit einem 100 PS (75 kW) starken Bristol Lucifer, bzw. einem 160 PS (112 kW) starken Armstrong Siddeley Lynx bestellt, wobei der Lynx für die Serienproduktion ausgewählt wurde. Insgesamt wurden 598 Stück 1925–1932 gebaut.

| | |
|---|---|
| **Herkunftsland:** | Großbritannien |
| **Typ:** | zweisitziges Anfängerschulflugzeug |
| **Triebwerk:** | ein Umlaufmotor Armstrong Siddeley Lynx IV mit 160 PS (112 kW) |
| **Leistung:** | Höchstgeschwindigkeit 161 km/h; Dienstgipfelhöhe 4.450 m; Reichweite 402 km |
| **Gewicht:** | Leergewicht 718 kg; max. Startgewicht 1.016 kg |
| **Abmessungen:** | Spannweite 10,97 m; Länge 8,69 m; Höhe 3,33 m; Flügelfläche 29,73 qm |

# Avro 504N

Dänemark gehörte zu den zahlreichen Kunden, die nach dem Krieg die Avro 504 kauften. Das abgebildete Flugzeug wurde 1920 als 504K an Dänemark geliefert und flog für die dänische Marine. 1928 wurde es schließlich auf den 504N-Standard umgerüstet und als Trainingsmaschine genutzt. 1936 wurde es an die Tschechoslowakei verkauft, wo es 1939 den Deutschen in die Hände fiel. Man beachte die Blindflughaube über dem hinteren Cockpit zur Instrumentenflugschulung. In Großbritannien diente die 504 dem Militär bis weit in den 2. Weltkrieg hinein in verschiedenen Rollen. So waren z. B. sieben 504N als Schleppmaschinen für Segelflugzeuge bei einer Spezialeinheit in Christchurch, Hampshire, stationiert, wo man die Entdeckbarkeit hölzener Flugzeuge durch Radar untersuchte. Schließlich wurde die Avro 504N aber durch Avro-Tutor- und Hawker-Tomtit-Maschinen ersetzt, auch bei den Staffeln der Universitäts- und Reserveluftwaffen.

| | |
|---|---|
| **Herkunftsland:** | Großbritannien |
| **Typ:** | zweisitziges Anfängerschulflugzeug |
| **Triebwerk:** | ein Umlaufmotor Armstrong Siddeley Lynx IV-mit 160 PS (112 kW) |
| **Leistung:** | Höchstgeschwindigkeit 161 km/h; Dienstgipfelhöhe 4.450 m; Reichweite 402 km |
| **Gewicht:** | Leergewicht 718 kg; max. Startgewicht 1.016 kg |
| **Abmessungen:** | Spannweite 10,97 m; Länge 8,69 m; Höhe 3,33 m; Flügelfläche 29,73 qm |

# Avro 529A

**Nachdem es die Avro 529 nicht geschafft hatte, die Ausschreibung der Admiralität für einen Langstreckenbegleitjäger/Aufklärer zu gewinnen, erhielt Avro den Auftrag, eine modifizierte und größere Version als Langstreckenbomber zu entwickeln. Chefkonstrukteur Roy Chadwick, der später auch das Lancaster-Entwurfsteam leiten sollte, entwarf unter der Bezeichnung Avro 529 einen Prototypen, indem er den Originalentwurf einfach vergrößerte. Weitere Änderungen betrafen ein überarbeitetes Heck, klappbare Tragflächen, und zwei Rolls-Royce-Falcon-Triebwerke in Zug- statt Druckschraubenanordnung. Der zweite (hier abgebildete) Prototyp hatte statt der Rolls-Royce-Motoren 230 PS (172 kW) starke BHP-Triebwerke sowie ein verbessertes Treibstoffsystem. Neu an den Avro-529-Prototypen war eine Sprachrohrverbindung zwischen den Besatzungspositionen. Das Modell 529 ging jedoch nie in Produktion.**

| | |
|---|---|
| **Herkunftsland:** | Großbritannien |
| **Typ:** | dreisitziger Langstreckenbomber |
| **Triebwerk:** | zwei BHP-Motoren mit 230 PS (172 kW) |
| **Leistung:** | Höchstgeschwindigkeit 153 km/h; Dienstgipfelhöhe 4.115 m; Flugdauer 5 h |
| **Gewicht:** | Leergewicht 2.148 kg; max. Startgewicht 2.862 kg |
| **Abmessungen:** | Spannweite 19,2 m; Länge 12,09 m, Höhe 3,96 m; Flügelfläche 85,7 qm |
| **Bewaffnung:** | ein 7,7-mm-Lewis-MG auf einer Scarff-Ringlafette im vorderen Cockpit; ein 7,7-mm-Lewis-MG auf einer Scarff-Ringlafette im hinteren Cockpit; interne Bombenlast bis zu zwanzig 23-kg-Bomben |

# Avro 533 Manchester Mk I

Obgleich sie weniger berühmt war als die Manchester II aus dem 2. Weltkrieg, stellte die Avro 533 aus dem Jahr 1918 den Höhepunkt und Abschluss des 523/9er Konzepts dar. Der neue Entwurf beinhaltete einen tieferen Rumpf, ausgeglichene Querruder, ein vergrößertes Leitwerk und eine geräumigere Bombenschützenposition. Das Flugzeug war um den ABC-Dragonfly-Sternmotor mit 320 PS (239 kW) entworfen, doch anhaltende Probleme bei der Triebwerksentwicklung zwangen Avro, den Prototypen der 533 mit zwei 300 PS (224 kW) starken Armstrong-Siddeley-Puma-Motoren auszurüsten. Als die Avro 533 im Dezember 1918 ihren Jungfernflug antrat, war sie schon überflüssig, denn gut einen Monat zuvor war der Waffenstillstand geschlossen worden. Ein Jahr später flog die Maschine dann endlich mit den problematischen ABC-Dragonfly-Motoren, doch es wurde kein Produktionsauftrag mehr erteilt.

| | |
|---|---|
| **Herkunftsland:** | Großbritannien |
| **Typ:** | dreisitziger Langstreckenbomber |
| **Triebwerk:** | zwei Sternmotoren ABC Dragonfly mit 320 PS (239 kW) |
| **Leistung:** | Höchstgeschwindigkeit 185 km/h; Dienstgipfelhöhe 5.790 m; Flugdauer 5 h 45 min |
| **Gewicht:** | Leergewicht 2.217 kg; max. Startgewicht 3.352 kg |
| **Abmessungen:** | Spannweite 18,29 m; Länge 11,28 m; Höhe 3,81 m; Flügelfläche 75,90 qm |
| **Bewaffnung:** | ein 7,7-mm-Lewis-MG auf einer Scarff-Ringlafette im vorderen Cockpit; ein 7,7-mm-Lewis-MG auf einer Scarff-Ringlafette im hinteren Cockpit; interne Bombenlast bis zu 339 kg |

# Avro 536

Als Reaktion auf den in der Nachkriegszeit stark wachsenden Markt der Passagier- und Privatflugzeuge baute Avro eine Anzahl überzähliger 504K aus Kriegsbeständen so um, dass im hinteren Cockpit vier Passagiere in zwei Paaren Platz fanden. Das erste von insgesamt 25 umgebauten Flugzeugen flog erstmals im April 1919 vom Avros-Flugfeld in Hamble an der Südküste Englands. Neben einer Schwimmerversion wurden auch ein zweisitziges Langstreckenmodell sowie eine Maschine mit einer geschlossenen Passagierkabine hergestellt. Letzteres Flugzeug erhielt die Bezeichnung Avro 546, doch flog es nur recht selten und wurde bald wieder aus dem Register gelöscht. Während der 20er Jahre absolvierten Tausende von Menschen den ersten Flug ihres Lebens an Bord einer Avro 536. Die letzten drei Maschinen flogen bis in die 30er Jahre beim Surrey Flying Service.

| | |
|---|---|
| **Herkunftsland:** | Großbritannien |
| **Typ:** | fünfsitziges Passagierflugzeug |
| **Triebwerk:** | ein Umlaufmotor Bentley BR1 mit 150 PS (112 kW) |
| **Leistung:** | Höchstgeschwindigkeit 145 km/h; Dienstgipfelhöhe 3.660 m; Reichweite 322 km |
| **Gewicht:** | Leergewicht 649 kg; max. Startgewicht 1.010 kg |
| **Abmessungen:** | Spannweite 11,20 m; Länge 9,02 m; Höhe 3,17 m; Flügelfläche 31,12 qm |

# Avro 549 Aldershot III

Sowohl Avro als auch de Havilland legten 1920 Entwürfe für die Ausschreibung
2/20 des britischen Luftfahrtministeriums für einen schweren Langstrecken-
omber vor. Avros Vorschlag, der Typ 549 Aldershot, war der erste militärische
achkriegsentwurf des Konstrukteurs. Der dreistielige Doppeldecker mit unglei-
ıer Spannweite und Rolls-Royce-Condor-Triebwerk war zugleich das erste Avro-
ugzeug mit Ganzmetallrumpf. Nach Vergleichstests mit der de Havilland Derby
ewann die Avro 549 einen Auftrag über zwei Prototypen. Der erste flog 1922 von
amble aus und wurde nach einer Verlängerung des Rumpfes im Juni 1922 auf der
ugschau der britischen Luftwaffe in Hendon gezeigt. 1923 ergingen Aufträge über
nun Aldershot III genannte Maschinen. Diese flogen von April an bei der 99.
affel, bis sie Ende 1925 schließlich durch die Handley Page Hyderabad ersetzt
urden.

| | |
|---|---|
| **Herkunftsland:** | Großbritannien |
| **Typ:** | dreisitziger schwerer Bomber |
| **Triebwerk:** | ein Reihenmotor Rolls-Royce Condor III mit 650 PS (485 kW) |
| **Leistung:** | Höchstgeschwindigkeit 177 km/h; Dienstgipfelhöhe 4.420 m; Reichweite 1.006 km |
| **Gewicht:** | Leergewicht 649 kg; max. Startgewicht 1.010 kg |
| **Abmessungen:** | Spannweite 11,20 m; Länge 9,02 m; Höhe 3,17 m; Flügelfläche 31,12 qm |

# Avro 555 Bison

**Avro baute nur wenige Marineflugzeuge. Eine Ausnahme bildete der Typ 555 Bison aus dem Jahr 1921. Die Maschine wurde auf eine Ausschreibung 3/11 d britischen Admiralität für einen trägergestützten Flottenaufklärer entworfen. Der erste Prototyp flog 1921, der zweite hatte einen geänderten oberen Flügel, der dri te flog schließlich 1923. Die Produktionsmodelle wurden nach dem Vorbild des zweiten Prototyps gebaut und bei der britischen Marine als Bison Ia bezeichnet. Zwischen Juli 1924 und Februar 1927 bestellte die Admiralität ein zweites Los übe 35 Maschinen (Bison II). Die Bison Ia wurde auch bei der 3. Staffel der Luftwaffe in Gosport in Dienst gestellt und ging erstmals mit der 423. Staffel der Marine an Bor der HMS *Eagle* auf See. Nachdem der Typ mehrere Jahre an Bord der Flugzeugträ ger der Marine in Dienst gestanden hatte, wurde die Bison ab 1929 durch die Fair IIIF abgelöst. Einer Schwimmerversion der Bison war kein Erfolg beschieden.**

| | |
|---|---|
| **Herkunftsland:** | Großbritannien |
| **Typ:** | drei-/viersitziger Flottenaufklärer |
| **Triebwerk:** | ein Napier-Lion-Motor mit 450 PS (336 kW) |
| **Leistung:** | Höchstgeschwindigkeit 177 km/h; Dienstgipfelhöhe 4.265 m; Reichweite 547 km |
| **Gewicht:** | Leergewicht 1.887 kg; max. Startgewicht 2.631 kg |
| **Abmessungen:** | Spannweite 14,02 m; Länge 10,97 m; Höhe 4,22 m; Flügelfläche 57,6 qm |
| **Bewaffnung:** | ein bewegliches 7,7-mm-Lewis-MG im hinteren Cockpit |

# Avro 561 Andover

Im Juni 1921 wurde die Poststrecke Kairo–Bagdad, die von der britischen Luftwaffe vorbereitet worden war, offiziell durch die 30. und 47. Staffeln eröffnet, die ie Route mit D.H.10-Amiens-Bombern flogen. Der Streckenverkehr nahm rasch zu, ınd obwohl die D.H.10 eine gute Maschine war, benötigte man ein besser auf diese ıufgabe zugeschnittenes Flugzeug. Man entschied sich für die einmotorige Avro Anover, deren Leergewicht ein Viertel über dem der D.H.10 lag. Der Entwurf überahm Tragflächen, Leit- und Fahrwerk der Avro 549 Aldershot, hatte jedoch einen euen, viel größeren Rumpf mit Platz für 12 Passagiere. Als sich die britische legierung im Juli 1922 aus der Imperial-Airways-Linie zurückzog, wurde die Betellung auf nur drei Andover gekürzt. Diese Maschinen wurden von der Luftwaffe ls Ambulanzflugzeuge genutzt. Eine zivile Variante, die Avro 563, flog kurz für Imerial Airways, bevor sie zusammen mit den drei 561 in Halton stationiert wurde.

| | |
|---|---|
| **Herkunftsland:** | Großbritannien |
| **Typ:** | 12-sitziges Ambulanz- und Transportflugzeug |
| **Triebwerk:** | ein Reihenmotor Rolls-Royce Condor III mit 650 PS (485 kW) |
| **Leistung:** | Höchstgeschwindigkeit 177 km/h; Dienstgipfelhöhe 4.115 m; Reichweite 740 km |
| **Gewicht:** | Leergewicht 3.166 kg; max. Startgewicht 5.216 kg |
| **Abmessungen:** | Spannweite 20,73 m; Länge 15,72 m; Höhe 4,91 m; Flügelfläche 98,66 qm |

# Avro 581E Avian

**Die zweisitzige Avro 594 Avian, die aus den Avro-581-Prototypen entwickelt wurde, hatte zwar nicht die hohen Verkaufszahlen ihrer Konkurrentin, der de Havilland D.H.60 Moth, nimmt aber dennoch ihren Platz in der Luftfahrtgeschichte ein. Der erste Prototyp flog im April 1921 und nahm am Wettbewerb der britischen Zeitung Daily Mail für leichte Zweisitzer im September 1921 teil. Motorprobleme führten jedoch zu einem frühzeitigen Ausscheiden, und die Maschine wurde zur 581E mit einem 80 PS (60 kW) starken ADC-Cirrus-Triebwerk umgebaut. In dieser Form nahm es mit dem Piloten der britischen Luftwaffe, Major Bert Hinkler, an zahlreichen Rennen und Langstreckenflügen teil, so auch 1928 an einem über 15 Tage dauernden Flug von Croydon (England) nach Darwin (Australien). Allerdings wurde die 581E hierzu stark modifiziert und erhielt einen de Havilland-Gipsy-II-Motor. Das überarbeitete Produktionsmodell war die Avro 594 Avian II.**

| | |
|---|---|
| **Herkunftsland:** | Großbritannien |
| **Typ:** | (581E G-EBOV) einsitziger Doppeldecker |
| **Triebwerk:** | ein Reihenmotor ADC Cirrus mit 80 PS (60 kW) |
| **Leistung:** | Höchstgeschwindigkeit 113 km/h; Dienstgipfelhöhe 4.115 m; Reichweite 740 km |
| **Gewicht:** | Leergewicht 340 kg; max. Startgewicht 717 kg |
| **Abmessungen:** | Spannweite 9,75 m; Länge 7,47 m; Höhe 2,59 m; Flügelfläche 27,30 qm |

# Avro 621 Tutor

Dem Avro-Chefkonstrukteur Roy Chadwick war klar, dass ein Flugzeug zur Ablösung der Avro 504N etwas Besonderes sein müsste. So entwarf er die 621 utor, die sich ebenso gut handhaben ließ wie ihre Vorgängerin. Der Prototyp urde im Dezember 1929 bei einer Erprobungsstelle der britischen Luftwaffe gestet, bevor 1930 der Produktionsauftrag erging. Die Serienmaschinen hatten nen 240 PS (179 kW) starken Armstrong-Siddeley-Lynx-IVC-Sternmotor. Die eferung der ersten von insgesamt 394 Flugzeugen für die Flugschulen der Luftaffe erfolgte 1933. Alles in allem wurden 795 Tutor gebaut, von denen viele exrtiert wurden, z. B. nach Kanada, Irland, Griechenland, Dänemark und China. dafrika baute die Tutor in Lizenz. In den späten 30er Jahren wurde die Avro 621 ihrer Rolle als Anfängerschulflugzeug der britischen Luftwaffe durch die Miles agister, einen Eindecker, abgelöst.

| | |
|---|---|
| **Herkunftsland:** | Großbritannien |
| **Typ:** | zweisitziges Anfängerschulflugzeug |
| **Triebwerk:** | ein Sternmotor Armstrong Siddeley Lynx IVC-mit 240 PS (179 kW) |
| **Leistung:** | Höchstgeschwindigkeit 196 km/h; Dienstgipfelhöhe 4.940 m; Reichweite 402 km |
| **Gewicht:** | Leergewicht 839 kg; max. Startgewicht 1.115 kg |
| **Abmessungen:** | Spannweite 10,36 m; Länge 8,08 m; Höhe 2,92 m; Flügelfläche 27,96 qm |

# Avro 626 Prefect

Die Avro 626 entstand als Versuch, das Beste aus dem 621-Tutor-Entwurf herauszuholen und die Verkaufschancen auf dem Exportmarkt zu verbessern. Dies beinhaltete eine Reihe von Modifikationen. So wurden der Hecksporn durch ein Rad ersetzt und eine offene Schützenposition hinter dem zweiten Cockpit eingebaut. Da die Avro 626 Exportkunden mit speziellen Rüstsätzen angeboten wurde, konnte sie zahlreiche Schulungsaufgaben übernehmen. Eine 1931 durchgeführte Verkaufstour durch Südamerika war sehr erfolgreich, sodass die 626 anschließend von Argentinien, Brasilien und Chile bestellt wurde. Weitere Kunden waren Ägypten, Belgien, China, Estland, Griechenland, Kanada, Irland, Litauen, Portugal, Neuseeland und die britische Luftwaffe. In Großbritannien und Neusseland hieß die Maschine Prefect. Abgebildet ist eine Maschine der neuseeländischen Luftwaffe, wie man an der Registrierung (NZ) sehen kann.

| | |
|---|---|
| **Herkunftsland:** | Großbritannien |
| **Typ:** | zwei- bis dreisitziges Anfängerschulflugzeug |
| **Triebwerk:** | ein Sternmotor Armstrong Siddeley Lynx IVC mit 240 PS (179 kW) |
| **Leistung:** | Höchstgeschwindigkeit 180 km/h; Dienstgipfelhöhe 4.510 m; Reichweite 354 km |
| **Gewicht:** | Leergewicht 801 kg; max. Startgewicht 1.247 kg |
| **Abmessungen:** | Spannweite 10,36 m; Länge 8,08 m; Höhe 2,92 m; Flügelfläche 27,87 qm |

# Avro 643 Mk II Cadet

m Grunde war die Cadet eine verkleinerte Avro 621 Tutor und wurde in drei verschiedenen Versionen für zivile und militärische Kunden gebaut. Die 631 adet flog erstmals 1931, und insgesamt 35 Stück wurden an zivile Abnehmer und ı die irische Luftwaffe geliefert. 1934 erschien die 634 Cadet, welche den unver- eideten 135 PS (101 kW) starken Armstrong-Siddeley-Genet-Major-Motor bei- ehielt. Eine Untervariante, die 643 MK II, wies einige kleinere Änderungen auf und atte ein 150 PS (112 kW) starkes Genet-Triebwerk. Dies war die meist produzierte ersion, mit vier an zivile Kunden, 20 an die Schulstaffeln der britischen Luftwaffe ıd 34 an die australische Luftwaffe gelieferten Exemplaren. Die australischen aschinen flogen, dann in privater Hand, bis weit in die 50er Jahre hinein. Eine ieser 643 wurde nach dem Einbau eines Chemikalientanks im vorderen Cockpit ıd eines 220 PS (164 kW) starken Sternmotors auch als Sprühflugzeug eingesetzt.

| | |
|---|---|
| **Herkunftsland:** | Großbritannien |
| **Typ:** | zweisitziges Anfängerschulflugzeug |
| **Triebwerk:** | ein Sternmotor Armstrong Genet Major IA mit 150 PS (112 kW) |
| **Leistung:** | Höchstgeschwindigkeit 187 km/h; Dienstgipfelhöhe 3.660 m; Reichweite 523 km |
| **Gewicht:** | Leergewicht 839 kg; max. Startgewicht 1.115 kg |
| **Abmessungen:** | Spannweite 9,19 m; Länge 7,54 m; Höhe 2,69 m; Flügelfläche 24,34 qm |

# Barling XNBL-1

Diese riesige Maschine wurde von Walter Barling vom Konstruktionsbüro des Fliegercorps der US-Armee nach einer Ausschreibung des Generalstabes für einen Langstreckenbomber entworfen. Gebaut wurde die XNBL-1 durch die Witteman-Lewis Aircraft Corporation in Newark, New Jersey. Die XNBL-1 (Experimental Night Bomber, Long Range) flog erstmals im August 1923 und war zu jener Zeit der Welt größter Dreidecker. Ihre Spannweite betrug 36,6 m, das Fahrwerk hatte zehn Räder, und die Abwehrbewaffnung bestand aus nicht weniger als sieben MG in fünf Positionen, die über den geräumigen Rumpf verteilt waren. All das führte natürlich zu einem hohen Gewicht, und bei Testflügen stellte sich heraus, dass die sechs Liberty-Motoren (die insgesamt zehn Propeller antrieben) zu schwach für diese Anforderungen waren. Daraufhin wurden die Entwicklungen abgebrochen und keine Mittel mehr für eine XNBL-2 bewilligt.

| | |
|---|---|
| **Herkunftsland:** | USA |
| **Typ:** | experimenteller Langstreckenbomber |
| **Triebwerk:** | sechs Liberty-V-12-Motoren mit 420 PS (313 kW) |
| **Leistung:** | Höchstgeschwindigkeit 154 km/h; Dienstgipfelhöhe 2.355 m; Reichweite mit 2.268 kg Bombenlast: 274 km |
| **Gewicht:** | Leergewicht 12.566 kg; max. Startgewicht 19.309 kg |
| **Abmessungen:** | Spannweite 36,58 m; Länge 19,81 m; Höhe 8,23 m; Flügelfläche 390,18 qm |
| **Bewaffnung:** | sieben bewegliche 7,62-mm-MG in verschiedenen Rumpfständen, Bombenlast bis zu 2.268 kg |

# BAT F.K.23 Bantam

m Jahr 1917 verließ Frederick Koolhoven Armstrong Whitworth und ging zu British Aerial Transport (BAT). Sein erster Entwurf dort war die F.K.22, ein insitziger, zweistieliger Doppeldecker in Holzbauweise mit einem 170 PS (127 kW) tarken ABC-Wasp-I-Sternmotor. Sechs Prototypen wurden hergestellt, die letzten rei unter der Bezeichnung F.K.23 Bantam I. Die Flugtests der Bantam I begannen im lai 1918 und zeigten, dass das Flugzeug ein zu hohes Drehmoment aufwies. Man aute daraufhin zwei weitere, etwas größere Prototypen und neun Vorserienflug-euge. Bis zum geplanten Produktionsbeginn waren alle Probleme ausgemerzt, och die lange Entwicklungszeit und das gekürzte Budget der britischen Luftwaffe ach Ende des Krieges bedeuteten, dass kein Auftrag für die Serienherstellung der antam erteilt wurde. Doch zumindest eine der Vorserienmaschinen wurde in lendon für Flugrennen benutzt.

| | |
|---|---|
| **Herkunftsland:** | Großbritannien |
| **Typ:** | einsitziger Jäger |
| **Triebwerk:** | ein Sternmotor ABC Wasp I mit 170 PS (127 kW) |
| **Leistung:** | Höchstgeschwindigkeit 206 km/h; Dienstgipfelhöhe 6.100 m; Flugdauer 2 h 30 min |
| **Gewicht:** | Leergewicht 378 kg; max. Startgewicht 599 kg |
| **Abmessungen:** | Spannweite 7,62 m; Länge 5,61 m; Höhe 2,06 m; Flügelfläche 17,19 qm |

# Beardmore W.B.III

William Beardmore aus Balmuir produzierte während des 1. Weltkriegs die Sopwith Pup. Die Beardmore W.B.III wurde als trägergestützter Jäger aus der Pup entwickelt. Die Maschine hatte ein beiklappbares Fahrgestell, faltbare ungestaffelte Doppeldeckertragflächen, einen längeren Rumpf (der Schwimmkörper für den Fall einer Notwasserung enthielt), veränderte Tragflächenstreben und Streben zwischen den oberen und unteren Querrudern. Rund 100 Flugzeuge wurden unter der Bezeichnung Beardmore S.B.3 geordert, und einige dienten an Bord der Träger HMS *Furious*, *Nariana* und *Pegasus*. Die ersten 13 Maschinen (S.B.D.3F) hatten ein Lewis-MG, das durch einen Ausschnitt in der oberen Tragfläche schräg nach oben schoss, spätere Exemplare hatten ein über die Tragfläche nach vorne schießendes MG. Die inneren Streben wurden ebenfalls entfernt, und das Fahrwerk konnte abgeworfen werden.

| | |
|---|---|
| **Herkunftsland:** | Großbritannien |
| **Typ:** | einsitziges, trägergestütztes Jagdflugzeug |
| **Triebwerk:** | ein Umlaufmotor Le Rhône 9C oder Clerget mit 80 PS (60 kW) |
| **Leistung:** | Höchstgeschwindigkeit 166 km/h; Dienstgipfelhöhe 3.780 m; Flugdauer 2 h 45 min |
| **Gewicht:** | Leergewicht 404 kg; max. Startgewicht 585 kg |
| **Abmessungen:** | Spannweite 7,62 m; Länge 6,16 m; Höhe 2,47 m; Flügelfläche 22,57 qm |
| **Bewaffnung:** | ein 7,7-mm-Lewis-MG |

# Bellanca C-27 (Airbus)

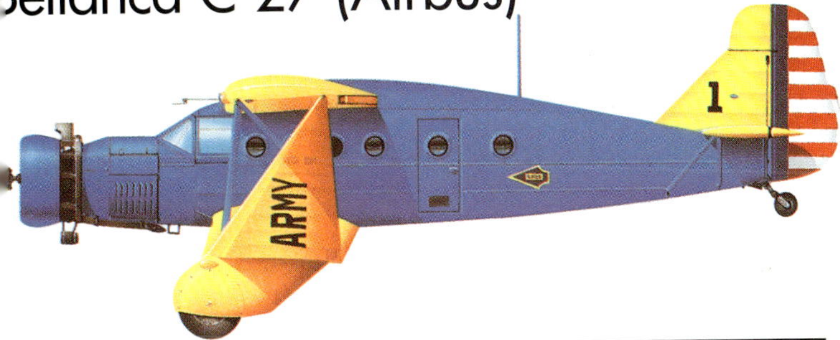

Der in Italien geborene Amerikaner Guiseppe Bellanca begann im 1. Weltkrieg mit dem Entwurf von Flugzeugen und konstruierte 1925 die Wright-Bellanca WB-2, mit der Chamberlin und Levine über den Atlantik nach Deutschland flogen. 1927 trennte er sich von Wright und entwarf 1930 den P-100 Airbus, einen 14-sitzigen Eindecker mit einem 600 PS (447 kW) starken Curtiss-Conqueror-Motor. Alle Verstrebungen waren so ausgelegt, dass sie zusätzlichen Auftrieb lieferten. Das wahre Potential der Maschine wurde jedoch erst offenbar, als der unzuverlässige Curtiss-Motor durch ein 650 PS (485 kW) starkes Triebwerk von Pratt & Whitney ersetzt wurde. In dieser Form bestellte die US-Armee das Flugzeug unter der Bezeichnung Bellanc C-27A Airbus. Später auf den 675 PS (504 kW) starken Pratt & Whitney-Motor umgerüstete Flugzeuge erhielten die Kennung C-27C. Insgesamt wurden vom Airbus und der Abart Aircruiser nur 23 Exemplare gebaut.

| | |
|---|---|
| **Herkunftsland:** | USA |
| **Typ:** | 11- bis 14-sitziges Transportflugzeug |
| **Triebwerk:** | ein Sternmotor Pratt & Whitney Hornet S3D1-G mit 650 PS (485 kW) |
| **Leistung:** | Höchstgeschwindigkeit 259 km/h; Dienstgipfelhöhe 4.875 m; Reichweite 1.046 km |
| **Gewicht:** | Leergewicht 2.449 kg; max. Startgewicht 4.613 kg |
| **Abmessungen:** | Spannweite 19,81 m; Länge 13,03 m; Höhe 3,52 m; Flügelfläche 60,57 qm |

# Beriew KOR-2 (Be-4)

**Zur Mitte der 30er Jahre benötigte die sowjetische Marine dringend ein zum Katapultstart fähiges Flugzeug für ihre Großkampfschiffe, woraufhin Beriew die KOR-1 (BE-2) entwarf, einen Doppeldecker mit einem einzelnen Schwimmer. Zur gleichen Zeit entworfen, aber wesentlich leistungsfähiger war die KOR-2 (BE-4), ein Hochdecker-Flugboot mit einem Schwetsow-M-62-Sternmotor an einer zentralen Pylone über dem Rumpf. Das Triebwerk war so hoch wie möglich über dem Rumpf angebracht, um den nötigen Freiraum für den dreiblättrigen Verstellpropeller zu erhalten und es vor Spritzwasser zu schützen. Der Erstflug fand 1940 statt, aber nur eine kleine Anzahl wurde gebaut, bevor das Werk im September von den Deutschen eingenommen wurde. Ab 1942 wurde die Produktion hinter dem Ural wieder aufgenommen, doch ist die Zahl der hergestellten Maschinen nicht bekannt. Abgebildet is eine KOR-2 der sowjetischen Marine.**

| | |
|---|---|
| **Herkunftsland:** | Sowjetunion |
| **Typ:** | zweisitziges Aufklärungsflugboot |
| **Triebwerk:** | ein Sternmotor Schwetsow M-62 mit 900 PS (671 kW) |
| **Leistung:** | Höchstgeschwindigkeit 360 km/h; Dienstgipfelhöhe 8.100 m; normale Reichweite 950 km |
| **Gewicht:** | Leergewicht 2.055 kg; max. Startgewicht 2.760 kg |
| **Abmessungen:** | Spannweite 12 m; Länge 10,5 m; Höhe 4,05 m; Flügelfläche 25,5 qm |
| **Bewaffnung:** | ein bewegliches 7,62-mm-MG im Heckstand; Unterflügelhalterungen für bis zu 300 kg Bomben |

# 3eriew MBR-2

Das Konstruktionsbüro Georgi M. Beriew in Taganrog am Asowschen Meer war für lange Zeit das Zentrum der sowjetischen Seeflugzeugproduktion. Beriews rster Entwurf war ein Aufklärungsflugboot, das unter der Bezeichnung MBR-2 in ienst gestellt wurde. Die Maschine ging ab 1934 der sowjetischen Marine zu. Der chulterdecker hatte einen zweistufigen Speerholzrumpf, das Triebwerk saß auf treben über dem Rumpf, und das Cockpit war halb geschlossen. Die abschließende IBR-2AM-34 hatte ein komplett geschlossenes Cockpit, einen Rückendrehturm und ine überarbeitete Heckflosse. Über 1.300 Exemplare wurden gebaut und 1939 bis 945 häufig bei allen vier sowjetischen Flotten eingesetzt. Nach dem Krieg diente ie MBR-2 fast noch ein Jahrzehnt beim Fischereischutz und erhielt den NATO-odenamen „Mote“. Die abgebildete MBR-2 mit Tarnanstrich befand sich im Dienst er sowjetischen Marine.

| | |
|---|---|
| **Herkunftsland:** | Sowjetunion |
| **Typ:** | Küstenaufklärer und Patrouillenflugzeug |
| **Triebwerk:** | ein M-17B-Motor mit 680 PS (507 kW) |
| **Leistung:** | Höchstgeschwindigkeit 200 km/h; Dienstgipfelhöhe 4.400 m; normale Reichweite 650 km |
| **Gewicht:** | Leergewicht 2.475 kg; max. Startgewicht 4.100 kg |
| **Abmessungen:** | Spannweite 19 m; Länge 13,5 m; Flügelfläche 55 qm |
| **Bewaffnung:** | ein 7,62-mm-ShKAS-MG auf einer Drehlafette im Bugstand, ein 7,62-mm-ShKAS-MG im Rückendrehturm; Unterflügelhalterungen für bis zu 500 kg Bomben oder Wasserbomben |

# Berliner-Joyce OJ-2

Die US-Luftfahrtbehörde ließ der Luftwaffe der Marine einen Gutteil des in den Jahren zwischen den Kriegen knappen Verteidigungsbudgets zukommen. 193 wurde eine Ausschreibung über ein leichtes Beobachtungsflugzeug für die Marine veröffentlicht, und nach Vergleichtests wurde der Berliner-Joyce-XOJ-1-Prototyp zur Produktion ausgewählt. Die konventionelle, zweisitzige Maschine hatte einen mit Stoff bespannten Rumpf, gestaffelte Tragflächen, ein abgestrebtes Leitwerk un einen Pratt & Whitney-Wasp-Sternmotor. Einige der 39 an die US-Marine geliefertei Maschinen waren zudem mit einer Vorrichtung für Katapultstarts ausgestattet. Die ersten Flugzeuge gingen 1933 bei den Staffeln VS-5B und VS-6B in Dienst. Doch der Typ diente nur eine kurze Zeit und wurde ab 1935 zurückgezogen. Abgebildet ist eine OJ-2 der VS-6B, die 1933 in Cincinatti stationiert war.

| | |
|---|---|
| **Herkunftsland:** | USA |
| **Typ:** | zweisitziges Beobachtungsflugzeug |
| **Triebwerk:** | ein Sternmotor Pratt & Whitney R-985-A Wasp-mit 400 PS (298 kW) |
| **Leistung:** | Höchstgeschwindigkeit 243 km/h |
| **Gewicht:** | max. Startgewicht 1.646 kg |
| **Abmessungen:** | Spannweite 10,26 m; Länge 7,82 m |

# Berliner-Joyce P-16

Die Berliner-Joyce Aircraft Corporation wurde im Februar 1929 mit der Absicht gegründet, den Berliner-Eindecker zu produzieren, doch als die US-Armee ihre Absicht kundtat, einen neuen zweisitzigen Jäger zu bestellen, nahmen Berliner-Joyce sowie Boeing und Curtiss an der Ausschreibung teil. Im Juni 1929 erhielt Berliner-Joyce den Auftrag für einen Prototypen. Dieser Doppeldecker mit Knickflügeln hatte Tandemcockpits und wurde durch einen aufgeladenen Curtiss-V-1570-25-Conqueror-Motor angetrieben. Die Flugversuche begannen im Oktober 1929, und 25 Vorserienmaschinen wurden im März 1931 bestellt. Die Serien PB-16 (später PB-1) gingen 1933 mit Dreiblattpropeller und nicht aufgeladenem Motor bei der 27. und 94. Jagdstaffel in Dienst. Doch die Maschine war schlecht zu handhaben und neigte dazu, sich bei der Landung auf den Kopf zu stellen, sodass sie ab Januar 1934 aus dem Dienst genommen wurde. Abgebildet ist eine P-16 der 94. Jagdstaffel.

| | |
|---|---|
| **Herkunftsland:** | USA |
| **Typ:** | zweisitziges Jagdflugzeug |
| **Triebwerk:** | ein V-Motor Curtiss V-1570-25 Conqueror mit 600 PS (447 kW) |
| **Leistung:** | Höchstgeschwindigkeit 282 km/h; Dienstgipfelhöhe 6.588 m; Reichweite 1.046 km |
| **Gewicht:** | Leergewicht 1.271 kg; max. Startgewicht 1.813 kg |
| **Abmessungen:** | Spannweite 10,36 m; Länge 8,59 m; Höhe 2,74 m; Flügelfläche 25,92 qm |
| **Bewaffnung:** | zwei fest eingebaute, vorwärts gerichtete 7,62-mm-MG ; ein bewegliches 7,62-mm-MG im hinteren Cockpit; Unterflügelhalterungen für bis zu 104 kg Bomben |

# Besson MB.35

Der französische Luftfahrtpionier Marcel Besson arbeitete mit Georges Lévy ab 1915 an einer Serie von Flugbooten, die 1917–1919 unter der Bezeichnung LB erschienen. Diese Partnerschaft überdauerte den Krieg nicht, Besson jedoch entwarf während der 20er und frühen 30er Jahre weiter Seeflugzeuge. Die plumpe MB.35, ein zweisitziger Beobachtungs- und Aufklärungseindecker mit Schwimmern sollte an Bord einer neuen Klasse französischer U-Boot-Kreuzer eingesetzt werden. Daher musste sie kompakt und leicht auseinanderzubauen sein, damit sie in den wasserdichten Hangar des U-Boot-Kreuzers passte. Dies ist an der umgedrehten Heckflosse zu sehen, die ein niedriges Hangardach ermöglichen sollte. Der Erstflug der MB.35 fand 1926 statt, doch die Maschinen dienten während ihrer kurzen Einsatzzeit nicht auf U-Booten, sondern auf Überwasserschiffen. Die erhofften Exportaufträge für die M.B.35 blieben jedoch aus.

| | |
|---|---|
| **Herkunftsland:** | Frankreich |
| **Typ:** | zweisitziges Beobachtungs- und Aufklärungsschwimmerflugzeug |
| **Triebwerk:** | ein Sternmotor Salmson 9Ac mit 120 PS (89 kW) |
| **Leistung:** | Höchstgeschwindigkeit 160 km/h; Dienstgipfelhöhe 4.800 m; Reichweite 300 km |
| **Gewicht:** | Leergewicht 540 kg; max. Startgewicht 765 kg |
| **Abmessungen:** | Spannweite 9,82 m; Länge 7 m; Höhe 2,45 m; Flügelfläche 16,5 qm |
| **Bewaffnung:** | (geplant) ein leichtes MG beweglich im hinteren Cockpit |

# Besson MB.411

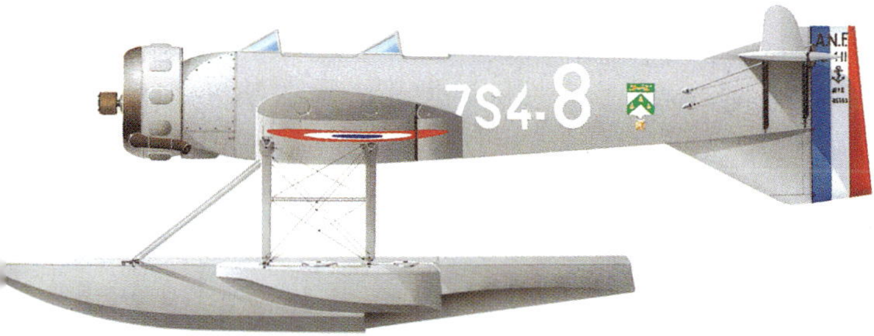


Eindeutig von der früheren Besson MB.35 abgeleitet, hatte die MB.410 von 1932 statt der Doppelschwimmer einen Zentralschwimmer und zwei kleine Ausleger nter den Tragflächen, zudem waren der Motor verkleidet, der Rumpf stromlinienrmiger und das Leitwerk überarbeitet. Der Prototyp ging während der Flugverıche bei einem Unfall verloren, doch die französische Marine benötigte für ihren euen U-Boot-Kreuzer *Surcouf* ein Bordflugzeug. Daher bestellte sie einen veresserten Typ, die MB.411. Das erste von zwei Flugzeugen (abgebildet) ging im ptember 1935 an Bord der *Surcouf* und diente als Beobachtungsflugzeug für die esigen 203-mm-Geschütze des U-Boots. Die zweite Maschine wurde an Land staoniert. Die *Surcouf* entkam 1940 nach Plymouth und ging im Februar 1942 vor en Westindischen Inseln verloren. Obwohl die Besson MB.411 nicht an Bord war, t über ihren weiteren Verbleib nichts bekannt.

| | |
|---|---|
| **Herkunftsland:** | Frankreich |
| **Typ:** | zweisitziges Beobachtungs- und Aufklärungsschwimmerflugzeug |
| **Triebwerk:** | ein Sternmotor Salmson 9Nd mit 175 PS (130 kW) |
| **Leistung:** | Höchstgeschwindigkeit 190 km/h; Dienstgipfelhöhe 5.000 m; Reichweite 400 km |
| **Gewicht:** | Leergewicht 760 kg; max. Startgewicht 1.140 kg |
| **Abmessungen:** | Spannweite 12 m; Länge 8,25 m; Höhe 2,85 m; Flügelfläche 22 qm |

# Blackburn B-5 Baffin

**Die Maschine stammt von der T.1 Swift ab, die von Blackburn in Eigeninitiative 1920 als trägergestützter, einsitziger Torpedobomber gebaut worden war. Daraus wurden die T.2 Dart, T.3 Velos, T.5 Ripon, B-5 Baffin und schließlich die B-6 Shark entwickelt. Das Erscheinen leichterer, effizienterer Sternmotoren und der Erfolg von mit Sternmotoren ausgerüsteter Ripons, die nach Finnland gingen, veranlassten Blackburn – wiederum in Eigeninitiative –, die Baffin zu entwickeln. Zwei Ripon-V-Rümpfe wurden mit Armstrong-Siddeley-Tiger-I-(Blackburn B-4)- und Bristol-Pegasus-I.MS-(Blackburn B-5)-Triebwerken ausgestattet, wobei die B-5 von der englischen Marineluftwaffe zur Produktion ausgewählt wurde. Über 80 Blackburn Ripon IIC wurden auf den Bristol-Motor umgerüstet und dienten 1934–1937. Drei mit Baffins ausgerüstete Staffeln standen auch bei der neuseeländischen Luftwaffe im Dienst.**

| | |
|---|---|
| **Herkunftsland:** | Großbritannien |
| **Typ:** | zweisitziger Torpedobomber |
| **Triebwerk:** | ein Sternmotor Bristol Pegasus I.M3 mit 565 PS (421 kW) |
| **Leistung:** | Höchstgeschwindigkeit 219 km/h; Dienstgipfelhöhe 4.570 m; Reichweite 869 km |
| **Gewicht:** | Leergewicht 1.444 kg; max. Startgewicht 3.452 kg |
| **Abmessungen:** | Spannweite 13,88 m; Länge 11,68 m; Höhe 3,91 m; Flügelfläche 63,45 qm |
| **Bewaffnung:** | ein fest eingebautes, vorwärts gerichtetes 7,7-mm-Vickers-MG; ein bewegliches 7,7-mm-MG im hinteren Cockpit; ein Torpedo oder bis zu 907 kg Bomben als Außenlast |

# Blackburn R.B.1 Iris

**Robert Blackburn gehörte zu den britischen Luftfahrtpionieren der ersten Stunde und baute 1909 sein erstes Flugzeug, einen Eindecker, auf das eine ganze eihe von erfolgreichen militärischen Ein- und Doppeldeckern folgte. Blackburn eteiligte sich an der Ausschreibung R.14/24 für ein Langstreckenaufklärungsugboot mit dem Entwurf R.B.1, dessen Prototyp mit Holzrumpf erstmals im Juni 926 flog und in jenem Sommer in Felixstowe Flug- und Wassertests unternahm. achdem man die Maschine im Werk auf einen Ganzmetallrumpf und neue Rolls-oyce-Condor-IIIA-Motoren umgerüstet hatte, unternahm sie eine erfolgreiche berseetour. In dieser Form wurde das Flugzeug als Blackburn R.B.1 Iris Mk III estellt. Das erste von drei Flugzeugen für die 209. Staffel wurde im November 1929 eliefert. Im Jahr 1932 erhielten die Maschinen 825 PS (615 kW) starke Rolls-Royce-ussard-IIMS-Motoren und hießen dann R.B.1 Iris V.**

| | |
|---|---|
| **Herkunftsland:** | Großbritannien |
| **Typ:** | fünfsitziges Langstreckenaufklärungsflugboot |
| **Triebwerk:** | drei Rolls-Royce-Motoren Condor IIIB-V mit 675 PS (503 kW) |
| **Leistung:** | Höchstgeschwindigkeit 190 km/h; Dienstgipfelhöhe 3.230 m; Reichweite 1.287 km |
| **Gewicht:** | Leergewicht 8.640 kg; max. Startgewicht 13.376 kg |
| **Abmessungen:** | Spannweite 29,57 m; Länge 20,54 m; Höhe 7,77 m; Flügelfläche 207,07 qm |
| **Bewaffnung:** | ein bewegliches 7,7-mm-Lewis-MG im Bugstand; ein bewegliches 7,7-mm-Lewis-MG im Stand auf dem Rumpfrücken; ein bewegliches 7,7-mm-Lewis-MG im Heckstand; Unterflügelhalterungen für bis zu 907 kg Bomben |

# Blériot-SPAD S.51-4

André Herbemont, der Chefkonstrukteur von Blériot-SPAD, erwarb seine Fähigkeiten im Bereich des Entwurfs einsitziger Jäger während des 1. Weltkriegs und wendete diese auf eine Reihe von Nachkriegsmodellen an. Die S.51 entstand auf eine Ausschreibung für einen Ersatz der Nieuport-Delage 29 C.1, die damals im Dienst war. Der erste von vier Prototypen flog im Juni 1924 und war Herbemonts Gewohnheit nach mit Tragflächen ungleicher Spannweite sowie mit gepfeilten oberen Flügeln und geraden unteren ausgestattet. Der hölzerne Rumpf trug einen Gnome-Rhône-Jupiter-Motor, und I-Stiele verbanden die Tragflächen. Polen beschaffte 50 Serienexemplare des S.51-2-Prototyps. Das Modell S.51-3 besaß einen Verstellpropeller und die S.51.4 einen aufgeladenen Jupiter-Motor. Von diesem Modell wurden zwölf Exemplare gebaut, wovon eines in die Türkei ging. Diese Maschine ist auf der Abbildung zu sehen.

| | |
|---|---|
| **Herkunftsland:** | Frankreich |
| **Typ:** | einsitziges Jagdflugzeug |
| **Triebwerk:** | ein Sternmotor Gnome-Rhône Jupiter mit 600 PS (447 kW) |
| **Leistung:** | Höchstgeschwindigkeit 231 km/h; Dienstgipfelhöhe 9.000 m; Flugdauer 2 h |
| **Gewicht:** | Leergewicht 838 kg; max. Startgewicht 1.311 kg |
| **Abmessungen:** | Spannweite 9,47 m; Länge 6,45 m; Höhe 3,1 m; Flügelfläche 23,95 qm |
| **Bewaffnung:** | zwei fest eingebaute, vorwärts gerichtete 7,7-mm-Vickers-MG |

# Blériot-SPAD S.56-5

Die Société Anonyme Pour L'Aviation et ses Derivés (SPAD) wurde im August 1914 zu einer Tochtergesellschaft der Flugzeugbaufirma Blériot. Die Nach-iegsentwürfe von André Herbemont, der Louis Béchereau als Chefkonstrukteur Frühjahr 1917 ablöste, dominierten den europäischen Markt für leichte Trans-rtflugzeuge bis zum Ausbruch des 2. Weltkriegs. Die S.33 von 1920 war ein oßer Erfolg, und wurde später zur S.46 modifiziert, von der 41 Stück gebaut ırden. Auch die S.56 von 1923 basierte auf der S.33, hatte aber Metalltragflächen, ıe neue Kabine für vier Passagiere und einen stärkeren Motor. 1928 wurden sechs 56-3-Maschinen mit dem 380 PS/283 kW starken Gnome-Rhône-Jupiter-Motor der DNA-Fluggesellschaft auf den S.56-5 Standard umgerüstet und erhielten sechs rbsessel für die Passagiere. Zudem war noch Platz für eine begrenzte Menge acht. Abgebildet ist eine dieser Maschinen der CIDNA, ca. 1930.

| | |
|---|---|
| **Herkunftsland:** | Frankreich |
| **Typ:** | sechssitziges Transportflugzeug |
| **Triebwerk:** | ein Sternmotor Gnome-Rhône Jupiter mit 380 PS (283 kW) |
| **Leistung:** | Höchstgeschwindigkeit 200 km/h; Dienstgipfelhöhe 5.050 m; Reichweite 800 km |
| **Gewicht:** | beladen 2.400 kg |
| **Abmessungen:** | Spannweite 13,08 m; Länge 9,05 m; Höhe 3,2 m |

# Blériot-SPAD S.510

Die S.510 war der letzte produzierte SPAD-Jäger, bevor die Firma Teil der SNCASO-Gruppe wurde, und der einzige Doppeldecker, der an einer französischen Ausschreibung des Jahres 1930 für ein neues Jagdflugzeug teilnahm. Die Maschine war in der für A. Herbemont üblichen Form ausgelegt und besaß einen Rumpf aus Duralaluminium und Stahl. Der Prototyp S.510.01 flog erstmals im Januar 1931, und obwohl die Maschine die Vergleichstests gegen den Dewoitine-D.500-Eindecker verlor, vergab das französische Luftfahrtministerium 1935 doch einen Auftrag über 60 Maschinen. Ab April 1937 wurde die S.510 an die Truppe ausgeliefert, doch bei Ausbruch des Krieges 1939 waren alle an Flugschulen oder Reserveeinheiten abgegeben worden. Gerüchte, nach denen Maschinen dieses Typs im Spanischen Bürgerkrieg auf republikanischer Seite kämpften, sind unbestätigt. Abgebildet ist eine S.510 der ERC 4/561, aus Havre-Octeville im Oktober 1939.

| | |
|---|---|
| **Herkunftsland:** | Frankreich |
| **Typ:** | einsitziges Jagdflugzeug |
| **Triebwerk:** | ein V-Motor Hispano-Suiza 12Xbrs mit 690 PS (515 kW) |
| **Leistung:** | Höchstgeschwindigkeit 372 km/h; Dienstgipfelhöhe 9.950 m; Reichweite 700 km |
| **Gewicht:** | Leergewicht 1.250 kg; max. Startgewicht 1.677 kg |
| **Abmessungen:** | Spannweite 8,84 m; Länge 7,46 m; Höhe 3,41 m; Flügelfläche 22 qm |
| **Bewaffnung:** | vier fest eingebaute, vorwärts gerichtete 7,5-mm Chatellerault-MG in Unterflügelgondeln |

# Blohm & Voss Bv 138C-1

Die Luftfahrtabteilung von Blohm & Voss Hamburger Flugzeugbau wurde 1933 gegründet. Ihr wichtigstes Modell war die Ha138-Serie, ein Aufklärungsflug-oot. Chefkonstrukteur Richard Vogt entwarf die Maschine Mitte der 30er Jahre für rsprünglich nur zwei Triebwerke, doch Entwicklungsprobleme führten dazu, dass an auf drei 650 PS (485 kW) starke Junkers-Jumo-205c-Dieselmotoren zurück-reifen musste. Der erste von zwei Prototypen (Ha 138V1) flog im Juli 1937, gefolgt on einem zweiten (Ha 138V2), der einen komplett überarbeiteten Rumpf hatte. ährend der Tests in Travemünde erwies sich die Maschine als instabil, sowohl in er Luft als auch im Wasser, worauf eine intensive Überarbeitung des Entwurfs rfolgte, bevor die BV 138A in Serie gehen konnte. Abgebildet ist eine BV 138C-1 er 2./KüFlGr. 406, Nordnorwegen. Das im März 1941 eingeführte Hauptserien-odell C-1 besaß stärkere Triebwerke und zusätzliche Bewaffnung.

| | |
|---|---|
| **Herkunftsland:** | Deutschland |
| **Typ:** | fünfsitziges Aufklärungsflugboot |
| **Triebwerk:** | drei Dieselmotoren Junkers Jumo 205D mit 880 PS (656 kW) |
| **Leistung:** | Höchstgeschwindigkeit 275 km/h; Dienstgipfelhöhe 5.000 m; Reichweite 5.000 km |
| **Gewicht:** | Leergewicht 8.100 kg; max. Startgewicht 14.700 kg |
| **Abmessungen:** | Spannweite 27 m; Länge 19,9 m; Höhe 6,6 m; Flügelfläche 112 qm |
| **Bewaffnung:** | ein 20-mm-MG151-MK im Bugdrehturm; ein 20-mm-MG151-MK im Heckdrehturm; ein 13-mm-MG131 in einem offenen Stand hinter der mittleren Motorgondel; Halterungen für drei 50-kg-Bomben unter der rechten Flügelwurzel, oder sechs 50-kg-Bomben (Bv 138C1-U1), oder vier 150-kg-Wasserbomben |

# Blohm & Voss Bv 138 MS

Die ersten 25 Bv-138A-1-Flugboote waren als Hochseeaufklärer gedacht, erwiesen sich jedoch als untermotorisiert und endeten als Transportmaschinen. Ende 1940 ging das Modell B-1 in Produktion, das drei 880 PS (656 kW) starke Jumo Motoren und je einen Drehturm mit einer 20-mm-MK im Bug und Heck besaß. Hiervon wurden 21 Maschinen gebaut, bevor dann die C-1 erschien. Von der C-1 wurden 1941–1943 227 Exemplare ausgeliefert, und dieser Typ stand bis 1945 im Fronteinsatz. Eine als Bv 138 MS bezeichnete Minenräumversion entstand aus dem Umbau der Bv-138-B-O-Vorserienmaschinen. Diese erhielten eine große, ringförmige Stromspule und das notwendige Gerät zur Erzeugung elektrischer Felder. Die gesamte Bewaffnung wurde entfernt, da die Maschinen nur in sicheren Gewässern operieren sollten und so auch Gewicht gespart werden konnte. Abgebildet ist eine Bv 138 MS der 6./MSGr.1, stationiert in Großenbrode im Winter 1944–1945.

| | |
|---|---|
| **Herkunftsland:** | Deutschland |
| **Typ:** | Minensuchflugboot |
| **Triebwerk:** | drei Dieselmotoren Junkers Jumo 205D mit 880 PS (656 kW) |
| **Leistung:** | Höchstgeschwindigkeit 275 km/h; Dienstgipfelhöhe 5.000 m; Reichweite 5.000 km |
| **Gewicht:** | Leergewicht 8.100 kg; max. Startgewicht 14.700 kg |
| **Abmessungen:** | Spannweite 27 m; Länge 19,9 m; Höhe 6,6 m; Flügelfläche 112 qm |

# Blohm & Voss Bv 222 Wiking

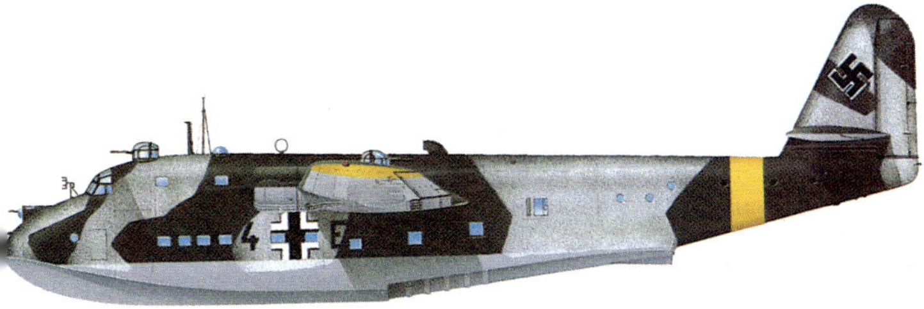


Die Bv 222 wurde vor Beginn des 2. Weltkriegs für einen geplanten Transatlantikdienst der Lufthansa entworfen. Drei mit 1.000 PS (746 kW) starken BMW-Bramo-afnir-323R-Sternmotoren ausgestattete Maschinen wurden im September 1937 be-ellt. Der erste Prototyp flog im September 1940, als man schon an eine Verwendung s Militärtransporter für Operationen in Norwegen und das Mittelmeer dachte. Alle eiteren Prototypen (V2–V8) wurden daher mit Abwehrbewaffnung ausgerüstet. Zur ärkung der Langstreckenaufklärerkräfte wurden vier Bv 222 mit Radar und zusätz-cher Bewaffnung ausgestattet, doch sie erwiesen sich nicht als erfolgreich, sodass an sie wieder von ihren Basen an der französischen Atlantikküste abzog. Der siebte rototyp diente der Entwicklung der C-Serienmaschinen und flog erstmals im April 943 mit 980 PS (731kW) starken Jumo-Dieselmotoren. Nur vier Bv-222C-0-Vorserien-ugzeuge wurden gebaut und dienten im Atlantik, in der Ostsee und in der Arktis.

| | |
|---|---|
| **Herkunftsland:** | Deutschland |
| **Typ:** | (Bv 222C) Transport- und Seeaufklärungsflugboot |
| **Triebwerk:** | sechs 12-Zylinder-Dieselmotoren Junkers Jumo 207C mit 1.000 PS (746 kW) |
| **Leistung:** | Höchstgeschwindigkeit 390 km/h; Dienstgipfelhöhe 7.300 m; Reichweite 6.100 km |
| **Gewicht:** | Leergewicht 30.650 kg; max. Startgewicht 49.000 kg |
| **Abmessungen:** | Spannweite 46 m; Länge 37 m; Höhe 10,90 m |
| **Bewaffnung:** | je ein 20-mm-MG-151-MK im Drehturm auf dem Rumpfrücken und in zwei Drehtürmen auf den Tragflächen, ein bewegliches 13-mm-MG 131 im Bugstand, vier bewegliche 13-mm-MG 131 in seitlichen Rumpfständen |

# Boulton & Paul P.64 Postflugzeug

**Während des 1. Weltkriegs bauten Boulton & Paul Sopwith-Strutter- und -Camel-Maschinen und begannen schließlich mit dem Entwurf eigener Modelle. 1934 baute die Firma das P.64-Postflugzeug für Imperial Airways, die eine Ausschreibung über eine Maschine, die 454 kg Post über 1.609 km befördern sollte, veröffentlicht hatte. Die Maschine erwies sich als kostspielige Entwicklung, und nur sechs Monate nach dem Erstflug ging der Prototyp bei einem schweren Unfall verloren. Daraufhin wurde die leichtere und schnittigere P.71 entwickelt, von der zwei Exemplare 1935 an Imperial Airways geliefert wurden. Doch wurden sie nie als Postflugzeuge eingesetzt, stattdessen erhielten sie Sitze für 13 Passagiere (sieben beim VIP-Transport). Beide Maschinen gingen bei Unfällen verloren, eine im Oktober 1935, die andere im September 1936.**

| | |
|---|---|
| **Herkunftsland:** | Großbritannien |
| **Typ:** | (P.71A) Postflugzeug/leichte Transportmaschine |
| **Triebwerk:** | zwei Sternmotoren Armstrong Siddeley Jaguar VIA mit 490 PS (365 kW) |
| **Leistung:** | Höchstgeschwindigkeit 314 km/h; Reichweite 966 km |
| **Gewicht:** | Leergewicht 2.767 kg; max. Startgewicht 4.309 kg |
| **Abmessungen:** | Spannweite 16,46 m; Länge 13,46 m; Höhe 4,62 m; Flügelfläche 66,75 qm |

# Boulton Paul P.75 Overstrand

**Der Boulton-Paul-P.75-Overstrand-Prototyp wurde aus dem Serienmodell der P.29 Sidestrand entwickelt, einem zweimotorigen mittleren Bomber, der nach er Ausschreibung des britischen Luftfahrtministeriums von 1924 entstanden war. ie ersten drei gebauten Exemplare hießen daher auch noch Sidestrand Mk V, doch März 1934 erhielt das Modell die Bezeichnung Overstrand. Die Maschine hatte ie gleiche Auslegung ihrer Vorgängerin, doch zeigte sie auch eine Reihe innova-ver Merkmale, darunter einen kraftbetätigten Bugdrehturm (einer der ersten ürme dieser Art), ein geschlossenes Cockpit, einen Autopiloten und eine Heizung, ie alle Besatzungsmitglieder mit Wärme versorgte. Die 27 Overstrand waren die tzten Maschinen, die im Boulton-Paul-Werk (wie die Firma ab 1933 hieß) in Nor-ich gebaut wurden. Die in Bicester stationierte 101. Staffel erhielt im Januar 1935 ie ersten Overstrands und setzte sie bis Ende 1938 ein.**

| | |
|---|---|
| **Herkunftsland:** | Großbritannien |
| **Typ:** | viersitziger, mittlerer Bomber |
| **Triebwerk:** | zwei Sternmotoren Bristol Pegasus IIM.3 mit 580 PS (433 kW) |
| **Leistung:** | Höchstgeschwindigkeit 246 km/h; Dienstgipfelhöhe 6.860 m; Reichweite 877 km |
| **Gewicht:** | Leergewicht 3.600 kg; max. Startgewicht 5.443 kg |
| **Abmessungen:** | Spannweite 21,95 m; Länge 14,02 m; Höhe 4,72 m; Flügelfläche 91,04 qm |
| **Bewaffnung:** | ein 7,7-mm-Lewis-MG im Bugdrehturm; je ein 7,7-mm-Lewi-MG im Rücken- und Bauchstand; interne Bombenlast von bis zu 726 kg |

# Breguet Bre. 14 A.2

**Louis Breguet gründete sein Flugzeugwerk 1909 in Douai, doch musste er wegen des deutschen Vormarsches 1914 die Fabrik nach Villacoublay verlegen. Im Sommer 1916 begann Chefkonstrukteur Louis Vullierme mit dem Entwurf von Breguets erfolgreichster Maschine des 1. Weltkriegs, der Bre. 14. Der Erstflug dieses Aufklärers und leichten Bombers fand kaum fünf Monate später statt, und im folgenden Frühjahr gingen die ersten Bre.-14-A.2-Serienflugzeuge an die französische Luftwaffe. Schnell galt die Maschine als zuverlässig und sehr robust. Bis Ende 1917 waren 250 Exemplare gebaut worden. Nächstes Modell war der Bre.-14-B.2-Bomber, gefolgt von der Bre.-14S-Ambulanzversion. Sowohl militärische als auch zivile Versionen dieses erfolgreichen Flugzeuges blieben bis 1926 in Produktion. Abgebildet ist eine Breguet Bre. 14 A.2 der 15. Staffel, 5. Gruppe der französischen Luftwaffe von 1921.**

| | |
|---|---|
| **Herkunftsland:** | Frankreich |
| **Typ:** | zweisitziger Aufklärer/leichter Bomber |
| **Triebwerk:** | ein Renault-12Fe-Motor mit 300 PS (224 kW) |
| **Leistung:** | Höchstgeschwindigkeit 184 km/h; Dienstgipfelhöhe 6.000 m; Flugdauer 3 h |
| **Gewicht:** | Leergewicht 1.030 kg; max. Startgewicht 1.565 kg |
| **Abmessungen:** | Spannweite 14,36 m; Länge 8,87 m; Höhe 3,3 m; Flügelfläche 47,50 qm |
| **Bewaffnung:** | ein fest eingebautes, vorwärts gerichtetes 7,7-mm-MG; zwei 7,7-mm-Lewis-MG auf einer Drehlafette im hinteren Cockpit; Unterflügelhalterungen für bis zu 40 kg Bomben |

# Breguet Bre.19.8

Das Interesse, das die zahlreichen Rekordflüge (besonders im Langstreckenbereich) der Bidon- und Super-Bidon-Versionen der Bre.19 hervorrief, veranlasste reguet, einen ähnlichen Typ unter der Bezeichnung Bre.19.7 zu bauen. Jugoslaien, das schon zuvor die Bre.19 gekauft hatte, erwarb nun nochmals fünf und dazu ie Lizenzrechte. Insgesamt 125 Maschinen wurden in Kraljewo in Lizenz gebaut, on denen viele beim deutschen Einmarsch am 6. April 1941 noch immer bei ronteinheiten im Dienst standen. Rund 50 der überlebenden Maschinen wurden er mit Deutschland verbündeten kroatischen Regierung übergeben, die sie im ampf gegen Partisanen einsetzte. Darunter auch die abgebildete Bre.19.8, auf der roatische Insignien zu sehen sind. Ursprünglich war die Maschine 1937 für die goslawische Luftwaffe mit einem Wright-Cyclone-GR-1820-F56-Sternmotor gebaut orden.

| | |
|---|---|
| **Herkunftsland:** | Jugoslawien (Frankreich) |
| **Typ:** | zweisitziger Aufklärer |
| **Triebwerk:** | ein Sternmotor Wright Cyclone Gr-820-F56 mit 450 PS (336 kW) |
| **Leistung:** | Höchstgeschwindigkeit 235 km/h; Dienstgipfelhöhe 7.000 m; Reichweite 1.200 km |
| **Gewicht:** | Leergewicht 1.722 kg; max. Startgewicht 3.110 kg |
| **Abmessungen:** | Spannweite 14,83 m; Länge 9,51 m; Höhe 3,69 m; Flügelfläche 50 qm |
| **Bewaffnung:** | ein fest eingebautes, vorwärts gerichtetes 7,7-mm-Vickers-MG; zwei 7,7-mm-Lewis-MG auf einer Drehlafette im hinteren Cockpit, ein 7,7-mm-Lewis-MG in Bauchposition nach unten feuernd |

# Breguet Bre.19A.2

Jugoslawien war eines der ersten Länder, das Interesse an der Bre.19 zeigte, nachdem die Maschine 1923 bei einem vom spanischen Kriegsministerium organisierten Vergleichsfliegen in Erscheinung getreten war. Daraufhin wurden einige Vorserien-Bre.19 als Testmaschinen an Jugoslawien geliefert. Die erfolgreichen Tests führten zu einer Bestellung von 100 A.2 und B.2 (Bezeichnung der Bomberversion), die von Lorraine-Dietrich-12Db- und -12Eb-Motoren angetrieben werden sollten. Die Lieferung der Maschinen war 1925–1926 abgeschlossen. Ab Oktober 1927 beschaffte Jugoslawien weitere 85 fertige Bre.19 sowie 25 Bausätze und baute 15 Flugzeuge in eigener Regie, wobei gleichzeitig die Lizenz zum Bau vo 175 weiteren Maschinen erworben wurde. Die Lizenzmaschinen erhielten einen im Land gebauten Gnome-Rhône-Jupiter-9AB-Sternmotor. Die Flugzeuge wurden in einer staatlichen Fabrik in Kraljewo, die Motoren in Rakowitza produziert.

| | |
|---|---|
| **Herkunftsland:** | Jugoslawien (Frankreich) |
| **Typ:** | zweisitziges Aufklärungsflugzeug |
| **Triebwerk:** | ein Sternmotor Gnome Rhône 9AB mit 420 PS (313 kW) |
| **Leistung:** | Höchstgeschwindigkeit 235 km/h; Dienstgipfelhöhe 7.000 m; Reichweite 1.200 km |
| **Gewicht:** | Leergewicht 1.722 kg; max. Startgewicht 3.110 kg |
| **Abmessungen:** | Spannweite 14,83 m; Länge 9,51 m; Höhe 3,69 m; Flügelfläche 50 qm |
| **Bewaffnung:** | ein fest eingebautes, vorwärts gerichtetes 7,7-mm-Vickers-MG; zwei 7,7-mm-Lewis-MG auf einer Drehlafette im hinteren Cockpit; ein 7,7-mm-Lewis MG in Bauchposition; (B.2) interne Bombenlast von bis zu 400 kg und Unterflügelhalterungen für nochmals 400 kg |

# Breguet Bre.19A.2

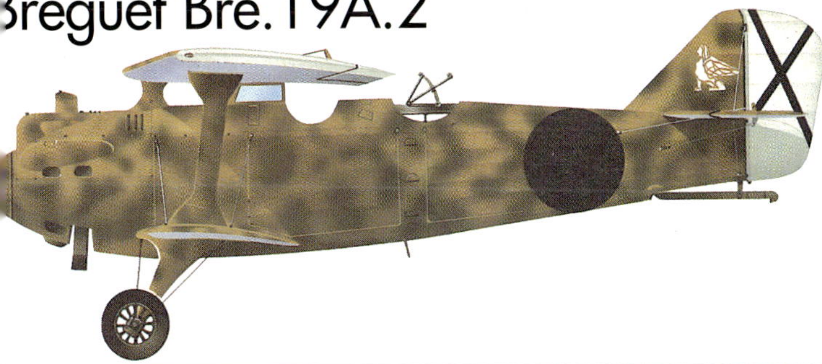

m Jahr 1923 führte der Breguet-Testpilot Robert Thiery die Bre.19 bei einem internationalen Vergleichsfliegen in Spanien vor und gewann. Spanien erwarb mgehend die Lizenzrechte, woraufhin drei Musterflugzeuge und Teile für 26 eitere, die bei CASA zusammengebaut werden sollten, geliefert wurden. Zur eichen Zeit erwarb Elizalde die Rechte, den Lorraine-Dietrich-12Ebs-Motor als A.4 Lizenz zu bauen. Die Krise in Marokko führte zur Bestellung weiterer 16 fertiger aschinen, da im Lande selbst noch keine Lizenzmaschine fertig gestellt worden ar. 1935 waren insgesamt 177 Bre.19 in Spanien gebaut worden, die in der Anngsphase des Bürgerkriegs von beiden Seiten eingesetzt wurden. Bis Mitte 1937 ar sie jedoch aus dem Fronteinsatz genommen worden. Abgebildet ist eine zur usbildung eingesetzte Bre.19 der Nationalisten von 1938.

| | |
|---|---|
| **Herkunftsland:** | Spanien (Frankreich) |
| **Typ:** | zweisitziges Aufklärungsflugzeug |
| **Triebwerk:** | ein V-12-Motor Elizalde A-4 (Lizenzbau des Lorraine-Dietrich 12Ebs) mit 450 PS (336 kW) |
| **Leistung:** | Höchstgeschwindigkeit 235 km/h; Dienstgipfelhöhe 7.000 m; Reichweite 1.200 km |
| **Gewicht:** | Leergewicht 1.722 kg; max. Startgewicht 3.110 kg |
| **Abmessungen:** | Spannweite 14,83 m; Länge 9,51 m; Höhe 3,69 m; Flügelfläche 50 qm |
| **Bewaffnung:** | ein fest eingebautes, vorwärts gerichtetes 7,7-mm-Vickers-MG; zwei 7,7-mm-Lewis-MG auf einer Drehlafette im hinteren Cockpit; ein 7,7-mm-Lewis MG in Bauchposition |

# Breguet Bre.19 A.2

Louis Vullierme baute auf dem Erfolg der Bre.14 auf und entwarf ab 1920 deren Nachfolger, die Bre.19. Es war keine ideale Zeit für die Entwicklung eines neue Kampfflugzeugs, da überzählige Kriegsmaschinen in großen Stückzahlen billig verfügbar waren. Doch Breguet zeigte Vertrauen in das Potenzial der Maschine, u nachdem der Prototyp Bre.19 A.2 No 01 bei der Pariser Luftfahrtausstellung von 1921 gezeigt worden war, begann die Produktion von elf Vorserienmaschinen. Ma hatte den Prototypen ursprünglich mit einem 450 PS (336 kW) starken V-16-Bregu Bugatti-Motor ausrüsten wollen, doch absolvierte er seinen Erstflug im März 1922 mit einem Renault 12Kb. Der Rumpf der Vorserienmaschinen war ca. 0,5 m kürzer als der des Prototyps, und sie hatten verschiedene Triebwerke. Die erste von 112 durch die französische Luftwaffe bestellten Bre.19-A.2-Serienmaschinen wurden i Oktober 1924 ausgeliefert.

| | |
|---|---|
| **Herkunftsland:** | Frankreich |
| **Typ:** | zweisitziges Aufklärungsflugzeug |
| **Triebwerk:** | ein wassergekühlter V-Motor Renault 12Kd mit 513 PS (383 kW) |
| **Leistung:** | Höchstgeschwindigkeit 235 km/h; Dienstgipfelhöhe 7.000 m; Reichweite 1.200 km |
| **Gewicht:** | Leergewicht 1.722 kg; max. Startgewicht 3.110 kg |
| **Abmessungen:** | Spannweite 14,83 m; Länge 9,51 m; Höhe 3,69 m; Flügelfläche 50 qm |
| **Bewaffnung:** | ein fest eingebautes, vorwärts gerichtetes 7,7-mm-Vickers-MG; zwei 7,7-mm-Lewis-MG auf einer Drehlafette im hinteren Cockpit; ein 7,7-mm-Lewis-MG in Bauchposition; (B.2) interne Bombenlast bis zu 400 kg und Unterflügelhalterungen für nochmals 400 kg |

# ʾreguet Bre.19 GR

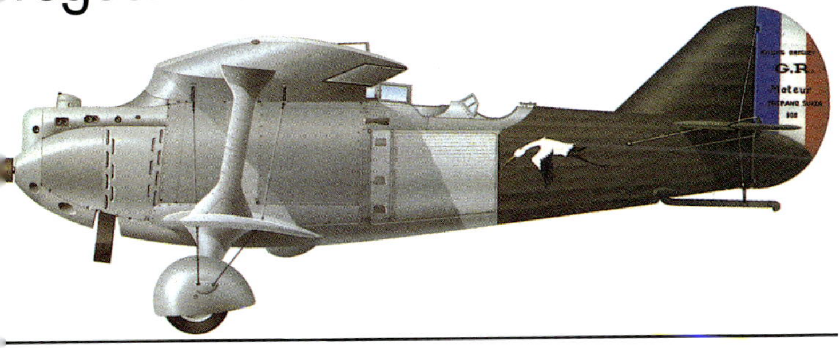


peziell umgebaute Bre.19 unternahmen zahlreiche Rekordflüge, was den Verkaufserfolg sicherte und die Maschine im Bewusstsein der Öffentlichkeit hielt. e erste dieser Spezialversionen war die Bre.19 Grand Raid, eine Bre.19 mit zuzlichen Treibstofftanks. Danach folgte die Bre.19 GR Bidon, insgesamt drei umbaute Maschinen mit einer internen Tankkapazität von 2.915 l gegenüber 440 l s Standardmodells. Von diesen drei Maschinen trug eine einen Hispano-Suiza-12- bzw. -Hb-Motor, die anderen jeweils einen Renault 12Kb. Eine war für Belgien, andere für Griechenland gebaut worden. CASA in Spanien produzierte zwei itere Flugzeuge dieser Version. Abgebildet ist die No. 1685, die mit den Piloten izier und Weiss am 25. Mai 1929 versuchte, einen Geschwindigkeitsrekord von 8 km/h auf einer Distanz von 5.000 km aufzustellen.

| | |
|---|---|
| **Herkunftsland:** | Frankreich |
| **Typ:** | zweisitzige Langstreckenversuchsmaschine |
| **Triebwerk:** | ein Hispano-Suiza-Motor 12Lb mit 500 PS (373 kW) |
| **Leistung:** | Höchstgeschwindigkeit 235 km/h; Dienstgipfelhöhe 7.000 m; Reichweite 3.500 km |
| **Gewicht:** | Leergewicht 1.722 kg; max. Startgewicht 3.110 kg |
| **Abmessungen:** | Spannweite 14,83 m; Länge 9,51 m; Höhe 3,69 m; Flügelfläche 50 qm |
| **Bewaffnung:** | ein fest eingebautes, vorwärts gerichtetes 7,7-mm-Vickers-MG; zwei 7,7-mm-Lewis-MG auf einer Drehlafette im hinteren Cockpit; ein 7,7-mm-Lewis-MG in Bauchposition |

# Breguet Bre.19 Super Bidon

**Die berühmteste Maschine der Breguet-19-Familie war die in Frankreich gebau Super-Bidon Point d'Interrogation. Den Tankinhalt hatte man auf 5.170 l ange hoben, sodass einige Rekordflüge möglich wurden. Angetrieben von einem Hispa-no-Suiza-12Lb-Triebwerk stellte die Maschine einen Langstreckenrekord über 7.905 km auf, als Diedonne Costes und Maurice Bellonte vom 27.–29. September 1929 von Le Bourget in Frankreich nach Tsitsihkar in der Mandschurei flogen. Später mit einem 650 PS (485 kW) starken Hispano-Suiza-12Nb-Motor ausgerüstet, führte die Maschine den ersten Direktflug von Paris nach New York durch und unternahm dann eine Freundschaftsreise durch die USA. Alle angeflogenen Städte waren auf der den Rumpf umlaufenden Trikolore verewigt. CASA in Spanien baut eine weitere Maschine dieses Typs mit dem Namen Cuatro Vientos, die schließlich in der Karibik zwischen Kuba und Mexiko verloren ging.**

| | |
|---|---|
| **Herkunftsland:** | Frankreich |
| **Typ:** | zweisitzige Langstreckenversuchsmaschine |
| **Triebwerk:** | ein Hispano-Suiza-Motor 12Nb mit 650 PS (485 kW) |
| **Leistung:** | Höchstgeschwindigkeit 235 km/h; Dienstgipfelhöhe 7.000 m; Reichweite 3.500 km |
| **Gewicht:** | Leergewicht 1.722 kg; max. Startgewicht 3.110 kg |
| **Abmessungen:** | Spannweite 14,83 m; Länge 9,51 m; Höhe 3,69 m; Flügelfläche 50 qm |

# Breguet 393T

Breguet entwickelt das dreimotorige Passagierflugzeug 393T aus der früheren
390T, deren Prototyp bei einem schweren Unfall 1931 verloren gegangen, und
r 392T, von der ein Exemplar als Frachtmaschine gebaut worden war. Die 393T
terschied sich von letzterem durch die Bestuhlung für zehn Passagiere und große
binenfenster. Zudem war der Rumpf stoffbespannt und nicht mit Metall beplankt,
e Streben unterschieden sich, und ein Heckrad ersetzte den Hecksporn. Der
ototyp flog erstmals 1933, und Air France erhielt die ersten Serienmaschinen im
li 1934. Weitere fünf Maschinen wurden Ende 1935 geliefert. Die Air France setzte
esen Typ vor allem auf ihren Mittelmeer- und Nordafrikarouten ein. Abgebildet
einen Breguet 393T der Air France, die 1934 auf der Strecke Toulouse–Casa-
anca eingesetzt war. Später flog diese Maschine von Paris aus verschiedene
ropäische Städte an.

| | |
|---|---|
| **Herkunftsland:** | Frankreich |
| **Typ:** | zehnsitziges Passagierflugzeug |
| **Triebwerk:** | drei Sternmotoren Gnome Rhône 7Kd Titan Major mit 350 PS (261 kW) |
| **Leistung:** | Höchstgeschwindigkeit 249 km/h; Dienstgipfelhöhe 5.850 m; Reichweite 975 km |
| **Gewicht:** | Leergewicht 3.966 kg; max. Startgewicht 6.000 kg |
| **Abmessungen:** | Spannweite 20,71 m; Länge 14,76 m; Flügelfläche 66,46 qm |

# Breguet 521 Bizerte

Breguet erwarb eine Lizenz zum Bau der Short Calcutta, und mit wenigen Änderungen baute man diese als Bre.521 Bizerte. Der Prototyp flog im September 1933 erstmals und hatte drei unverkleidete 845 PS (630 kW) starke Gnome-Rhône-14-Kirs-Sternmotoren, die jedoch für die offiziellen Testflüge im Januar 1934 eine Verkleidung erhielten. Drei Vorserienmaschinen wurden produziert, die zweite mi einigen Änderungen, worauf dann die Serienmaschinen aufbauten. Die Lieferung an die erste von insgesamt fünf Staffeln der französischen Marineluftwaffe, die die Bizerte einsetzten, begannen 1935. Die Produktion lief bis 1940, 35 Exemplare waren bis dahin gebaut worden. Zwei der fünf Staffeln dienten in der Luftwaffe de Vichy-Regierung, bis sie im November 1942 den Deutschen in die Hände fielen, die sie dann für die Seenotrettung im Atlantik benutzten. Die abgebildete Maschine w im Winter 1943–1944 in Nordwestfrankreich eingesetzt.

| | |
|---|---|
| **Herkunftsland:** | Frankreich |
| **Typ:** | achtsitziges Langstreckenflugboot |
| **Triebwerk:** | drei Sternmotoren Gnome Rhône 14Kirs oder 14N-11 mit 900 PS (671 kW) |
| **Leistung:** | Höchstgeschwindigkeit 245 km/h; Dienstgipfelhöhe 6.000 m; max. Reichweite 3.000 km |
| **Gewicht:** | Leergewicht 9.470 kg; max. Startgewicht 16.600 kg |
| **Abmessungen:** | Spannweite 35,15 m; Länge 20,50 m; Höhe 7,45 m; Flügelfläche 162,60 qm |
| **Bewaffnung:** | zwei bewegliche 7,5mm-Darue-MG in zwei Seitenständen; ein bewegliches 7,5-mm-Darue-MG beweglich im Heckstand; Unterflügelhalterungen für bis zu 300 kg Bomben |

# ristol Typ 22 F.2B

**Frank Barnwell entwarf den Typ 9 R.2A als zweisitzigen Aufklärer, doch im August 1916 wurden ein neuer Motor und eine neue Bezeichnung eingeführt yp F.2A), da die Maschine nun als Jäger verwendet werden sollte. Die ersten rienmodelle der F.2A wurden im Februar 1917 ausgeliefert. Zuerst setzte man die aschine taktisch unklug ein, was zu hohen Verlusten führte. Dennoch entwickelte h der Typ, nachdem die Piloten begannen, ihn wie einen Einsitzer zu fliegen, zu nem der erfolgreichsten britischen Jagdflugzeuge des 1. Weltkriegs. Das Haupt-rienmodell war die F.2B, die einige Änderungen aufwies, z. B. eine weiter nach en gesetzte obere Fläche für eine bessere Pilotensicht, einen größeren Treib-fftank und verschiedene Motoren. Insgesamt wurden 5.308 Maschinen gebaut. ch dem Krieg setzten sie Australien, Belgien, Irland, Kanada, Griechenland und anien ein. In Diensten der britischen Luftwaffe verblieb die F.2B bis 1932.**

| | |
|---|---|
| **Herkunftsland:** | Großbritannien |
| **Typ:** | zweisitziger Jagdaufklärer |
| **Triebwerk:** | ein Rolls-Royce-Motor Falcon III mit 275 PS (205 kW) |
| **Leistung:** | Höchstgeschwindigkeit 198 km/h; Dienstgipfelhöhe 5.485 m; Reichweite 3 h |
| **Gewicht:** | Leergewicht 975 kg; max. Startgewicht 1.474 kg |
| **Abmessungen:** | Spannweite 11,96 m; Länge 7,87 m; Höhe 2,97 m; Flügelfläche 37,62 qm |
| **Bewaffnung:** | ein fest eingebautes, vorwärts gerichtetes 7,7-mm-Vickers-MG, ein oder zwei bewegliche 7,7-mm-Lewis-MG im hinteren Cockpit; Unterflügelhalterungen für bis zu 12 9-kg-Bomben |

# Bristol Typ 26 Pullman

**Im August 1918 erstmals geflogen, wurde der Bristol-Typ-24-Braemar-Bomber nie in der ihm zugedachten Rolle eingesetzt und schließlich 1920 verschrottet. Der zweite Prototyp, der erstmals im Februar 1919 flog, trug die Bezeichnung Typ 25 Braemar II, und hatte die gleiche grundlegende Auslegung. Die zu schwachen vier Armstrong-Siddeley-Puma-Motoren mit 230 PS (172 kW) waren jedoch durch vier Liberty-Triebwerke ersetzt worden. Der Waffenstillstand im November 1918 hatte aber einen schweren Bomber hinfällig gemacht, sodass der dritte Prototyp als Typ 26-Pullman-Passagiermaschine mit 14 Sitzen fertig gestellt wurde. Als der Typ 192 auf der Luftfahrtausstellung in Olympia vorgestellt wurde, stieß er auf einiges Inte esse. Obwohl danach noch einige Erprobungen auf dem Testgelände von Marlesham Heath durchgeführt wurden, ging der Typ nie in Serienproduktion.**

| | |
|---|---|
| **Herkunftsland:** | Großbritannien |
| **Typ:** | schwerer Bomber/14-sitzige Passagiermaschine |
| **Triebwerk:** | vier Liberty-V-12-Motoren mit 400 PS (298 kW) |
| **Leistung:** | Höchstgeschwindigkeit 196 km/h; absolute Gipelhöhe 5.180 m |
| **Gewicht:** | Leergewicht 5.084 kg; max. Startgewicht 7.490 kg |
| **Abmessungen:** | Spannweite 24,89 m; Länge 15,7 m; Höhe 6,3 m; Flügelfläche 176,97 qm |

# Bristol Typ 32 Bullet

Als gestaffelter Doppeldecker ungleicher Spannweite und mit einem kreisförmigen Rumpfquerschnitt entworfen, sollte die Typ 32 Bullet vor allem als De- onstrationsmaschine für den Cosmos-Jupiter-Motor von Bristol dienen. Von esem attraktiven kleinen Flugzeug, das 1920 erstmals flog, erhoffte sich Bristol niges, aber trotz zahlreicher Veränderungen und Überarbeitungen erfüllte die llet nie die Erwartungen. Nur eine Maschine wurde je gebaut, hier in der Konfi- ration gezeigt, in der sie beim Flugzeugrennen in Croydon 1921 den zweiten atz errang. Beim Rennen im darauffolgenden Jahr wurde die Maschine mit einem 0 PS ( 283 kW) starken Jupiter-II-Motor ausgestattet. In dieser Form erflog die llet ihren letzten Erfolg, einen erneuten zweiten Platz. Auch wenn die Bullet hließlich 1924 verschrottet wurde, wurde der Jupiter-Motor eines der wichtigsten iebwerke der Zwischenkriegsjahre.

| | |
|---|---|
| **Herkunftsland:** | Großbritannien |
| **Typ:** | einsitziges Rennflugzeug |
| **Triebwerk:** | ein Sternmotor Bristol Jupiter mit 450 PS (336 kW) |
| **Leistung:** | Höchstgeschwindigkeit 249 km/h |
| **Gewicht:** | Leergewicht 816 kg; max. Startgewicht 998 kg |
| **Abmessungen:** | Spannweite 9,51 m; Länge 7,35 m; Höhe 2,95 m;<br>Flügelfläche 27,41 qm |

# Bristol Typ 62 Zehnsitzer

**H**ier abgebildet ist die ursprüngliche Konfiguration der Bristol Typ 62 mit vierrädrigem Fahrgestell, der für die nach dem Krieg entstehenden neuen Lufttransportunternehmen entworfen wurde. Noch auf dem Zeichenbrett wurde d[ie] Maschine so umkonstruiert, dass sie anstelle von sechs Passagieren neun aufnehmen konnte. Auch wurde anstelle des geplanten Bristol-Jupiter- ein Napier-Lion-Motor eingebaut. Teile für vier Flugzeuge wurden produziert, und die erste Maschine flog im Juni 1921. Die vorderen beiden Räder des Fahrwerks entfernte man bei Flugtests in Croydon und Martlesham Heath während des Sommers. Die Instone Airline erwarb schließlich diese erste Maschine sowie zwei weitere unter der Bezeichnung Typ 75 und setzte sie auf der Route London–Paris ein. Die letzte Maschine wurde zum Typ 79 Brandon umgerüstet, einem Ambulanzflugzeug.

| | |
|---|---|
| **Herkunftsland:** | Großbritannien |
| **Typ:** | zehnsitziges Passagierflugzeug |
| **Triebwerk:** | ein Napier-Lion-Motor mit 450 PS (336 kW) |
| **Leistung:** | Höchstgeschwindigkeit 177 km/h; Dienstgipfelhöhe 2.590 m; Reichweite 5 h 30 min |
| **Gewicht:** | Leergewicht 1.814 kg; max. Startgewicht 3.064 kg |
| **Abmessungen:** | Spannweite 17,07 m; Länge 12,34 m; Höhe 3,35 m; Flügelfläche 65,03 qm |

# Bristol Typ 105A Bulldog Mk IIA

Im September 1926 veröffentlichte das britische Luftfahrtministerium eine Ausschreibung für einen neuen einsitzigen Tag/Nacht-Jäger für die britische Luftwaffe, der einen luftgekühlten Sternmotor und zwei 7,7-mm-MG haben sollte. Neun Modelle nahmen an der Ausschreibung teil, die meisten angetrieben durch den Bristol-Jupiter-Sternmotor. Schließlich waren nur noch die Bristol Typ 105 und die durch Sidney Camm entworfene Hawker Hawfinch im Rennen, und letzten Endes wurde der Bristol-Vorschlag ausgewählt. Der Prototyp Bulldog I flog im Mai 1927 erstmals, und ging nach einer Rumpfverlängerung als Bulldog II in Serie. Die 3. Staffel der britischen Luftwaffe erhielt ihre erste Bulldog mit einem 440 PS (328 kW) starken Bristol-Jupiter-Triebwerk im Juni 1929. Abgebildet ist das Hauptserienmodell, die Bulldog IIA, von der 213 Stück gebaut wurden und die eine größere Heckflosse, ein breiteres Fahrwerk, größere Räder und ein verbessertes Ölsystem hatte.

| | |
|---|---|
| **Herkunftsland:** | Großbritannien |
| **Typ:** | einsitziges Jagdflugzeug |
| **Triebwerk:** | ein Sternmotor Bristol Jupiter VIIF mit 490 PS (365 kW) |
| **Leistung:** | Höchstgeschwindigkeit 280 km/h; Dienstgipfelhöhe 8.940 m; Reichweite 482 km |
| **Gewicht:** | Leergewicht 1.008 kg; max. Startgewicht 1.583 kg |
| **Abmessungen:** | Spannweite 10,3 m; Länge 7,7 m; Höhe 2,7 m; Flügelfläche 28,47 qm |
| **Bewaffnung:** | zwei fest eingebaute, vorwärts gerichtete 7,7-mm-Vickers-MG; Unterflügelhalterungen für vier 9-kg-Bomben |

# Bristol Typ 105A Bulldog Mk IVa

**B**ristol baute 1931 in privater Initiative die Bulldog Mk IIIA mit einem Mercury-IVA-Sternmotor, die erfolglos gegen die Gloster SS.19B im Wettbwerb um eine Nachfolgerin der Bulldog Mk IIA antrat. Für die Produktion wurde die SS.19B (Gauntlet) ausgewählt. Bristol glaubte aber weiterhin an die Maschine und rüstete sie unter der Bezeichnung MK IV auf vier MG um, um erneut an einem Wettbewerb teilzunehmen, diesmal gegen die Gloster SS.37 (Gladiator). Wiederum gewann das Glostermodell, vor allem wegen seiner höheren Geschwindigkeit. Ein weiterer Prototyp unter der Bezeichnung MK IVa wurde gebaut, dieser erhielt verschiedene Motoren, so den Mercury IVS2, den Perseus IA, und den Mercury VIS2. 17 Maschinen der Version MK IVA wurden mit Mercury-VIS2-Motoren für Finnland gebaut und 1935 ausgeliefert. Diese Maschinen nahmen 1939–1940 am Winterkrieg gegen die Sowjetunion teil und waren häufig mit einem Kufenfahrwerk ausgerüstet.

| | |
|---|---|
| **Herkunftsland:** | Großbritannien |
| **Typ:** | einsitziges Jagdflugzeug |
| **Triebwerk:** | ein Sternmotor Bristol Mercury VIS2 mit 490 PS (365 kW) |
| **Leistung:** | Höchstgeschwindigkeit 280 km/h; Dienstgipfelhöhe 8.940 m; Reichweite 482 km |
| **Gewicht:** | Leergewicht 1.008 kg; max. Startgewicht 1.583 kg |
| **Abmessungen:** | Spannweite 10,3 m; Länge 7,7 m; Höhe 2,7 m; Flügelfläche 28,47 qm |
| **Bewaffnung:** | vier fest eingebaute, vorwärts gerichtete 7,7-mm-Vickers-MG; Unterflügelhalterungen für vier 9-kg-Bomben |

# 3ristol Typ 105D Bulldog Mk IIa

Von Bristol-Werkspiloten durchgeführte Demonstrationsflüge führten zu einem großen Interesse an der Bulldog. Dänemark beispielsweise kaufte 1931 vier 1K IIA, die mit dem Jupiter-VIFH-Motor, Viet-Anlassern und Madsen-MG ausgestat- t waren. Diese vier Maschinen wurden der 1. Staffel der dänischen Luftwaffe 1931 eliefert. Drei Maschinen waren zur Zeit des deutschen Einmarsches im April 1940 och für Schulungsaufgaben eingesetzt. Zahlreiche Bulldog MK II/II A wurden xportiert, die meisten mit Gnome-Rhône-Jupiter-VI-Triebwerken. Sie gingen nach stland (12), Dänemark (4), Lettland (12), Siam (2), Schweden (11) und an die Marine er USA (2). Hier abgebildet ist eine MK IIA der 1. Schwadron der dänischen Armee- ıftwaffe, die 1933 in Kastrupp stationiert war. Man beachte die Kurzwellen- ntenne.

| | |
|---|---|
| **Herkunftsland:** | Großbritannien |
| **Typ:** | einsitziges Jagdflugzeug |
| **Triebwerk:** | ein Sternmotor Bristol Jupiter VIIF 490 PS (365 kW) |
| **Leistung:** | Höchstgeschwindigkeit 280 km/h; Dienstgipfelhöhe 8.940 m; Reichweite 482 km |
| **Gewicht:** | Leergewicht 1.008 kg; max. Startgewicht 1.583 kg |
| **Abmessungen:** | Spannweite 10,3 m; Länge 7,7 m; Höhe 2,7 m; Flügelfläche 28,47 qm |
| **Bewaffnung:** | zwei fest eingebaute, vorwärts gerichtete 7,7-mm-Vickers-MG; Unterflügelhalterungen für vier 9-kg-Bomben |

# British Army Aeroplane No. I

Am 14. Mai 1909 gelang Samuel Franklin Cody in Laffan's Plain in Hampshire, England, der erste Flug über mehr als 1,6 km in Europa. Er verwendete hierzu das British Army Aeroplane No. 1. Die Maschine war unter größter Geheimhaltung 1907 im Armeeballonwerk in Farnborough entstanden, wo Cody als Chefkonstrukteur des Armeeballonkorps tätig war. 1908 macht er seinen ersten offiziellen Flug mit der No. 1, die viele Merkmale der Flugmaschine der Gebrüder Wright aufwies. Für den britischen Militärflugzeugwettbewerb von 1912 baute Cody einen Eindecker. Als dieser bei einer Landung durch eine Kollision mit einer Kuh zerstört wurde, installierte er das 120 PS (89 kW) starke Austro-Daimler-Triebwerk in einem Doppeldecker. Trotz des veralteten Designs zeigt diese Maschine eine Leistung, die für den ausgesetzten Gewinn von £ 5000 ausreichte, allerdings kam es zu keinem Produktionsauftrag.

| | |
|---|---|
| **Herkunftsland:** | Großbritannien |
| **Typ:** | einsitziger Doppeldecker |
| **Triebwerk:** | Antoinette-Reihenmotor mit 50 PS (37 kW) |
| **Leistung:** | Höchstgeschwindigkeit (basierend auf dem vergleichbaren Cody-Michelin-Cup-Doppeldecker) 105 km/h |
| **Gewicht:** | max. Startgewicht 1.338 kg |
| **Abmessungen:** | Spannweite 15,85 m; Länge 11,73 m; Höhe 3,96 m; Flügelfläche 59,46 qm |

# CAMS 55/2

**Die Chantiers Aéro-Maritimes de la Seine (CAMS) wurde 1920 zum Bau von Seeflugzeugen und Rennbooten gegründet. Die ersten Maschinen waren in Lizenz ebaute Savio-Marchetti S.9 und S.13, doch nachdem CAMS deren Konstrukteur afaele Confleti abgeworben hatte, begann man selbst mit der Produktion einer erie erfolgreicher Flugboote. 1923 übernahm Maurice Hurel die Position Confletis. urel entwarf 1926 das zweimotorige Doppeldecker-Flugboot CAMS 51, von dem die AMS 45 GR (Grand Raid), die CAMS 53 und CAMS 55 abgeleitet wurden. Die CAMS 3 war das erfolgreichste zivile französische Flugboot jener Zeit und diente auf Post- nd Passagierrouten im Mittelmeerraum und in Nordafrika bis 1936. Die militärische AMS 55 flog erstmals 1928. Folgende Stückzahlen wurden hergestellt: CAMS 55/1 4), CAMS 55/2 (29) und von der CAMS 55/10 mit größerer Reichweite und Gnome-hône-Mistral-9Kbr-Motoren 32 Stück.**

| | |
|---|---|
| **Herkunftsland:** | Frankreich |
| **Typ:** | Langstreckenaufklärungsflugboot |
| **Triebwerk:** | zwei Sternmotoren Gnome Rhône Jupiter 9Akx mit 480 PS (358 kW) |
| **Leistung:** | Höchstgeschwindigkeit 195 km/h; Dienstgipfelhöhe 3.400 m; max. Reichweite 1.875 km |
| **Gewicht:** | Leergewicht 4.590 kg; max. Startgewicht 6.900 kg |
| **Abmessungen:** | Spannweite 20,4 m; Länge 15,03 m; Höhe 5,41m; Flügelfläche 113,45 qm |
| **Bewaffnung:** | zwei 7,7-mm-Lewis-MG im Bugstand; zwei 7,7-mm-Lewis-MG im Stand auf dem Rumpfrücken; Unterflügelhalterungen für zwei 75-kg-Bomben |

# CANT Z.501

**Cantiere Navale Triestino (CANT) wurde 1923 als Tochterunternehmen von Cantiere Navali di Monfalcone gegründet. Nachdem man sich die Dienste des ehemaligen CAMS-Konstrukteurs Rafaele Confleti gesichert hatte, begann die Firma mi der Entwicklung von Flugbooten. 1931 wurde CANT zu Cantieri Riuniti dell` Adriatico (CRDA), und Fillipo Zappata übernahm die Stelle des Chefkonstrukteurs. Die italienische Luftwaffe benötigte ein Langstreckenaufklärungsflugboot, woraufhin Zappata die CANT Z.501 entwarf. Diese hatte einen hölzernen unteren Rumpf, während der obere stoffbespannt war. Ein einzelner Motor in Zugschrauben-Konfiguration, mittig auf der Tragfläche montiert, trieb die Maschine an. Der erste Prototyp flog im Februar 1934, und bald hielt die Maschine verschiedene Langstreckenrekorde. Die ersten Serienmaschinen gingen 1937 in Dienst. Insgesamt wurden übe 350 Stück gebaut.**

| | |
|---|---|
| **Herkunftsland:** | Italien |
| **Typ:** | vier/fünfsitziges Langstreckenaufklärungsflugboot |
| **Triebwerk:** | ein Sternmotor Isotta Fraschini Asso XI-RC mit 900 PS (671 kW) |
| **Leistung:** | Höchstgeschwindigkeit 275 km/h; Dienstgipfelhöhe 3.962 m; Reichweite 2.397 km |
| **Gewicht:** | Leergewicht 3.840 kg; max. Startgewicht 7.305 kg |
| **Abmessungen:** | Spannweite 22,5 m; Länge 14,3 m; Höhe 4,42 m; Flügelfläche 62 qm |
| **Bewaffnung:** | ein bewegliches 7,7-mm-MG im Bugstand (später durch eine verglaste Beobachterposition ersetzt); ein bewegliches 7,7-mm-MG im Stand auf dem Rumpfrücken; ein bewegliches 7,7-mm-MG im Stand in der Motorgondel; Unterflügelhalterungen für bis zu 640 kg Bomben |

# :RDA (CANT) Z.506B Airone

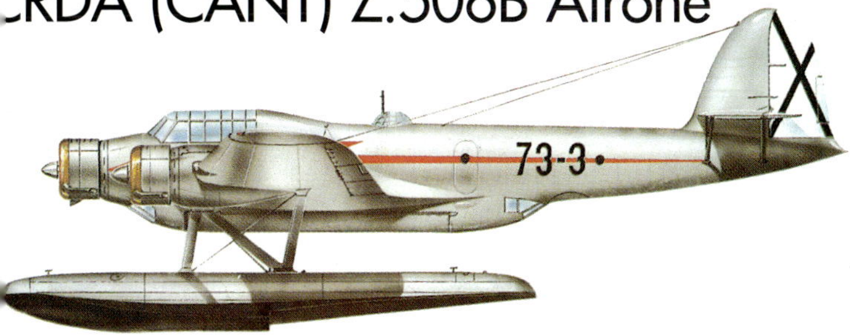


)ie Z.506 wurde aus dem Z.505-Prototypen entwickelt, der als Postflugzeug Italien mit seinen ostafrikanischen Kolonien verbinden sollte. Das Flugzeug ng schließlich als fünfzehnsitzige Passagiermaschine in Produktion (20 Exempla- ), bevor eine Umstellung auf die militärische Variante, die Z.506 Airone, erfolgte. eser Typ ging 1938 in Dienst und besaß eine lange Bodenwanne, in welcher der ombenschacht, die verglaste Position des Bombenschützen und ein MG-Stand atz fanden. Ingesamt wurden von der Z.506 324 Maschinen hergestellt, von denen i Italiens Eintritt in den 2. Weltkrieg 95 im Dienst waren. Zunächst als Bomber ngesetzt, diente der Typ später mehr als U-Bootjäger, Konvoibegleiter und Aufärer. Einige Maschinen wurden unter der Bezeichnung Z.506S zur Bergung verglückter Piloten eingesetzt. Einige dieser Maschinen waren bis 1959 im Dienst.

| | |
|---|---|
| **Herkunftsland:** | Italien |
| **Typ:** | fünfsitziger Aufklärer und Bomber |
| **Triebwerk:** | drei 9-Zylinder-Sternmotoren Alfa Romeo 126 RC.34 mit 750 PS (559 kW) |
| **Leistung:** | Höchstgeschwindigkeit 350 km/h; Dienstgipfelhöhe 8.000 m; Reichweite 2.745 km |
| **Gewicht:** | Leergewicht 8.300 kg; max. Startgewicht 12.705 kg |
| **Abmessungen:** | Spannweite 26,50 m; Länge 19,24 m; Höhe 7,45 m |
| **Bewaffnung:** | ein 12,7-mm-MG im Drehturm auf dem Rumpfrücken, ein bewegliches 7,7-mm-MG im hinteren Teil der Bodenwanne, je ein bewegliches 7,7-mm-MG in zwei seitlichen Ständen; interne Bombenlast bis zu 1.200 kg |

# Caproni Ca.1

**Sowohl die Societa di Aviazione Ing Caproni in Italien, als auch Igor Sikorsky in Russland zeigten mit der Konstruktion der ersten schweren Bomber eine bemerkenswerte Voraussicht. Caproni flog den Ca.30-Bomber 1913. Die Ca.30 hatte einen kurzen Mittelrumpf und drei 80 PS (60 kW) starke Gnome-Umlaufmotoren, einer am hinteren Ende des Rumpfs in Druckschraubenkonfiguration, die anderen beiden als Zugschrauber am vorderen Ende zweier großer Leitwerksträger. Das Nachfolgemodell Ca.31 flog Ende 1914 mit drei 100 PS (75 kW) starken Fiat-A.10-Triebwerken, daraus wurde die Ca.1. Bevor die Ca.2 in Produktion ging, wurden 162 Ca.1 gebaut. Bei der Ca.2 war der mittlere Motor durch einen 150 PS (112 W) starken Isotta-Fraschini V.4B ersetzt worden. Hier abgebildet ist eine CA.1 der französischen Streitkräfte, die 1916 auf dem Plateau de Malzeville stationiert war.**

| | |
|---|---|
| **Herkunftsland:** | Italien |
| **Typ:** | viersitziger, schwerer Tagbomber |
| **Triebwerk:** | drei 6-Zylinder-Reihenmotoren Fiat A.10 mit 100 PS (75 kW) |
| **Leistung:** | Höchstgeschwindigkeit 116 km/h; Reichweite 550 km |
| **Gewicht:** | Leergewicht 2.500 kg; max. Startgewicht 3.302 kg |
| **Abmessungen:** | Spannweite 22,2 m; Länge 10,9 m; Höhe 3,7 m |
| **Bewaffnung:** | ein oder zwei bewegliche 7,7-mm-Revelli-MG im vorderen Cockpit; eine maximale Bombenlast von 450 kg |

# Caproni Ca.3

Nachdem sie bei der italienischen Luftwaffe in Dienst gestellt worden waren, führten Ca.2-Maschinen am 25. August 1915 den ersten italienischen Bom-nangriff des 1. Weltkriegs durch. Die Ca.2-Einheiten machten sich mit ihren recht rbrechlichen Maschinen bald einen Namen für ihre wagemutigen Angriffe an der penfront, wobei die Ziele oft in gefährlichem, bergigen Gelände lagen. 1917 folgte nn die Ca.3, die stärkere Motoren sowie eine größere Bombenlast hatte und ohne veifel der erfolgreichste alliierte schwere Bomber des Krieges war. 83 Ca.3 wur-n in Frankreich in Lizenz gebaut und rüsteten zwei Staffeln der französischen ftstreitkräfte aus. Schließlich erschien Anfang 1918 die Ca 5, obwohl diese Be-ichnung eigentlich drei Modelle einschließt, die Ca.44, Ca.45 und die Ca.46. e Abbildung zeigt eine Ca.3 der Squadriligia VII, Gruppo XI der italienischen ftwaffe.

| | |
|---|---|
| **Herkunftsland:** | Italien |
| **Typ:** | viersitziger, schwerer Tagbomber |
| **Triebwerk:** | drei Reihenmotoren Isotta-Fraschini V.4B mit 150 PS (112 kW) |
| **Leistung:** | Höchstgeschwindigkeit 140 km/h; Dienstgipfelhöhe 4.100 m; Reichweite 450 km |
| **Gewicht:** | Leergewicht 2.300 kg; max. Startgewicht 3.312 kg |
| **Abmessungen:** | Spannweite 22,2 m; Länge 10,9 m; Höhe 3,7 m |
| **Bewaffnung:** | zwei oder vier bewegliche 7,7-mm-Revelli-MG im Bugstand und in einem MG-Stand über dem mittleren Motor; eine maximale Bombenlast von 850 kg |

# Caudron R.11

Die Gebrüder René und Gaston Caudron begannen 1909 mit der Entwicklung un Produktion von Flugzeugen. Während des 1. Weltkriegs bauten sie eine Serie vo sehr erfolgreichen Artilleriebeoachtungsmaschinen unter der Bezeichnung G.3. Na dem Gaston Caudron beim Absturz des R.4 genannten Prototypen, eines zweimotor gen Aufklärers/Bombers, ums Leben gekommen war, übernahm der ehemalige Militärpilot Paul Delville seine Aufgabe. Delville entwickelte aus der R.4 über R.5 und R.10 die R.11, welche die gleiche Auslegung aufwies, jedoch auch einige Verbesseru gen. So hatte die R.11 einen stromlinienförmigeren Bug, kein Bugrad und Gondeln f die Motoren. Die Produktion der R.11 begann 1917, doch wurden die ersten Serienmaschinen erst im Februar 1918 geliefert. Die Maschinen dienten nicht als Aufkläre sondern wurden als Begleitschutz für Bomberverbände eingesetzt. Abgebildet ist eine R.11, der Escadrille C.46 der französischen Luftwaffe von 1918.

| | |
|---|---|
| **Herkunftsland:** | Frankreich |
| **Typ:** | dreisitziger Begleitschutzjäger |
| **Triebwerk:** | zwei Reihenmotoren Hispano-Suiza 8Bba mit 215 PS (160 kW) |
| **Leistung:** | Höchstgeschwindigkeit 183 km/h; Dienstgipfelhöhe 5.950 m; Flugdauer 3 h |
| **Gewicht:** | Leergewicht 1.422 kg; max. Startgewicht 2.167 kg |
| **Abmessungen:** | Spannweite 17,92 m; Länge 11,22 m; Höhe 2,8 m; Flügelfläche 54,25 qm |
| **Bewaffnung:** | zwei bewegliche 7,7-mm-Lewis-MG im Bugstand; zwei bewegliche 7,7-mm-Lewis-MG im Heckstand; ein fest eingebautes 7,7-mm-Lewis-MG schräg nach hinten/unten feuernd |

# :onsolidated Catalina IIA

**S owohl Douglas als auch Consolidated reichten 1933 Entwürfe auf eine Ausschreibung der US-Marine für ein Hochdeckerflugboot, das die bisherigen P2Y-2 ıd P2Y-3 ersetzen sollte, ein. Obwohl Douglas ein leistungsfähiges Modell vorellte, konnte dieses sich nicht gegen Issac M. Landons Entwurf durchsetzen, der zu nem der berühmtesten Flugzeuge der Luftfahrtgeschichte werden sollte. Der rototyp der XP3-Y1 ähnelte seinen Vorgängern, doch gab es keine äußeren Verannungsdrähte mehr, und die Hilfsschwimmer an den Flügelspitzen waren nziehbar, was den Luftwiderstand beträchtlich verminderte. Nach dem Erstflug 1 März 1935 wurde die Maschine der Marine übergeben, die nach ausgiebigen ests im Juni 1935 einen Auftrag über 60 PBY-1 erteilte. Das zweite Los, PBY-2 enannt, wies geringfügige Änderungen auf, während die PBY-3 und 4 Wright-R-830-66- bzw. -72-Sternmotoren erhielten. Abgebildet ist eine britische Catalina IIA.**

| | |
|---|---|
| **Herkunftsland:** | USA |
| **Typ:** | sieben-/neunsitziges Patrouillenflugboot |
| **Triebwerk:** | zwei Sternmotoren Pratt & Whitney R-1830-92 Wasp mit 1.200 PS (895 kW) |
| **Leistung:** | Höchstgeschwindigkeit 288 km/h; Dienstgipfelhöhe 4.480 m; Reichweite 4.096 km |
| **Gewicht:** | Leergewicht 9.485 kg; max. Startgewicht 16.066 kg |
| **Abmessungen:** | Spannweite 30,48 m; Länge 18,82 m; Höhe 5,82 m; Flügelfläche 140,65 qm |
| **Bewaffnung:** | (Catalina IIA) ein bewegliches 7,7-mm-Vickers-K-MG im Bugstand; ein bewegliches 7,7-mm-Vickers-K-MG durch einen Tunnel im Rumpfboden nach hinten/unten feuernd; je ein bewegliches 7,7-mm-Browning-MG in den seitlichen Glaskanzeln; max. Bombenlast 907 kg |

# Consolidated Catalina IVA

Die Briten testeten 1939 eine PBY-4 und waren von der Maschine so beeindruck dass sofort ein Liefervertrag abgeschlossen und Lizenzrechte für die Vickerswerke in Montreal erworben wurden. Die ersten Maschinen der britischen Luftwa erhielten die Bezeichnung Catalina I und ähnelten der PBY-5, die eine stärkere Version der PBY-4 war und 1.200 PS (895 kW) starke Pratt & Whitney-R-1830-92-Sternmotoren sowie eine veränderte Heckflosse hatte. Nach dem Lend-Lease-Abkommen erhielt die britische Luftwaffe 225 PBY-5B (eine nicht-amphibische Versio der PBY-5A von 1940) und 97 Catalina IVA mit ASV-Mk-II-Radar zum Aufspüren von Oberflächenzielen. Hier zu sehen ist eine Catalina IVA der 210. Schwadron der brit schen Luftwaffe von 1942. Sie trägt das für Seeaufklärer 1942 standardisierte Tarnschema. Das Küstenkommando der britischen Luftwaffe erhielt im 2. Weltkrieg übe 650 Catalinas, die an der U-Bootjagd im Nordatlantik teilnahmen.

| | |
|---|---|
| **Herkunftsland:** | USA |
| **Typ:** | neunsitziges Seeaufklärungs- und Bomberflugboot |
| **Triebwerk:** | zwei Sternmotoren Pratt & Whitney R-1830-92 Wasp mit 1.200 PS (895 kW) |
| **Leistung:** | Höchstgeschwindigkeit 288 km/h; Dienstgipfelhöhe 4.480 m; Reichweite 5.713 km |
| **Gewicht:** | Leergewicht 9.485 kg; max. Startgewicht 16.066 kg |
| **Abmessungen:** | Spannweite 31,70 m; Länge 19,45 m; Höhe 5,76 m; Flügelfläche 130 qm |
| **Bewaffnung:** | ein bewegliches 7,7-mm-Vickers-K-MG im Bugstand; ein bewegliches 7,7-mm-Vickers-K-MG durch einen Tunnel im Rumpfboden nach hinten/unten feuernd; je ein bewegliches 7,7-mm-Browning-MG in den seitlichen Glaskanzeln; max. Bombenlast 907 kg |

# Consolidated Modell 16 Commodore

D as Modell 16 Commodore war eine Passagierversion der Consolidated P2Y mit zwei 575 PS (429 kW) starken Pratt & Whitney-Hornet-Sternmotoren. 14 Ma-
ıinen flogen die Strecke NewYork–Rio–Buenos Aires über Miami und die
estindischen Inseln. Dieser Typ eröffnete auch die Strecke New York–Santiago
ı 18. Februar 1930. Zu jener Zeit lieferten sich die Fluggesellschaften Pan
nerican und NYRBA einen erbitterten Kampf um die an der Ostküste entlang
ırenden Flugstrecken. Pan American hatte jedoch den Vorteil eines lukrativen
rtrages zur Beförderung von Post zwischen Miami und Panamaribo sowie gute
ziehungen in Südamerika. Als Pan American am 24. September die Erlaubnis
ın Flug bis nach Buenos Aires erhielt, hatte man die NYRBA-Linie schon auf-
kauft und damit auch deren gesamte Flotte von Consolidated Commodores
erbt.

| | |
|---|---|
| **Herkunftsland:** | USA |
| **Typ:** | kommerzielles Transportflugboot |
| **Triebwerk:** | zwei Sternmotoren Pratt & Whitney Hornet mit 575 PS (429 kW) |
| **Leistung:** | Höchstgeschwindigkeit 224 km/h; Dienstgipfelhöhe 4.905 m; Reichweite 1.899 km |
| **Gewicht:** | Leergewicht 5.792 kg; max. Startgewicht 11.460 kg |
| **Abmessungen:** | Spannweite 30,48 m; Länge 18,82 m; Höhe 5,82 m; Flügelfläche 140,65 qm |

# Consolidated N4Y-1 (Modell 21-A)

**D**ie Consolidated PT-1 war im Grunde eine überarbeitete und mit einem neuen Triebwerk versehene Dayton-Wright TW-3, eine der Konstruktionen die auf Consolidated übergegangen waren, als die Firma 1923 aus dem Zusammenschluss von Gallaudet und Dayton-Wright gebildet wurde. 221 PT-1 wurden geliefert, und die US-Marine rüstete ein NY-1 genanntes Modell dieses Typs für ihre Zwecke um. Diese Maschinen konnten mit Schwimmern versehen werden und hatten Wright-Whirlwind-J-4 oder -J-5-Motoren. Die meistgebauten der vielen Versionen waren di NY-2 (211 Exemplare), die eine größere Spannweite hatte, die NY-3 (20), die durch einen Wright-R-760-94-Motor angetrieben wurde, die PT-3 der Armeeluftwaffe (250 welche ein geändertes Leitwerk aufwies, und die O-17 mit erhöhter Treibstoffkapazität und besserer Stromlinienform. Abgebildet ist das einzige gebaute Exempla der N4Y-1 der US-Küstenwache mit einem Avco-Lycoming-R-680-Motor.

| | |
|---|---|
| **Herkunftsland:** | USA |
| **Typ:** | zweisitziges Anfängerschulflugzeug |
| **Triebwerk:** | ein Sternmotor Avco Lycoming R-680 mit 220 PS (164 kW) |
| **Leistung:** | Höchstgeschwindigkeit 190 km/h; Dienstgipfelhöhe 4.175 m; Flugdauer 3 h |
| **Gewicht:** | Leergewicht 870 kg; max. Startgewicht 1.173 kg |
| **Abmessungen:** | Spannweite 9,63 m; Länge 8,2 m; Höhe 2,95 m; Flügelfläche 26,01 qm |

# Consolidated PB2Y Coronado

Der Auftrag für den XPB2Y-1 genannten Prototyp dieses Flugzeugs erging 1936. Die US-Marine sah voraus, dass ein Flugboot mit größerer Leistung und Waf-nlast als die zu jener Zeit gerade in Dienst gestellte PBY-1 nötig werden würde. Der stflug fand im Dezember 1937 statt, und Anfang 1938 fand ein Vergleichsfliegen gen das Sikorsky-Konkurrenzmodell, die XPBS-1, statt, aus der die XPB2Y-1 als eger hervorging. Dennoch traten während der Tests einige Probleme auf, insbe-ndere ernsthafte Stabilitätsmängel. Da die US-Marine jedoch erst im März 1939 chs Vorserienmaschinen mit der Bezeichnung PB2Y-2 Coronado bestellte, hatte onsolidated genügend Zeit, diese Schwierigkeiten bis zur Ablieferung der ersten ugzeuge im Dezember 1940 zu beheben. Hauptserienmodell war die PBY-3, die ne verbesserte Bewaffnung und selbstdichtende Treibstofftanks erhielt. Spätere odelle erhielten ASV-Radar und unterschiedliche Triebwerke.

| | |
|---|---|
| **Herkunftsland:** | USA |
| **Typ:** | neunsitziges Seeaufklärungs- und Patrouillenflugboot |
| **Triebwerk:** | vier 14-Zylinder-Doppelsternmotoren Pratt & Whitney R-1830-88 Twin Wasp mit 1.200 PS (895 kW) |
| **Leistung:** | Höchstgeschwindigkeit 359 km/h; Dienstgipfelhöhe 6.250 m; Reichweite 3.814 km |
| **Gewicht:** | Leergewicht 18.568 kg; max. Startgewicht 30.844 kg |
| **Abmessungen:** | Spannweite 35,05 m; Länge 24,16 m; Höhe 8,38 m; Flügelfläche 165,36 qm |
| **Bewaffnung:** | zwei 12,7-mm-MG im Bugdrehturm; zwei 12,7-mm-MG im Drehturm auf dem Rumpfrücken; zwei 12,7-mm-MG im Heckdrehturm; je ein bewegliches 12,7-mm-MG in einem seitlichen MG-Stand; interne Bombenlast bis zu 5.443 kg |

# Consolidated P2Y-2

**Captain Dick Richardson entwarf 1927 ein Eindecker-Flugboot auf eine Ausschre bung der US-Marine. Der Entwurf hatte stoffbespannte Hochdeckertragflächen, einen mit Aluminium beplankten Rumpf und flog erstmals im Januar 1929 unter dem Namen XPY-1. Sehr zum Verdruss von Consolidated erging ein Produktionsauftrag über neun Maschinen jedoch an die Konkurrenzfirma G. L. Martin aus Baltimore. Die Maschinen wurden unter der Bezeichnung P3M-1 und P3M-2 gebaut. Im Mai 1931 erhielt Consolidated einen erneuten Auftrag der Marine, diesmal für eine verbesserte Ausführung der XPY-1. Diese Version hatte ein geschlossenes Cock pit, eine kleine untere Tragfläche und drei Wright-R-1820E-Cyclone-Sternmotoren. Der Erstflug war im März 1932. Nach ersten Testflügen entfernte man das dritte Triebwerk, und die Maschine ging als P2Y-1 in Serie (23 Exemplare). Auf R-1820-88-Motoren umgerüstete Flugzeuge erhielten die Bezeichnung P2Y-2.**

| | |
|---|---|
| **Herkunftsland:** | USA |
| **Typ:** | fünfsitziges Patrouillenflugboot |
| **Triebwerk:** | zwei Sternmotoren Wright R-1820-88 Cyclone mit 750 PS (559 kW) |
| **Leistung:** | Höchstgeschwindigkeit 224 km/h; Dienstgipfelhöhe 4.905 m; Reichweite 1.899 km |
| **Gewicht:** | Leergewicht 5.792 kg; max. Startgewicht 11.460 kg |
| **Abmessungen:** | Spannweite 30,48 m; Länge 18,82 m; Höhe 5,82 m; Flügelfläche 140,65 qm |
| **Bewaffnung:** | ein bewegliches 7,62-mm-Browning-MG im Bugstand; je ein bewegliches 7,62-mm-Browning-MG in zwei Ständen auf dem Rumpfrücken; bis zu 907 kg Bombenlast |

# Consolidated PBY-5A

Der Prototyp XPBY-5A flog erstmals im November 1939 und erhöhte die Vielseitigkeit der PBY-Serie durch die Einführung eines einziehbaren Fahrgestells, as die Leistung nur minimal verringerte. Noch im Werk wurden 33 PBY-5 auf den A-Standard umgerüstet, und 761 weitere folgten für die US-Marine sowie für die anadische (dort Canso genannt) und britische Luftwaffe (Catalina MkIII). 1942 rhielt die amerikanische Armeeluftwaffe die ersten von 56 PBY-5A für Luft-/See-otrettungsaufgaben unter der Bezeichnung OA-10. Die PBY-5A wurde auch in anada als Canadian Vickers PVB-1A gebaut, und die amerikanische Armeeluft-vaffe erhielt 230 in Kanada von Vickers gebaute Maschinen als OA-10A. Abgebildet st eine unbewaffnete OA-10A des Such- und Rettungsdienstes der amerikanischen rmeeluftwaffe, die 1947 an die neu gegründete Luftwaffe (US Air Force) übereben wurde. Maschinen dieses Typs blieben bis 1954 bei der Air Force im Einsatz.

| | |
|---|---|
| **Herkunftsland:** | USA |
| **Typ:** | neunsitziges Seeaufklärungs- und Bomberflugboot (amphibisch) |
| **Triebwerk:** | zwei Doppelsternmotoren Pratt & Whitney R-1830-92 Twin Wasp-mit 14 Zylindern und 1.200 PS (895 kW) |
| **Leistung:** | Höchstgeschwindigkeit 288 km/h; Dienstgipfelhöhe 3.960 m; Reichweite (voll beladen) 3.782 km |
| **Gewicht:** | Leergewicht 9.485 kg; max. Startgewicht 16.067 kg |
| **Abmessungen:** | Spannweite 31,70 m; Länge 19,45 m; Höhe 6,15 m; Flügelfläche 130 qm |
| **Bewaffnung:** | zwei 7,62-mm-MG im Bugdrehturm; ein bewegliches 7,62-mm-MG durch einen Tunnel im Rumpfboden nach hinten/unten feuernd; je ein bewegliches 12,7-mm-MG in jeder der beiden seitlichen Glaskanzeln; max. äußere Bombenlast 2.041 kg |

# Consolidated PBY-6A

**Die Weiterentwicklung der PBY-Reihe führte zur PBY-6A (235 Maschinen) mit überarbeiteter Bewaffnung und vergrößerter Heckflosse sowie der in der Naval Aircraft Factory gebauten PBN-1 Nomad (156), die auf der PBY-5A aufbaute, aber eine größere Heckflosse, eine andere Bewaffnung und einen größeren Tankinhalt besaß. Boeing baute die PBY-5 bzw. 6A unter der Bezeichnung PB2B-1 und -2, die unter dem Lend-Lease-Abkommen als Catalina Mk IVb und VI an die kanadische, australische und britische Luftwaffe gingen. Die abgebildete Maschine war eine der letzten gebauten Catalinas, und eine der wenigen, die im Consolidated-Vultee-Werk (nach März 1943) in New Orleans entstanden. Man beachte das pylonmontierte Radar und den Bugturm mit zwei 12,7-mm-MG. Die PBY-6A wurde bei der US-Armee 1957 ausgemustert, in Lateinamerika flogen einige noch bis 1966. Viele ehemalige Militärmaschinen wurden zu Wasserbombern oder Transportern umgebaut.**

| | |
|---|---|
| **Herkunftsland:** | USA |
| **Typ:** | neunsitziges Seeaufklärungs- und Bomberflugboot (amphibisch) |
| **Triebwerk:** | zwei Doppelsternmotoren Pratt & Whitney R-1830-92 Twin Wasp mit 14 Zylindern und 1.200 PS (895 kW) |
| **Leistung:** | Höchstgeschwindigkeit 288 km/h; Dienstgipfelhöhe 3.960 m; Reichweite (voll beladen) 5.713 km |
| **Gewicht:** | Leergewicht 9.485 kg; max. Startgewicht 16.067 kg |
| **Abmessungen:** | Spannweite 31,70 m; Länge 19,45 m; Höhe 6,15 m; Flügelfläche 130 qm |
| **Bewaffnung:** | zwei 7,62-mm-MG im Bugdrehturm; ein bewegliches 7,62-mm-MG durch einen Tunnel im Rumpfboden nach hinten/unten feuernd; je ein bewegliches 12,7-mm-MG in jeder der beiden seitlichen Glaskanzeln; max. äußere Bombenlast 2.041 kg |

# Curtiss BF2C-1

**Die US-Marine maß während der 30er Jahre Sturzkampfbombern eine große Rolle zu, wodurch die Curtiss-Goshawk-Reihe recht bekannt wurde. Die BF2C-1 urde aus dem Modell 35 Hawk II entwickelt, die eigentlich eine P-6E mit Sternmo- r und teilweise verkleidetem Fahrwerk war. Zwei dieser Maschinen wurden unter er Bezeichnung XF11C-1 und -2 von einem 700 PS (522 kw) starken Curtiss-V-1570- 3-Conqueror bzw. einem 600 PS (447 kW) starken Wright-R-1510-Whirlwind ange- ieben von der Marine bestellt. 1932 erging ein Produktionsauftrag über 28 F11C-2, ie einen speziellen Ausleger zum Abwurf einer 227-kg-Bombe im Sturzflug erhiel- n. Einer der Maschinen wurde mit einem manuell einziehbaren Fahrwerk ausge- attet (XFB2C-1), was dazu führte, dass die US-Marine 27 unter der Bezeichnung F2C-1 in Auftrag gab, die ab Oktober 1934 geliefert wurden. Doch ernste Mängel es Fahrwerks führten dazu, dass der Typ bald wieder ausgemustert wurde.**

| | |
|---|---|
| **Herkunftsland:** | USA |
| **Typ:** | einsitziger Sturzkampfbomber |
| **Triebwerk:** | ein Sternmotor Wright SR-1820F2 Cyclone mit 600 PS (448 kW) |
| **Leistung:** | Höchstgeschwindigkeit 325 km/h; Dienstgipfelhöhe 7.650 m; Reichweite 840 km |
| **Gewicht:** | Leergewicht 1.378 kg; max. Startgewicht 1.874 kg |
| **Abmessungen:** | Spannweite 9,6 m; Länge 6,88 m; Höhe 2,96 m; Flügelfläche 24,34 qm |
| **Bewaffnung:** | zwei fest eingebaute, vorwärts gerichtete 7,62-mm-MG; eine 227-kg-Bombe unter dem Rumpf oder vier 51-kg-Bomben unter den Tragflächen |

# Curtiss JN-4

Die Curtiss „Jenny“ war eines der wichtigsten amerikanischen Flugzeuge zwischen den Weltkriegen. Die Curtiss JN-4 hat ihren Ursprung in der 1914 von B. Douglas Thomas entworfenen Curtiss J. Aus der J entwickelte sich erst die JN-2 und dann die JN-3, welche in über 100 Exemplaren für die britischen und amerikanischen Streitkräfte gebaut wurde. Die JN-4 in ihrer Originalauslegung von 1916 ähnelte der JN-3 stark, hatte sie doch die gleichen Doppeldeckertragflächen ungleicher Spannweite und ein fast identisches Fahrwerk mit durchgehender Achse. 105 Exemplare dieser Ausführung gingen nach Großbritannien, und 21 wurden für die US-Armee gebaut, bevor die JN-4A und JN-4B mit größerem Höhenruder erschienen. 857 Maschinen dieser beiden Typen wurden gebaut. Die hier abgebildete JN-4 Can war eine zivile, in Kanada entwickelte Version. Canadian Aeroplanes stellte insgesamt 1.260 Stück davon her.

| | |
|---|---|
| **Herkunftsland:** | USA |
| **Typ:** | zweisitziges Anfängerschulflugzeug |
| **Triebwerk:** | ein Reihenmotor Curtiss OX-5 mit 90 PS (67 kW) |
| **Leistung:** | Höchstgeschwindigkeit 121 km/h; Dienstgipfelhöhe 1.980 m |
| **Gewicht:** | Leergewicht 630 kg; max. Startgewicht 871 kg |
| **Abmessungen:** | Spannweite 13,3 m; Länge 8,33 m; Höhe 3,01 m; Flügelfläche 32,7 qm |

# Curtiss Modell 33/34 (PW-8)

)ie Anregungen, die Curtiss bei der Teilnahme an Wettfliegen sammelte, spiegeln sich deutlich im Entwurf dieser Jagdmaschine wieder. Anfang 1922 egann Curtiss mit der Entwicklung eines neuen Jägers, der L-18-1, die eindeutig ıf dem R-6-Entwurf basierte. Bis zum Ende des Jahres war daraus der Prototyp W-8 geworden, der im Januar 1923 erstmals flog. Es war ein zweistieliger Doppelecker mit beträchtlicher Flügelstaffelung, einem stromlinienförmigen Rumpf aus letall und einem Curtiss-D-12-Triebwerk. Nachdem drei Vorserienmaschinen im rühjahr 1923 bei der US-Armee erprobt worden waren, erging ein Auftrag über 25 lugzeuge, deren Auslieferung im Juni 1924 begann. Der zweite Prototyp der PW-8 urde modifiziert, um an demWettfliegen um die Pulitzer-Trophäe teilzunehmen, obei er einen zweiten Platz erzielte. Aus dieser Maschine wiederum entstand die eue Curtiss Hawk P-1.

| | |
|---|---|
| **Herkunftsland:** | USA |
| **Typ:** | einsitziges Jagdflugzeug |
| **Triebwerk:** | ein 12-Zylinder-V-Motor Curtiss D-12 mit 440 PS (328 kW) |
| **Leistung:** | Höchstgeschwindigkeit 275 km/h; Dienstgipfelhöhe 6.205 m; Reichweite 875 km |
| **Gewicht:** | Leergewicht 991 kg; max. Startgewicht 1.431 kg |
| **Abmessungen:** | Spannweite 9,75 m; Länge 7,03 m; Höhe 2,76 m; Flügelfläche 25,94 qm |
| **Bewaffnung:** | zwei fest eingebaute, vorwärts gerichtete 7,62-mm-Browning-MG |

# Curtiss Modell 77 (SBC-3 Helldiver

In der ursprünglichen Form wurde die Curtiss Modell 73 von der US-Marine 1934 als Prototyp mit der Bezeichnung XF12C-1 geordert. Sie war ein zweisitziger Jäger in Eindeckerauslegung. Später entschied man, den Typ als Aufklärer einzusetzen und änderte die Bezeichnung in XS4C-1. Tests Ende 1934 ergaben jedoch, dass die Hochdeckertragfläche für Sturzflüge ungeeignet war. Dadurch wurde ein neue Prototyp bestellt, die XSBC-2, ein gestaffelter Doppeldecker mit einem Wright-R-1510-12-Motor. 1936 baute man ein neues Triebwerk ein (Pratt & Whitney R-1535-82), und die Bezeichnung änderte sich erneut (XSBC-3). So wurde die Maschine vo der Marine als SBC-3 Helldiver in Dienst gestellt. Die Auslieferung begann im Juli 1936. Ein spätes Serienmodell der SBC-3 wurde zur SBC-4 modifiziert, von dem die US-Marine 174 Stück bestellte und ab März 1939 erhielt. Noch 1940 bestellte Frankreich 50 Maschinen, die jedoch zu spät für einen Kampfeinsatz geliefert wurden.

| | |
|---|---|
| **Herkunftsland:** | USA |
| **Typ:** | zweisitziger, trägergestützter Aufklärungsbomber |
| **Triebwerk:** | ein Sternmotor Pratt & Whitney R-1535-82 Twin Wasp mit 700 PS (522 kW) |
| **Leistung:** | Höchstgeschwindigkeit 377 km/h; Dienstgipfelhöhe 7.315 m; Reichweite mit einer 227-kg-Bombe 652 km |
| **Gewicht:** | Leergewicht 2.065 kg; max. Startgewicht 3.211 kg |
| **Abmessungen:** | Spannweite 10,36 m; Länge 8,57 m; Höhe 3,17 m; Flügelfläche 29,45 qm |
| **Bewaffnung:** | ein fest eingebautes, vorwärts gerichtetes 7,62-mm-MG; ein bewegliches 7,62-mm-MG im hinteren Cockpit; eine 227-kg-Bombe unter dem Rumpf |

# Curtiss Modell O-1G

Der Gewinner eines Wettbewerbs der US-Armee von 1925 für ein neues leichtes Beobachtungsflugzeug, das von einem Packard-Motor angetrieben werden sollte, war die die Curtiss XO-1, welche den Wettbewerb im Jahr davor gegen die mit einem Liberty-Motor ausgerüstete Douglas XO-2 verloren hatte. Der Packard-Motor war jedoch kein Erfolg, sodass die ersten zehn Serienmaschinen den Curtiss V-1150 erhielten. Dieses Triebwerk wurde dann zum Standard, auch bei den Versionen O-1B, die Verbesserungen wie einen abwerfbaren Zusatztank und Radbremsen aufwies (45 für die US-Armeeluftwaffe gebaut), der O-1C VIP mit einem vergrößerten hinteren Cockpit für Passagiere und Gepäcktransport (4), der O-1E mit verbesserter Steuerung (41) und der O-1G, die ein überarbeitetes Leitwerk sowie ein schwenkbares Heckrad besaß (30). Insgesamt wurden für die Armeeluftwaffe der USA 127 O-1-Maschinen in verschiedenen Versionen gebaut.

| | |
|---|---|
| **Herkunftsland:** | USA |
| **Typ:** | zweisitziges Beobachtungsflugzeug |
| **Triebwerk:** | ein V-Motor Curtiss V-1150E mit 435 PS (324 kW) |
| **Leistung:** | Höchstgeschwindigkeit 227 km/h; Dienstgipfelhöhe 4.665 m; Reichweite 1.014 km |
| **Gewicht:** | Leergewicht 1.325 kg; max. Startgewicht 1.972 kg |
| **Abmessungen:** | Spannweite 11,58 m; Länge 8,28 m; Höhe 3,2 m; Flügelfläche 32,79 qm |
| **Bewaffnung:** | ein fest eingebautes, vorwärts gerichtetes 7,62-mm-Browning-MG; zwei 7,62-mm-Lewis-MG auf einer Drehlafette im hinteren Cockpit |

# Curtiss Modell O-39 Falcon

**Zwei Varianten der mit einem Curtiss-V-1150-Motor ausgerüsteten O-1 Falcon wurden produziert. Die A-3 war ein leichter Bomber auf Basis der O-1E mit zw 7,62-mm-MG im unteren Flügel und Unterflügelhalterungen für bis zu 91 kg Bomben. Insgesamt wurden von dieser Version 66 Maschinen hergestellt, von denen sechs zu Ausbildungsflugzeugen mit Doppelsteuerung umgebaut wurden (A-3A). Danach folgte die mit einigen Verbesserungen versehene A-3B (78). Die O-11 war eine Falcon mit Liberty-Motor, die ab 1927 in 66 Exemplaren produziert wurde. Es folgten weitere Untertypen mit verschiedenen Motoren (XO-11 bis XO-18). Die letz Serienversion für die US-Armee war die von einem Curtiss V-1570 angetriebene O-39. Diese ähnelte der O-1G, hatte allerdings ein kleineres Seitenruder, verkleidete Räder, einen von der Curtiss P-6 abgeleiteten Kühler und bei manchen Exemplare ein verglastes Cockpit.**

| | |
|---|---|
| **Herkunftsland:** | USA |
| **Typ:** | zweisitziges Beobachtungsflugzeug |
| **Triebwerk:** | ein Curtiss-Motor V-1570-25 Conqueror mit 700 PS (522 kW) |
| **Leistung:** | Höchstgeschwindigkeit 227 km/h; Dienstgipfelhöhe 4.665 m; Reichweite 1.014 km |
| **Gewicht:** | Leergewicht 1.325 kg; max. Startgewicht 1.972 kg |
| **Abmessungen:** | Spannweite 11,58 m; Länge 8,28 m; Höhe 3,2 m; Flügelfläche 32,79 qm |
| **Bewaffnung:** | ein fest eingebautes, vorwärts gerichtetes 7,62-mm-Browning-MG |

# Curtiss NC

N achdem Glenn Curtiss in Alexander Graham Bells Aerial Experimental Association Erfahrungen gesammelt hatte, baute er im Jahre 1909 sein erstes Flugzeug, e Curtiss No. 1 Golden Flyer. Curtiss verwandte viel Energie auf die Entwicklung n Wasserflugzeugen und war bei Ausbruch des 1. Weltkriegs einer der führenden xperten. Sein Modell F wurde für die US-Armee in Serie produziert und an eine eihe anderer Staaten verkauft. Ab 1917 arbeitete er mit staatlichen Stellen an der ntwicklung eines Flugbootes, das zu routinemäßigen Transatlantikflügen in der ge sein sollte. Der daraus resultierende Entwurf war ein Doppeldecker großer annweite mit drei Motoren in Zugschraubenanordnung und zwei Leitwerksägern. Zehn NC-1 wurden bestellt, doch erst eine war bei Kriegsende abgeliefert, orauf die Bestellung auf vier Maschinen reduziert wurde. Zudem fügte man nun ch ein viertes Triebwerk mittig hinzu.

| | |
|---|---|
| **Herkunftsland:** | USA |
| **Typ:** | Langstreckenflugboot |
| **Triebwerk:** | vier Liberty-12A-Motoren mit 400 PS (298 kW) |
| **Leistung:** | Höchstgeschwindigkeit 137 km/h; Dienstgipfelhöhe 7.600 m; Flugdauer 14 h 45 min |
| **Gewicht:** | Leergewicht 7.257 kg; max. Startgewicht 12.701 kg |
| **Abmessungen:** | Spannweite 38,4 m; Länge 20,8 m; Höhe 7,44 m; Flügelfläche 226,77 qm |

# Curtiss P-1B

Der zweite XPW-8-Prototyp wurde modifiziert, um auf Geheiß der US-Armeelu waffe überarbeitete Tragflächen zu erhalten, und wurde zur XPW-8B. Jedoch traten während der Tests Probleme durch Flattern der Tragflächen auf, weshalb Curtiss zum einstieligen Flügel der R-6 für die P-1-Hawk-Serienmodelle zurückkehrte. Zehn Stück wurden im März 1925 bestellt, die sich vom Prototypen nur in einer geänderten Verspannung und geänderten Ruderflächen unterschieden. Test auf dem McCook-Field begannen Mitte August, bevor die Maschinen an die Jägerstaffeln gingen. Der ursprüngliche Vertrag sah zusätzlich die Produktion von fünf Maschinen mit 505 PS (377 kW) starken Curtiss-V-1400-Triebwerken vor, die als P- bezeichnet wurden. Die Entwicklung der P-1 führte zur P-1A mit verlängertem Rumpf, geänderter Motorverkleidung und Curtiss-D-12-C-Triebwerk (25) sowie de abgebildeten P-1B (23) und der P-1C (33) mit V-1150-Motoren.

| | |
|---|---|
| **Herkunftsland:** | USA |
| **Typ:** | einsitziger Abfangjäger |
| **Triebwerk:** | ein Curtiss-Motor V-1150-3 mit 435 PS (324 kW) |
| **Leistung:** | Höchstgeschwindigkeit 248km/h; Dienstgipfelhöhe 6.344 m; Reichweite 1.046 km |
| **Gewicht:** | Leergewicht 970 kg; max. Startgewicht 1.349 kg |
| **Abmessungen:** | Spannweite 9,6 m; Länge 7,06 m; Höhe 2,72 m; Flügelfläche 23,41 qm |
| **Bewaffnung:** | zwei fest eingebaute, vorwärts gerichtete 7,62-mm-MG |

# Curtiss P-6D Hawk

**Für den Bau des Prototypen der XP-6 Hawk nahm Curtiss den Rumpf und die Tragflächen einer P-1 und installierte einen Curtiss-V-1570-Conqueror-Motor. Diese Maschine erreichte 1927 beim National Air Race in Skopane, Washington, den zweiten Platz. Ein zweiter Umbau (XP-A) hatte den gleichen Conqueror-Motor, nicht spitz zulaufende Flügel, widerstandsreduzierende Kühler an den Tragflächen und erreichte mit damals erstaunlichen 323 km/h den ersten Platz. Die US-Armee vergab daraufhin an Curtiss einen Vertrag über 18 P-6 zur Erprobung, die eine geänderte Triebwerksverkleidung und einen tieferen Rumpf hatten. Neun Maschinen (auch die abgebildete) waren mit dem Preston-Kühlsystem ausgestattet und erhielten die Bezeichnung P-6A. Eine von diesen diente als Testmaschine bei der Entwicklung des turbogeladenen V-1570C. Im Frühjahr 1932 wurden alle P-6 auf diesen Motor umgerüstet und P-6D genannt.**

| | |
|---|---|
| **Herkunftsland:** | USA |
| **Typ:** | einsitziger Abfangjäger |
| **Triebwerk:** | ein Curtiss-Motor V-1570C Conqueror mit 700 PS (522 kW) |
| **Leistung:** | Höchstgeschwindigkeit 319 km/h; Dienstgipfelhöhe 7.530 m; Reichweite 459 km |
| **Gewicht:** | Leergewicht 1.224 kg; max. Startgewicht 1.559 kg |
| **Abmessungen:** | Spannweite 9,6 m; Länge 7,06 m; Höhe 2,72 m; Flügelfläche 23,41 qm |
| **Bewaffnung:** | zwei fest eingebaute, vorwärts gerichtete 7,62-mm-MG |

# Curtiss P-6E Hawk

Am weitesten verbreitet und am beeindruckensten in der P-6 Hawk-Familie war die P-6E, die der letzte Doppeldecker in der Jägerrolle der US-Armeeluftwaffe war. Die P-6E ähnelte der P-6D, hatte jedoch einen schlankeren Rumpfbug, und der Motorkühler saß unter dem Rumpf knapp vor den Fahrwerksbeinen, die unverstrebt und verkleidet waren. Im Juli 1931 wurden 46 Maschinen zu einem Stückpreis von 12.211 US-Dollar bestellt, und bis Ende 1932 war die Auslieferung abgeschlossen. Der Typ war außerordentlich manövrierfähig und recht schnell. Eine P-6E wurde auf einen nicht aufgeladenen V-1570F-Motor umgerüstet und in XP-6G umbenannt. Das Staffelabzeichen auf dem Rumpf, eine Schnee-Eule, trugen die Maschinen der 17. Staffel des 1. Jägergeschwaders der US-Armeeluftwaffe, die in Selfridge Field stationiert waren.

| | |
|---|---|
| **Herkunftsland:** | USA |
| **Typ:** | einsitziger Abfangjäger |
| **Triebwerk:** | ein Curtiss-Motor V-1570-23 Conqueror mit 600 PS (448 kW) |
| **Leistung:** | Höchstgeschwindigkeit 319 km/h; Dienstgipfelhöhe 7.530 m; Reichweite 917 km |
| **Gewicht:** | Leergewicht 1.224 kg; max. Startgewicht 1.559 kg |
| **Abmessungen:** | Spannweite 9,6 m; Länge 7,06 m; Höhe 2,72 m; Flügelfläche 23,41 qm |
| **Bewaffnung:** | zwei fest eingebaute, vorwärts gerichtete 7,62-mm-MG |

# Curtiss R-6

Während der 20er Jahre waren Flugzeugwettrennen die treibende Kraft beim Fortschritt im Flugzeugbau. Die ersten Curtiss-Rennmodelle, die Texas Wild-at und die Cactus Kitten, wurden für das Rennen um die Gordon-Bennet-Trophäe n September 1920 in Etampes gebaut. Das Pulitzer-Langstreckenrennen fand im lai 1919 erstmals statt, und die Trophäe war von den Zeitungsmagnaten Ralph, oseph Jr. und Herbert Pulitzer als Teil der National Air Races gestiftet worden. 920 wurde es jedoch zu einem Geschwindigkeitsrennen auf einem geschlossenen undkurs. Flugzeugbauer betrachteten es als ideale Gelegenheit, die Leistungsfähig-eit ihrer Maschinen zu zeigen sowie Aufträge des Militärs zu gewinnen. Curtiss aute die CR-1 speziell, um 1921 am Pulitzer-Rennen in Omaha, Nebraska, teilzu-ehmen, und gewann. Über die nächsten vier Jahre dominierten Curtiss' Maschi-en dieses Rennen und verloren nur einmal.

| | |
|---|---|
| **Herkunftsland:** | USA |
| **Typ:** | einsitziges Rennflugzeug |
| **Triebwerk:** | ein 12-Zylinder-V-Motor Curtiss D-12 mit 465 PS (347 kW) |
| **Leistung:** | Höchstgeschwindigkeit 380 km/h; Reichweite 455 km |
| **Gewicht:** | beladen 884 kg |
| **Abmessungen:** | Spannweite 5,79 m; Länge 5,75 m; Höhe 2,41 m |

# Curtiss SBC-3 und -4 Helldiver

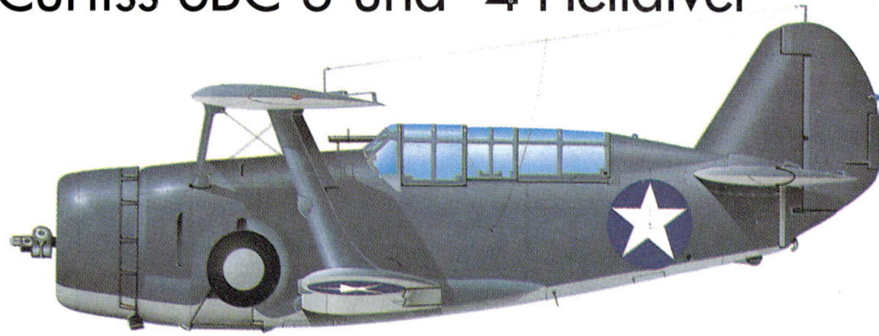

**Vom Typ SBC-3 wurden 83 Exemplare ausgeliefert, gefolgt von 175 SBC-4-Maschinen, die einen stärkeren Wright-R-1820-22-Sternmotor besaßen. Die ersten SBC-4 wurden ab März 1939 ausgeliefert und rüsteten die Staffeln VB-8 und VS-8 an Bord der USS *Hornet* sowie die Staffel VMO-151 der US-Marines aus. Im Frühjahr 1940 gab die Marine 50 ihrer SBC-4 an Frankreich weiter, doch kamen diese für einen Kampfeinsatz zu spät. Fünf wurden zurück nach England geflogen und dort unter dem Namen Cleveland als Trainer verwendet. Obwohl sie bei Ausbruch des Krieges bereits als veraltet galten, waren zumindest noch 69 SBC-3 bei Aufklärungsstaffeln der US-Marine im Dienst. Diese wurden durch die Douglas SBD Dauntless ersetzt, bevor sie in Kämpfen eingesetzt werden konnten. Die SBC-4 war bei Kriegseintritt der USA 1941 immer noch bei den Staffeln VB-8 und VO-8 an Bord des Trägers *Hornet* und der Marines-Staffel VMO-151 im Einsatz.**

| | |
|---|---|
| **Herkunftsland:** | USA |
| **Typ:** | zweisitziger, trägergestützter Aufklärungsbomber |
| **Triebwerk:** | ein Sternmotor Wright R-1820-34 oder R-1820-82 Twin Wasp-mit 900 PS (671 kW) |
| **Leistung:** | Höchstgeschwindigkeit 377 km/h; Dienstgipfelhöhe 7.315 m; Reichweite mit einer 227-kg-Bombe 652 km |
| **Gewicht:** | Leergewicht 2.065 kg; max. Startgewicht 3.211kg |
| **Abmessungen:** | Spannweite 10,36 m; Länge 8,57 m; Höhe 3,17 m; Flügelfläche 29,45 qm |
| **Bewaffnung:** | ein fest eingebautes, vorwärts gerichtetes 7,62-mm-MG im Bug; ein bewegliches 7,62-mm-MG im hinteren Cockpit; eine 227-kg-Bombe unter dem Rumpf |

# Curtiss T-32 Condor II (YC-30)

wei unterschiedliche Versionen der Condor wurden von Curtiss gebaut, eine davon war das Modell 18, eine Passagiervariante des Bombers XB-2 von 1927. chs Exemplare wurden in den frühen 30er Jahren für die Fluglinien Eastern Air ansport und Transcontinental Air Transport gebaut. 1932 sucht Curtiss, wie die samte US-Luftfahrtindustrie, nach einem Produkt, um der Firma aus der wirt- haftlichen Krise zu helfen. Als Lösung entwarf der Chefkonstrukteur George Page e T-32, die erstmals im Januar 1930 flog und zunächst als Condor II bekannt war. s die Curtiss T-32 Condor II 1933 in Produktion ging , war sie jedoch schon ver- tet. 29 Maschinen wurden gebaut, jeweils neun für Eastern Air Transport und anscontinental Air Transport, zwei YB-30 (abgebildet) für die US-Armeeluftwaffe d eine speziell ausgerüstete Maschine für die Antarktisexpedition Byrds, die 33–1935 stattfand.

| | |
|---|---|
| **Herkunftsland:** | USA |
| **Typ:** | zwölfsitziges Passagierflugzeug |
| **Triebwerk:** | zwei Sternmotoren Wright SCR-1820-F3 Cyclone mit 710 PS (529 kW) |
| **Leistung:** | Höchstgeschwindigkeit 283 km/h; Dienstgipfelhöhe 6.705 m; Reichweite 1.352 km |
| **Gewicht:** | Leergewicht 5.095 kg; max. Startgewicht 7.938 kg |
| **Abmessungen:** | Spannweite 24,99 m; Länge 15,09 m; Höhe 4,98 m; Flügelfläche 118,54 qm |

# Curtiss-Wright CW-14R Osprey

Curtiss und die Travel Air Company schlossen sich 1930 zur Curtiss-Wright Aeroplane Company zusammen. Der erste wirkliche kommerzielle Erfolg der Firma war die CW-1 Junior, ein ultraleichtes Hochdecker-Sportflugzeug. Der CW-12 Sport Trainer von1930 zielte auf den Markt für Schulflugzeuge und wurde in drei Varianten gebaut, bevor die CW-14 erschien. Diese war aus einem Modell der Travel Air Company, der 4000/4 Speedwing, entwickelt worden. Bei Curtiss-Wright war die Maschine als Sportsman bekannt, die Militärversion erhielt den Namen Osprey. Die CW-14 wurde in fünf Varianten gebaut. Die CW-A14D war ein Dreisitzer (5 Exemplare), die CW-B14B Speedwing Deluxe und die CE-B14R Special Speedwing Deluxe waren GT-Versionen mit stärkeren Motoren, die CW-C14B und CW-C14R waren hingegen bewaffnete Militärmaschinen für den Exportmarkt. Abgebildet ist eine CW-C14R Osprey der bolivianischen Luftwaffe aus dem Jahr 1935.

| | |
|---|---|
| **Herkunftsland:** | USA |
| **Typ:** | zweisitziges Aufklärungs-und leichtes Angriffsflugzeug |
| **Triebwerk:** | ein 9-Zylinder-Sternmotor Wright R-975E Whirlwind mit 300 PS (224 kW) |
| **Leistung:** | Höchstgeschwindigkeit 241 km/h; Dienstgipfelhöhe 5.000 m; Reichweite 386 km |
| **Gewicht:** | Leergewicht 800 kg; max. Startgewicht 1.700 kg |
| **Abmessungen:** | Spannweite 11,44 m; Länge 9 m; Höhe 3,4 m |
| **Bewaffnung:** | ein bewegliches 7,62-mm-MG im hinteren Cockpit; Unterflügelhalterungen für bis zu 500 kg Bomben |

# le Havilland D.H.16

N ach Ende des 1. Weltkriegs gab es ein gesteigertes Interesse an der zivilen Luftfahrt, gepaart mit in großer Zahl verfügbarer, ehemaliger Militärmaschi-en. De Havilland konstruierte daher den Rumpf der Airco D.H.9A so um, dass vier assagiere in einer geschlossenen Kabine Platz fanden und nannte das Ergebnis .H.16. Der Erstflug fand im März 1919 von Hendon aus statt. Die Maschine wurde ann an Aircraft Transport and Travel verkauft, die sie für Vergnügungsflüge ein-tzten, bevor Major Cyril Patterson am 25. August 1920 mit ihr die Linie London– Bourget eröffnete. AT & T bestellten insgesamt acht Maschinen, bevor sie Ende 920 in Konkurs gingen. Angetrieben wurden diese Modelle von Rolls-Royce-Eagle-III- und Napier-Lion-Motoren. Die einzige weitere D.H.16 ging an die Compania ioplatense de Aviacion in Argentinien, welche die Maschine auf der Route nach Iontevideo flog. Die D.H.16 der AT & T wurden alle verschrottet.

| | |
|---|---|
| **Herkunftsland:** | Großbritannien |
| **Typ:** | viersitziges Passagierflugzeug |
| **Triebwerk:** | ein 450 PS (336 kW) Napier-Lion-Motor |
| **Leistung:** | Höchstgeschwindigkeit 219 km/h; Dienstgipfelhöhe 6.400 m; Reichweite 684 km |
| **Gewicht:** | Leergewicht 1.431 kg; max. Startgewicht 2.155 kg |
| **Abmessungen:** | Spannweite 14,17 m; Länge 9,68 m; Höhe 3,45 m; Flügelfläche 45,5 qm |

# de Havilland D.H.34

Die D.H.34 war 1921 der Nachfolger der D.H.18 in de Havillands Reihe von Passagierflugzeugen. Die neue Maschine wurde von einem Napier-Lion-Motor angetrieben und hatte eine größere Kabine für neun Fluggäste. Das Cockpit war vor die Tragflächen zurückverlegt worden, und man konnte einen Ersatzmotor mitführen. Der erste Kunde waren Daimler Hire, Eigner und Betreiber der Daimler Airways, die zwei Maschinen bestellten. Das erste Serienmodell flog im März 1922 und wurde nur fünf Tage später an die Fluglinie ausgeliefert. Mit der abgebildeten Maschine eröffneten Daimler Airways ihre Route nach Paris am 2. April 1922, zufälligerweise tat die (ebenfalls eine D.H.34 fliegende) Instone Airline an jenem Tag genau das gleiche. Das letzte der insgesamt zwölf gebauten Flugzeuge ging an die sowjetische Fluggesellschaft Dobrolet.

| | |
|---|---|
| **Herkunftsland:** | Großbritannien |
| **Typ:** | neunsitziges Passagier- und Transportflugzeug |
| **Triebwerk:** | ein Napier-Lion-Motor mit 450 PS (336 kW) |
| **Leistung:** | Höchstgeschwindigkeit 206 km/h; Dienstgipfelhöhe 4.420 m; Reichweite 587 km |
| **Gewicht:** | Leergewicht 1.431 kg; max. Startgewicht 3.266 kg |
| **Abmessungen:** | Spannweite 15,65 m; Länge 11,89 m; Höhe 3,66 m; Flügelfläche 54,81 qm |

# e Havilland D.H.37

ie D.H.37 wies mehr als nur eine oberflächliche Ähnlichkeit mit der früheren Airco D.H.4 auf. Sie wurde nach den detaillierten Angaben Alan Butlers, eines kannten Fliegers und zugleich einer der Direktoren von de Havilland, maßgefer- t. Butler wollte einen Reise-Doppeldecker ungleicher Spannweite mit ungestaffel- Tragflächen, zwei Mann in einem Tandemcockpit und einem Rolls-Royce-Falcon- tor. Die Maschine wurde im Juni 1922 an Butler ausgeliefert und dann über die chsten fünf Jahre intensiv für Vergnügungs- und Reiseflüge in ganz Europa einge- zt. 1927 wurde die Maschine im Werk von de Havilland überholt und modifiziert. t einem 300 PS (224 kW) starken ADC-Nimbus-Motor wurde sie als Rennflugzeug gesetzt. Eine weitere D.H.37 wurde 1924 an den Kontrolleur der australischen villuftfahrt verkauft, aber schon 1927 an die Guinea Gold Company weiterge- ben.

| | |
|---|---|
| **Herkunftsland:** | Großbritannien |
| **Typ:** | zweisitziges Reiseflugzeug |
| **Triebwerk:** | ein Rolls-Royce-Motor Falcon III mit 275 PS (205 kW) |
| **Leistung:** | Höchstgeschwindigkeit 196 km/h; Dienstgipfelhöhe 6.400 m |
| **Gewicht:** | Leergewicht 961 kg; max. Startgewicht 1.505 kg |
| **Abmessungen:** | Spannweite 11,28 m; Länge 8,53 m; Höhe 3,35 m; Flügelfläche 36,97 qm |

# de Havilland D.H.50

Die britischen Flugzeughersteller ignorierten den Trend zu Ganzmetall-Eindeckern und blieben bei stoffbespannten Stahlrohrrümpfen und Doppeldecker-Tragflächen, wofür die de Havilland D.H.50 von 1922 ein gutes Beispiel ist. Der Typ hatte den Armstrong-Siddeley-Puma-Motor der D.H.9C und bot Platz für vier Passagiere in einer geschlossenen Kabine, die sich vor dem Cockpit des Piloten befand. Zwischen Ende 1924 und Anfang 1925 führte der erste Prototyp Langstreckenvermessungsflüge über Indien und Burma aus. Eine zweite Maschine mit einem Armstrong-Siddeley-Jaguar-Motor absolvierte zwischen dem 16. November 1925 und dem 13. März 1926 einen Rundflug von Croydon nach Kapstadt in 210 Stunden. Später erhielt diese Maschine Schwimmer und diente der Erkundung der Route nach Australien. Insgesamt wurden 16 Serienmaschinen in Großbritannien gebaut sowie weitere in Lizenz: in Australien elf, in Belgien drei und in der Tschechoslowakei sieben.

| | |
|---|---|
| **Herkunftsland:** | Großbritannien |
| **Typ:** | viersitziges Passagierflugzeug |
| **Triebwerk:** | ein Sternmotor Armstrong-Siddeley Jaguar mit 385 PS (287 kW) |
| **Leistung:** | Höchstgeschwindigkeit 180 km/h; Dienstgipfelhöhe 4.450 m; Reichweite 612 km |
| **Gewicht:** | Leergewicht 1.022 kg; max. Startgewicht 1.769 kg |
| **Abmessungen:** | Spannweite 13,03 m; Länge 9,07 m; Höhe 3,35 m; Flügelfläche 40,32 qm |

## e Havilland D.H.60 Gipsy Moth

a Verbesserungen am Entwurf der D.H.60 das Gewicht beträchtlich erhöht hatten und zudem die Renault-Teile des Cirrus-Motors ab 1927 zunehmend werer zu beschaffen waren, bat de Havilland den Major Halford, einen neuen tor speziell für eine neue Version der Moth zu entwerfen. Daraufhin schuf Hal-d den 100 PS (75 kW) starken Gipsy-Motor, und die D.H.60G Gipsy Moth ent-nd. Die Gipsy Moth wurde auf zahlreichen Langstreckenflügen in den späten er Jahren eingesetzt und verdankt ihren Erfolg dabei zu einem guten Teil der verlässigkeit des Motors von Major Halford. Der vielleicht berühmteste dieser ge war Amy Johnsons 20-Tage-Flug mit ihrer D.H.60G Jason von Croydon gland) nach Darwin (Australien). Spätere Versionen hatten Metallbeplankung, d die D.H.60GIII bekam einen Gipsy-III-Motor. Die letzte Version war die D.H.60T ainer Moth, ein militärisches Schulflugzeug mit Gipsy-II-Triebwerk.

| | |
|---|---|
| Herkunftsland: | Großbritannien |
| Typ: | zweisitziges Reiseflugzeug |
| Triebwerk: | ein Reihenmotor de Havilland Gipsy mit 100 PS (75 kW) |
| Leistung: | Höchstgeschwindigkeit 164 km/h; Dienstgipfelhöhe 4.420 m; Reichweite 510 km |
| Gewicht: | Leergewicht 417 kg; max. Startgewicht 748 kg |
| Abmessungen: | Spannweite 9,14 m; Länge 7,29 m; Höhe 2,68 m; Flügelfläche 22,57 qm |

# de Havilland D.H.60 Moth

De Havilland erzielte mit seiner Moth-Familie zweisitziger Reiseflugzeuge, die 1925–1933 gebaut wurden, einen weltweiten Erfolg. Die Ursprünge dieser Rei stammen aus dem Jahr 1924, als die Firma Entwurfsstudien über ein Flugzeug für Großbritanniens Mittelklasse durchführte. Der so entstandene Prototyp entsprach einer verkleinerten D.H.51 mit einem speerholzbeplankten Rumpf, gestaffelten Tr flächen und zwei offenen Cockpits in Tandemanordnung. Der Prototyp der D.H.60 hatte einen von Major Halford konstruierten ADC-Cirrus-Motor und flog erstmals i Februar 1925. Die ersten Maschinen wurden an staatlich geförderte Flugvereine u an private Halter geliefert. 1926 wurden weitere 35 Stück gebaut, 14 davon für de Export. Abgebildet ist das sechste Serienmodell. Die Triebwerksstärke wuchs im Laufe der Produktion von 60 PS (45 kW) in frühen D.H.60 zu schließlich 90 PS (67 kW) bei der D.H.60X mit Cirrus-III-Motor.

| | |
|---|---|
| **Herkunftsland:** | Großbritannien |
| **Typ:** | zweisitziges Reiseflugzeug |
| **Triebwerk:** | ein Reihenmotor ADC Cirrus mit 60 PS (45 kW) |
| **Leistung:** | Höchstgeschwindigkeit 150 km/h; Dienstgipfelhöhe 4.420 m; Reichweite 510 km |
| **Gewicht:** | Leergewicht 417 kg; max. Startgewicht 748 kg |
| **Abmessungen:** | Spannweite 9,14 m; Länge 7,29 m; Höhe 2,68 m; Flügelfläche 22,57 qm |

# le Havilland D.H.66 Hercules

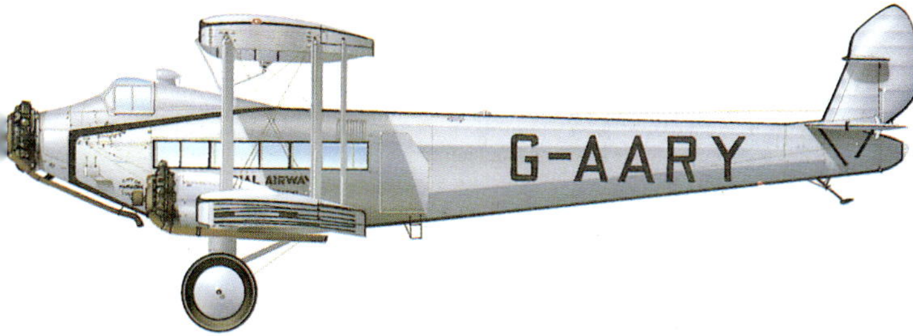


) as britische Luftfahrtministerium entschied 1925, dass die Verantwortung für den Posttransport von Kairo nach Bagdad von der britischen Luftwaffe an die ıperial Airways überzugehen hatte. Imperial sollte die Route dafür bis nach In- en ausdehnen. Zu jener Zeit fehlte Imperial Airways aber eine Maschine, die zu lch waghalsigen Flügen bei tropischer Witterung und in schwierigem Terrain hig gewesen wäre. Man fand in der D.H.66 das gesuchte Flugzeug, und Imperial estellte zunächst fünf Maschinen. Der Erstflug war im September 1926, und die sten Linienflüge fanden im Januar 1927 statt. Im April 1929 dehnte man die Route ıch Karatschi aus. Die schwierige Strecke forderte von den Flugzeugen ihren eis, drei gingen bei Unfällen verloren, jedoch wurde nur eines ersetzt. Abgebildet : die D.H.50 G-AARY City of Karachi, die als Ersatz für die erste Maschine (G- MZ), die im September 1929 abgestürzt war, gebaut wurde.

| | |
|---|---|
| **Herkunftsland:** | Großbritannien |
| **Typ:** | siebensitziges Passagier- und Transportflugzeug |
| **Triebwerk:** | drei Sternmotoren Bristol Jupiter VI mit 420 PS (313 kW) |
| **Leistung:** | Höchstgeschwindigkeit 206 km/h; Dienstgipfelhöhe 3.960 m; Reichweite 845 km |
| **Gewicht:** | Leergewicht 4.110 kg; max. Startgewicht 7.076 kg |
| **Abmessungen:** | Spannweite 24,23 m; Länge 16,92 m; Höhe 5,56 m; Flügelfläche 143,72 qm |

# de Havilland D.H.82a Tiger Moth

Die Ausschreibung 15/31 des britischen Luftfahrtministeriums verlangte nach einem Ersatz für die D.H.60. De Havilland behielt den Rumpf der D.H.60 für d neue Flugzeug bei, fügte jedoch eine gepfeilte obere Tragfläche hinzu und führte einige Veränderungen bezüglich eines leichteren Ausstiegs aus den Cockpits durc Das so entstandene Flugzeug erhielt die Bezeichnung D.H.82. Die ersten Maschine gingen unter dem Namen Tiger Moth MkI im November 1931 an die Flugschule de britischen Luftwaffe in Grantham. 1932 wurde der neue Trainer auf der Flugschau in Hendon mit spektakulären Rückenflügen vorgeführt. Der Typ wurde auch nach Brasilien, Dänemark, Persien, Portugal und Schweden exportiert. Zwei Maschinen erhielten Schwimmer von Shorts und wurden von der Luftwaffe in Felixstowe und Rochester erprobt. Auf der Abbildung ist eine in Schweden als Sk11a für die schw dische Luftwaffe gebaute Tiger Moth D.H.82A zu sehen.

| | |
|---|---|
| **Herkunftsland:** | Großbritannien |
| **Typ:** | zweisitziges Anfängerschulflugzeug |
| **Triebwerk:** | ein Reihenmotor de Havilland Gipsy III mit 120 PS (89 kW) |
| **Leistung:** | Höchstgeschwindigkeit 164 km/h; Dienstgipfelhöhe 4.420 m; Reichweite 515 km |
| **Gewicht:** | Leergewicht 506 kg; max. Startgewicht 828 kg |
| **Abmessungen:** | Spannweite 8,94 m; Länge 7,29 m; Höhe 2,69 m; Flügelfläche 22,20 qm |

# le Havilland D.H.82a Tiger Moth Mk II

)ie größte Anzahl von Tiger Moths wurde nach der Spezifikation T.26/33 des britischen Luftfahrtministeriums als Tiger Moth Mk II gebaut, deren hinterer ımpf mit Sperrholz anstatt mit Stoff beplankt war. Zudem war es möglich, am ıteren Cockpit eine Blindflughaube zur Instrumentenflugschulung anzubringen. e Serienproduktion der Tiger Moth Mk II fand 1934–1945 im de-Havilland-Werk in ıtfield sowie in Niederlassungen in Toronto, Kanada, und Wellington, Neuseeland, ıtt. Die meisten der britischen Kampfpiloten des 2. Weltkriegs wurden auf der ›th geschult. Nach dem Krieg standen viele der 7.290 gebauten Maschinen zum rkauf, was sie zu einem viel benutzten Zivilflugzeug machte. Hier ist eine Tiger ›th Mk II der Schulstaffel der Londoner Universität zu sehen, wie sie 1950 in Fairks stationiert war und dazu benutzt wurde, von der britischen Luftwaffe gefördrte Studenten im Fliegen auszubilden.

| | |
|---|---|
| **Herkunftsland:** | Großbritannien |
| **Typ:** | zweisitziges Schulflugzeug |
| **Triebwerk:** | ein Reihenmotor de Havilland Gipsy Major I mit 130 PS (89 kW) |
| **Leistung:** | Höchstgeschwindigkeit 167 km/h; Dienstgipfelhöhe 4.145 m; Reichweite 483 km |
| **Gewicht:** | Leergewicht 506 kg; max. Startgewicht 828 kg |
| **Abmessungen:** | Spannweite 8,94 m; Länge 7,29 m; Höhe 2,69 m; Flügelfläche 22,20 qm |

# de Havilland D.H.84

**Die Entwicklung der D.H.84 geschah auf Anregung Edward Hillmans, dem Betreiber von Hillman Airways, der ein zehnsitziges Passagierflugzeug benötig um das gestiegene Passagieraufkommen seines Flugdienstes zu bewältigen. Die erste D.H.84 hatte allerdings in der stark verglasten Kabine nur Platz für sechs Fluggäste und flog erstmals im November 1932. Nach nur kurzen Flugtests ging di Maschine schon im Dezember an Hillman Airways, und vier Serienmaschinen folgten. Hillman bestellte nochmals zwei und erweiterte die Passagierkapazität seiner D.H.84 Flotte durch Entfernen des hinteren Gepäckabteils. Das Modell wu bald von vielen anderen kleinen Fluglinien in Dienst gestellt, sodass insgesamt 6 Maschinen gebaut wurden. Weitere 87 wurden während des 2. Weltkriegs in de Havillands australischem Werk gebaut und bei der australischen Luftwaffe als Navigationstrainer eingesetzt.**

| | |
|---|---|
| **Herkunftsland:** | Großbritannien |
| **Typ:** | zweimotoriges, achtsitziges Passagierflugzeug |
| **Triebwerk:** | zwei Reihenmotoren de Havilland Gipsy Major I mit 130 PS (97 kW) |
| **Leistung:** | Höchstgeschwindigkeit 216 km/h; Dienstgipfelhöhe 4.420 m; Reichweite 877 km |
| **Gewicht:** | Leergewicht 1.060 kg; max. Startgewicht 2.041 kg |
| **Abmessungen:** | Spannweite 14,43 m; Länge 10,52 m; Höhe 3,3 m; Flügelfläche 34,93 qm |

# de Havilland D.H.84M

Die Dragon 2 ging in Produktion, nachdem schon 62 Dragon 1 gebaut worden waren. Das neue Modell hatte eine andere Kabinenverglasung und ein verklei-tes Fahrwerk, woraus sich eine 9 km/h höhere Geschwindigkeit ergab. Eine ilitärische Version dieser Maschine wurde vom Irak als D.H.84M geordert und atte eine vergrößerte Heckflosse (ähnlich den kanadischen Schwimmerversionen er D.H.84), zwei 7,7-mm-MG im Bug und ein 7,7-mm-MG in einem offenen Stand auf em Rumpfrücken. Der Irak benutzte die acht bestellten Maschinen zur Überwa-ung seiner Wüstengrenzen. Dänemark beschaffte zwei (es ist unklar, ob diese zur eit des deutschen Einmarsches noch vorhanden waren und der deutschen Luft-affe in die Hände fielen) und Portugal drei dieser militarisierten Variante. Die irkei und Irland setzten zivile Dragon-2-Maschinen für allgemeine Aufgaben ein.

| | |
|---|---|
| **Herkunftsland:** | Großbritannien |
| **Typ:** | zweimotoriges Aufklärungsflugzeug |
| **Triebwerk:** | zwei Reihenmotoren de Havilland Gipsy Major I mit 130 PS (97 kW) |
| **Leistung:** | Höchstgeschwindigkeit 216 km/h; Dienstgipfelhöhe 4.420 m; Reichweite 877 km |
| **Gewicht:** | Leergewicht 1.060 kg; max. Startgewicht 2.041 kg |
| **Abmessungen:** | Spannweite 14,43 m; Länge 10,52 m; Höhe 3,3 m; Flügelfläche 34,93 qm |
| **Bewaffnung:** | zwei im Bug fest eingebaute 7,7-mm-Vicker-Mk-V-MG; ein 7,7-mm-Lewis-MG auf einer Drehlaffete auf dem Rumpfrücken |

# de Havilland D.H.86a

Die D.H.86 wurde nach Vorgaben der australischen Regierung gebaut, die ein viermotoriges Flugzeug für den Abschnitt Singapur–Australien der Linienrou Croydon–Brisbane suchte. Die Maschine hatte viel mit der früheren D.D.84 gemei sam, besaß jedoch einen komplett neuen Flügel und wurde von vier Motoren angetrieben. Der Erstflug des Prototypen fand im Januar 1934 statt, und nachdem der Typ die Zulassung erhalten hatte, wurden die ersten beiden Serienmaschinen bei denen die beiden Besatzungsmitglieder noch in Tandemanordnung saßen, an Railway Air Services in Australien ausgeliefert. Der Prototyp wurde dann so umg baut, dass die beiden Piloten nebeneinander sitzen konnten, was eine Verbreiterung des Rumpfbugs erforderlich machte. In dieser Form wurden 29 Exemplare a zivile Betreiber ausgeliefert. Die abgebildete D.H.86a war eine modifizierte Versi für die britische Luftwaffe.

| | |
|---|---|
| **Herkunftsland:** | Großbritannien |
| **Typ:** | viermotoriges Transport- und Ambulanzflugzeug |
| **Triebwerk:** | vier Reihenmotoren de Havilland Gipsy Six mit 200 PS (149 kW) |
| **Leistung:** | Höchstgeschwindigkeit 267 km/h; Dienstgipfelhöhe 5.305 m; Reichweite 1.287 km |
| **Gewicht:** | Leergewicht 2.943 kg; max. Startgewicht 4.649 kg |
| **Abmessungen:** | Spannweite 19,66 m; Länge 14,05 m; Höhe 3,96 m; Flügelfläche 59,55 qm |

# le Havilland D.H.87B Hornet Moth

Im möglichen Kunden für die Moth einen höheren Grad an Komfort bieten zu können, entwarf de Havilland zwei Versionen mit geschlossener Kabine. Die H.85 Leopard Moth von 1929, Nachfolgerin der D.H.80 Puss Moth, war ein drei-ziger Schulterdecker, der in 284 Exemplaren gebaut wurde. Die D.H.87 Hornet oth kam 1934 als zweisitziger Doppeldecker mit geschlossener Kabine und einem Havilland-Gipsy-Major-I-Motor auf den Markt. Ein Jahr nach dem Erstflug und ch ausgiebigen Tests begannen die ersten Lieferungen an Kunden. Insgesamt rden von diesem Modell 164 Maschinen produziert. Die D.H.97A hatte elliptische agflächen, wohingegen die D.H.87B eckige Flügelspitzen hatte. Einige nach Ka-da verkaufte D.H.87B erhielten dort Fairchild-Schwimmer und wurden auf den hlreichen Seen im Norden des Landes eingesetzt.

| | |
|---|---|
| Herkunftsland: | Großbritannien |
| Typ: | zweisitziger Kabinendoppeldecker (hier als Schwimmerflugzeug) |
| Triebwerk: | ein Reihenmotor de Havilland Gipsy Major I mit 130 PS (89 kW) |
| Leistung: | Höchstgeschwindigkeit 167 km/h; Dienstgipfelhöhe 4.145 m; Reichweite 483 km |
| Gewicht: | Leergewicht 506 kg; max. Startgewicht 828 kg |
| Abmessungen: | Spannweite 8,94 m; Länge 7,29 m; Höhe 2,69 m; Flügelfläche 22,20 qm |

# de Havilland D.H.89A Dragon Rapide

Ungeachtet des Erfolgs der früheren D.H.84 Dragon, gab de Havilland dem kommerziellen Druck für ein schnelleres und komfortableres zweimotoriges Passagierflugzeug nach. Er entwarf die D.H.89, die das erfolgreichste Mitglied der Dragonfamilie werden sollte. Die D.H.89 war eine verkleinerte Version der D.H.86 und besaß ein vollverkleidetes Fahrwerk sowie einen überarbeiteten Rumpfbug, um die Stromlinienform zu verbessern. Edward Hillman war erneut der erste Kunde und bestellte drei Exemplare des neuen, Dragon Rapide genannten Modells für Hillman Airways, die zwischen Juli und September 1934 geliefert wurden. Die zweite Version war die D.H.89A, die Spreizklappen am äußeren unteren Flügel erhielt. Abgebildet ist eine D.H.89A Dragon Rapide der British European Airways mi dem Abzeichen der britischen Post auf Rumpf und Heckflosse.

| | |
|---|---|
| **Herkunftsland:** | Großbritannien |
| **Typ:** | zweimotoriges Passagierflugzeug |
| **Triebwerk:** | zwei Reihenmotoren de Havilland Gipsy Six mit 200 PS (149 kW) |
| **Leistung:** | Höchstgeschwindigkeit 253 km/h; Dienstgipfelhöhe 5.944 m; Reichweite 930 km |
| **Gewicht:** | Leergewicht 1.486 kg; max. Startgewicht 2.495 kg |
| **Abmessungen:** | Spannweite 14,63 m; Länge 10,52 m; Höhe 3,12 m; Flügelfläche 31,21 qm |

# le Havilland D.H.90 Dragonfly

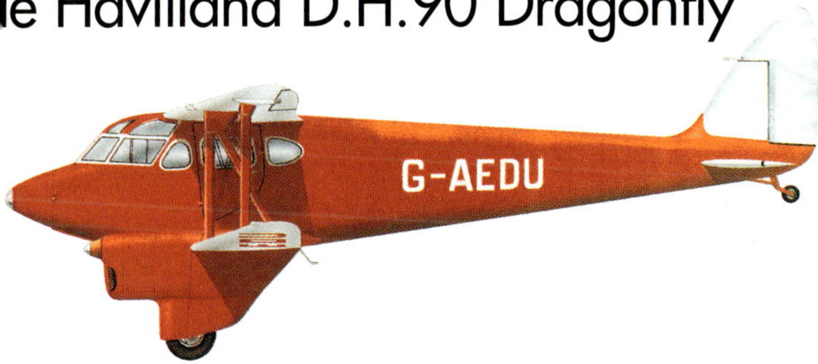


ei Ausbruch des 2. Weltkriegs waren über 180 Dragon gebaut worden, und während des Krieges kamen durch den Bau des Navigations- und Funkschul-gzeugs D.H.98B Dominie MkI N noch mehr hinzu. Die Dominie Mk II war für gemeine Verbindungsaufgaben ausgelegt, und selbst nach dem Krieg ging die oduktion noch in fünf Varianten (Rapide Mk II bis Mk VI) weiter. Die D.H.90 aus m Jahr 1935 war eine Luxusausführung der D.H.89. Äußerlich glichen sich beide delle, die D.H.90 besaß jedoch einen tieferen Rumpf in selbsttragender Bau-ise, weniger Kabinenverglasung und einen spitzeren Bug. Die selbsttragende uweise erlaubte den Verzicht auf die Verstrebungen zwischen Flügelwurzeln und torgondeln, sodass der Einstieg in den Rumpf leichter wurde. Insgesamt wurden Maschinen gebaut, die sich besonders unter Privatkunden großer Beliebtheit freuten.

| | |
|---|---|
| Herkunftsland: | Großbritannien |
| Typ: | zweimotoriges Passagierflugzeug |
| Triebwerk: | zwei Reihenmotoren de Havilland Gipsy Major mit 130 PS (97 kW) |
| Leistung: | Höchstgeschwindigkeit 232 km/h; Dienstgipfelhöhe 5.515 m; Reichweite 1.006 km |
| Gewicht: | Leergewicht 1.134 kg; max. Startgewicht 1.814 kg |
| Abmessungen: | Spannweite 13,11 m; Länge 9,65 m; Höhe 2,79 m; Flügelfläche 23,78 qm |

# Dewoitine HD.730

Emile Dewoitine gründete seine Firma im Oktober 1920 und produzierte während der 20er Jahre eine Reihe von einsitzigen Hochdecker-Jägern, bevor das Unternehmen 1938 in den staatlichen SNCAM-Konzern überging. Zu jener Zeit war Dewoitine schon recht weit im Entwurf eines leichten, von einem Katapult startenden Aufklärungsflugzeuges für die französische Marine, das die Bezeichnung HD.730 trug. Die Maschine hatte zwei Schwimmer, ein doppeltes Seitenleitwerk un tief angesetzte Knickflügel. Die Besatzung saß in Tandemanordnung im Cockpit. Zwei, mit Renault-6Q-03-Motoren ausgerüstete Prototypen flogen erstmals Anfang 1940, die Testflüge ergaben jedoch, dass ein stärkeres Triebwerk nötig war. Unter der Vichy-Regierung ging die Entwicklung weiter, und sogar ein dritter Prototyp m geringerer Spannweite wurde noch gebaut. Nach 1945 war das Interesse an der Maschine allerdings erloschen.

| | |
|---|---|
| **Herkunftsland:** | Frankreich |
| **Typ:** | zweisitziges Aufklärungs-Schwimmerflugzeug |
| **Triebwerk:** | ein Reihenmotor Renault 6Q-03 mit 220 PS (164 kW) |
| **Leistung:** | Höchstgeschwindigkeit 230 km/h; Dienstgipfelhöhe 5.120 m; Reichweite 1.350 km |
| **Gewicht:** | Leergewicht 1.173 kg; max. Startgewicht 4.123 kg |
| **Abmessungen:** | Spannweite 12,6 m; Länge 9,75 m; Höhe 3,18 m; Flügelfläche 20 qm |
| **Bewaffnung:** | ein fest eingebautes, vorwärts gerichtetes 7,5-mm-Darne-MG; ein bewegliches 7,5-mm-Darne-MG im hinteren Cockpit; Unterflügelhalterungen für bis zu acht 10-kg-Bomben |

# Dorand Ar.1

Die französische Regierung veröffentlichte 1916 eine Ausschreibung über einen Doppeldecker mit Zugschraube, der die Farman F.20 ersetzen sollte. Nur Colo-
el Durand, Leiter der technischen Abteilung der französischen Armee, zeigte
teresse und reichte die verbesserte Version eines seiner (nicht erfolgreichen)
ugzeuge von 1914 ein, der D.O.I. Die neue Maschine glich mit ihren nach hinten
estaffelten Doppeldeckerflügeln im Allgemeinen ihrem Vorläufer, profitierte
doch von einem stärkeren Motor. Unter der neuen Bezeichnung Dorand AR.1 ging
ie Maschine nach eingehenden Tests ab September 1916 in großen Zahlen für die
nzösischen Streitkräfte in Bau und wurde über der Westfront und der italieni-
chen Front eingesetzt. Die zweite Serienversion (Ar.2) hatte einen 190 PS (142 kW)
arken Renault-8Ge-Motor und eine reduzierte Spannweite. Die amerikanischen
xpeditionsstreitkräfte in Frankreich erwarben 22 Ar.1 und 120 Ar.2.

| | |
|---|---|
| **Herkunftsland:** | Frankreich |
| **Typ:** | zweisitziges Beobachtungs- und Aufklärungsflugzeug |
| **Triebwerk:** | (AR.1) ein Renault-8Gdy-Motor mit 200 PS (149 kW) |
| **Leistung:** | Höchstgeschwindigkeit 148 km/h; Dienstgipfelhöhe 5.500 m; Flugdauer 3 h |
| **Gewicht:** | max. Startgewicht 1.315 kg |
| **Abmessungen:** | Spannweite 13,29 m; Länge 9,14 m; Höhe 3,3 m; Flügelfläche 50,17 qm |
| **Bewaffnung:** | ein fest eingebautes, vorwärts gerichtetes 7,7-mm-Vickers-MG im Rumpfbug; ein oder zwei 7,7-mm-Lewis-MG auf einer Drehlafette im hinteren Cockpit |

# Dornier Do 18D-2

Die Lufthansa vergab 1934 einen Entwicklungsauftrag über ein neues Flugboot für ihre Südamerikaroute an Dornier, die daraufhin die DO 18 konstruierten. Die Maschine ähnelte in Größe und Auslegung dem früheren „Acht-Tonnen-Wal", verfügte jedoch über zahlreiche aerodynamische Verbesserungen, einen neuen Flügel und einen zentralen Pylon, der die Tragfläche stützte und die Kühler für die beiden Jumo-Motoren enthielt. Der Erstflug war im März 1935, worauf eine kleine Zahl von DO 18E für die Lufthansa und eine einzelne Do 18F (nach dem Einbau von BMW-132N-Sternmotoren DO 18L) gebaut wurden. Die DO 18 wurde auch von der Luftwaffe getestet und schließlich für die Seeaufklärung übernommen. Die ersten Maschinen gingen 1938 als Do 18D-1 in Dienst, die nachfolgenden Versionen D-2 (hier abgebildet) und D-3 wiesen nur geringfügige Veränderungen auf.

| | |
|---|---|
| **Herkunftsland:** | Deutschland |
| **Typ:** | zweimotoriges Aufklärungsflugboot |
| **Triebwerk:** | zwei Dieselmotoren Junkers Jumo 205C mit 600 PS (447 kW) |
| **Leistung:** | Höchstgeschwindigkeit 260 km/h; Dienstgipfelhöhe 4.200 m; Reichweite 3.500 km |
| **Gewicht:** | Leergewicht 5.850 kg; max. Startgewicht 10.000 kg |
| **Abmessungen:** | Spannweite 23,7 m; Länge 19,25 m; Höhe 5,35 m; Flügelfläche 98 qm |
| **Bewaffnung:** | ein bewegliches 7,92-mm-MG 15 im Bugstand; ein bewegliches 7,92-mm-MG 15 im Stand auf dem Rumpfrücken; Halterungen für zwei 50-kg-Bomben unter der rechten Tragfläche |

# Dornier Do 18G-1

Verzögerungen beim Bau und der Entwicklung der Blohm & Voss Bv 138 führten dazu, dass die Do 18 bis in den 2. Weltkrieg hinein gebaut wurde. Die Gesamt-roduktion belief sich auf 160 Maschinen, davon 71 aus der G-Reihe, die das Haupt-rienmodell stellte. Die Version Do 18G besaß eine verstärkte Abwehrbewaffnung darunter einen kraftbetätigten Turm auf dem Rumpfrücken) und stärkere Trieb-erke. Eine kleine Anzahl von Maschinen erhielt Doppelsteuerung und diente nter der Bezeichnung Do 18H als Schulflugzeug. Im Winter 1939–1940 waren vier üstenfliegergruppen mit der Do 18 ausgerüstet. Abgebildet ist eine Do 18G der Seenotstaffel der deutschen Luftwaffe, die 1941 im Mittelmeerraum stationiert ar und Rettungsaufgaben für Schiffs- und Flugzeugbesatzungen übernahm. Wenn uch diese Maschine ihre Bewaffnung behielt, wurden bei einigen Do 18 in der eenotrolle alle Waffen entfernt, diese Maschinen hießen dann Do 18N-1.

| | |
|---|---|
| **Herkunftsland:** | Deutschland |
| **Typ:** | zweimotoriges Aufklärungsflugboot |
| **Triebwerk:** | zwei Dieselmotoren Junkers Jumo 205D mit 700 PS (447 kW) |
| **Leistung:** | Höchstgeschwindigkeit 260 km/h; Dienstgipfelhöhe 4.200 m; Reichweite 4.425 km |
| **Gewicht:** | Leergewicht 5.850 kg; max. Startgewicht 10.000 kg |
| **Abmessungen:** | Spannweite 23,7 m; Länge 19,25 m; Höhe 5,35 m; Flügelfläche 98 qm |
| **Bewaffnung:** | ein bewegliches 13-mm-MG 131 im Bugstand; ein 20-mm-MG/FF im Turm auf dem Rumpfrücken; Halterungen für zwei 50-kg-Bomben unter der rechten Tragfläche |

# Dornier Do 24K-1

**D**ie DO 24 verdankt ihre Entstehung einem Auftrag der niederländischen Regierung an Dornier von 1935, die einen Ersatz für die in Niederländisch-Ostindien im Einsatz stehenden Dornier Wal suchte. Die Do 24 war ein Ganzmetallflugzeug mit einem für Dornier typischen Rumpf und einem abgestrebten Hochdeckerflügel mit drei Triebwerken. Die ersten beiden Prototypen wurden mit Junkers-Jumo-205-C-Dieselmotoren, die dritte und vierte Maschine mit 875 PS (652 kW) starken Wright-R-1820-F-52-Cyclone-Sternmotoren ausgestattet. Diese Motoren waren von der niederländischen Regierung gewünscht worden, da sie schon Martin-139-Bomber mit den gleichen Triebwerken betrieb. Nach dem Erstflug am 3. Juli 1937 wurden die Maschinen an die Niederlande geliefert und gingen von dort aus nach Ostindien. Die hier abgebildete Do 24 K-1 konnte sich nach dem japanischen Angriff nach Australien absetzen und wurde dort von der Luftwaffe benutzt.

| | |
|---|---|
| **Herkunftsland:** | Deutschland |
| **Typ:** | dreimotoriges Aufklärungs- und Seenotrettungsflugboot |
| **Triebwerk:** | drei Sternmotoren Wright R-1820-G102 Cyclone mit 875 PS (652 kW) |
| **Leistung:** | Höchstgeschwindigkeit 332 km/h; Dienstgipfelhöhe 8.050 m; Reichweite 4.700 km |
| **Gewicht:** | Leergewicht 10.600 kg; max. Startgewicht 18.400 kg |
| **Abmessungen:** | Spannweite 27 m; Länge 22,05 m; Höhe 5,75 m; Flügelfläche 108 qm |
| **Bewaffnung:** | eine 20-mm-Hispano-Suiza-HS-404-MK im Turm auf dem Rumpfrücken; je ein 7,92-mm-MG 15 im Bug- und Heckturm |

# Dornier Do 24T-1

m Herbst 1937 begann bei Aviolanda in den Niederlanden die Lizenzproduktion
von 48 Do 24K-2 mit Wright-R-1820-G102-Cyclone-Sternmotoren, wobei de Schelde
ir die Tragflächen verantwortlich war. Nur 25 Maschinen waren vor der deutschen
esetzung im Mai 1940 abgeliefert worden. Drei komplett vorgefundene Boote und
eitere, aus Einzelteilen gebaute, wurden in Deutschland als Seenotrettungsmaschi-
en getestet und für so gut befunden, dass man das holländische Werk (unter der
ontrolle der Weser-Flugzeugbau) wieder eröffnete und erneut die Produktion der
o 24 aufnahm. Nachdem keine Wright-Motoren mehr verfügbar waren, verwendete
an 1.000 PS (746 kW) starke BMW-Bramo-Sternmotoren. Die so gebauten 159 Ma-
hinen erhielten die Bezeichnung Do 24T-1, -2 und -3. Weitere 48 Do 24 wurden
942–1944 unter deutscher Kontrolle in Frankreich bei SNCAN gebaut, 40 weitere
ingen nach der Befreiung an die französische Luftwaffe.

| | |
|---|---|
| **Herkunftsland:** | Deutschland |
| **Typ:** | dreimotoriges Aufklärungs- und Seenotrettungsflugboot |
| **Triebwerk:** | drei Sternmotoren BMW Bramo 323R-2 Fafnir mit 1.000 PS (746 kW) |
| **Leistung:** | Höchstgeschwindigkeit 340 km/h; Dienstgipfelhöhe 5.900 m; Reichweite 2.900 km |
| **Gewicht:** | Leergewicht 9.200 kg; max. Startgewicht 18.400 kg |
| **Abmessungen:** | Spannweite 27 m; Länge 22,05 m; Höhe 5,75 m; Flügelfläche 108 qm |
| **Bewaffnung:** | eine 30-mm-MK 101 oder 20-mm-MG 151/20 im Turm auf dem Rumpfrücken; je ein 7,92-mm-MG 15 im Bug- und Heckturm; Unterflügelhalterungen für bis zu zwölf 50-kg-Bomben |

# Dornier Do 24T-2

**Bei Weser-Flugzeugbau wurden 49 Do-24T-2 Maschinen für die Seenotgruppen 1, 2 und 3, die in Biscarosse in der Nähe von Bordeaux, bzw. in Berre nahe Ma seille stationiert waren, gebaut. Zwölf Do-24T-3-Flugboote gingen ab Juni 1944 unter der Bezeichnung HR.5 an Spanien, das mit diesen Maschinen Piloten beider Seiten aus dem Mittelmeer rettete. Das abschließende Modell war die Do 318 von 1944, die mit einer von Arado entwickelten Grenzschichtabsaugung ausgerüstet werden sollte. Dieser Typ blieb allerdings nur ein Projekt. Die spanischen Maschinen waren bis 1975 im Dienst und rund um die Balearen häufig zu sehen, da sie v Pollenza auf Mallorca flogen. Noch 1983 diente eine ehemals spanische Do 24 unte der Bezeichnung Do 24TT (Technologieträger) bei Dornier als Versuchsmaschine f eine neuartige Tragfläche. Eine projektierte Weiterentwicklung auf Basis dieser Maschine blieb allerdings aus.**

| | |
|---|---|
| **Herkunftsland:** | Deutschland |
| **Typ:** | dreimotoriges Aufklärungs- und Seenotrettungsflugboot |
| **Triebwerk:** | drei Sternmotoren BMW Bramo 323R-2 Fafnir mit 1.000 PS (746 kW) |
| **Leistung:** | Höchstgeschwindigkeit 340 km/h; Dienstgipfelhöhe 5.900 m; Reichweite 2.900 km |
| **Gewicht:** | Leergewicht 9.200 kg; max. Startgewicht 18.400 kg |
| **Abmessungen:** | Spannweite 27 m; Länge 22,05 m; Höhe 5,75 m; Flügelfläche 108 qm |
| **Bewaffnung:** | eine 30-mm-MK 101 oder 20-mm-MG 151/20 im Turm auf dem Rumpfrücken; je ein 7,92-mm-MG 15 im Bug- und Heckturm; Unterflügelhalterungen für bis zu zwölf 50-kg-Bomben |

# Dornier Do 26

Das letzte von Dornier gebaute Flugboot war die Do 26. Wie viele ihrer Zeitgenossen war sie ursprünglich für zivile Zwecke entworfen worden und wurde ann für militärische Zwecke umgerüstet. Die Do 26 geht auf einen Auftrag der Luftansa an Dornier für ein Flugboot zurück, das auf der Postroute zwischen Lissabon nd New York zum Einsatz kommen und vier Mann Besatzung sowie 500 kg Post efördern sollte. Der Entwurf war aerodynamisch gelungen, auch durch den Ersatz er bis dahin Dornier üblichen Schwimmerstummel durch einziehbare Schwimmer. ie Lufthansa bestellte 1937 drei Maschinen, von denen die erste im Mai 1938 mit rei Jumo-205-Dieseln flog. Ein weiteres Flugzeug wurde vor Ausbruch des Krieges rtig gestellt (siehe Abbildung) und beschränkt auf der transatlantischen Postroute ingesetzt. Danach wurden nur noch Do 26D für die Luftwaffe gebaut, die zusamnen mit den beiden Lufthansa-Maschinen als Transporter eingesetzt wurden.

| | |
|---|---|
| **Herkunftsland:** | Deutschland |
| **Typ:** | viermotoriges Transozean-Flugboot zur Postbeförderung |
| **Triebwerk:** | vier Dieselmotoren Junkers Jumo 205Ea mit 600 PS (447 kW) |
| **Leistung:** | Höchstgeschwindigkeit 335 km/h; Dienstgipfelhöhe 4.800 m; Reichweite 9.000 km |
| **Gewicht:** | Leergewicht 10.700 kg; max. Startgewicht 20.000 kg |
| **Abmessungen:** | Spannweite 30 m; Länge 24,6 m; Höhe 6,85 m; Flügelfläche 120 qm |

# Dornier Do JIId Wal

Als Chefkonstrukteur der Zeppelin-Werke Lindau in Friedrichshafen leistete Dr. Claudius Dornier Pionierarbeit auf dem Gebiet der Flugbootentwicklung. Nach dem 1. Weltkrieg wurde das Werk in Manzell neu eröffnet und hieß Dornier Metallbau, doch die Bestimmungen des Versailler Vertrages machten den Bau von Flugzeugen dort unmöglich. Daher gründete Dornier ein Zweigwerk in Pisa, Italien, und baute dort die Do J Wal, sein erfolgreichstes Produkt zu Friedenszeiten. Der Ers flug fand 1922 statt. Der Prototyp zeigte schon die typische Form einer Dornier-Maschine: ein zweistufiger Rumpf mit Stabilisierungsstummeln, die zugleich Auftrie lieferten, und ein abgestrebter Hochdeckerflügel. Die Wal wurde von der spanische und italienischen Marine in großer Zahl beschafft. Hier ist eine spanische Do JIId zu sehen, die während des Spanischen Bürgerkriegs von Pollenza aus flog.

| | |
|---|---|
| **Herkunftsland:** | Deutschland |
| **Typ:** | zweimotoriges Aufklärungsflugboot |
| **Triebwerk:** | zwei BMW-VI-Motoren mit 690 PS (515 kW) |
| **Leistung:** | Reisegeschwindigkeit 140 km/h; Dienstgipfelhöhe 3.500 m; Reichweite 2.200 km |
| **Gewicht:** | Rüstgewicht 5.700 kg |
| **Abmessungen:** | Spannweite 22,5 m; Länge 17,25 m; Höhe 5,2 m |
| **Bewaffnung:** | Ausrüstung mit beweglichen MG in Bug- und Rumpfrückenständen möglich |

# ·ornier Superwal

er Wal wurde unter vielen verschiedenen Bezeichnungen und in über 320 Exemplaren gebaut. Neben den von Dornier gebauten Maschinen stellten auch MP (und die Nachfolgerin CMASA) in Italien, CASA in Spanien, Aviolanda in den ·derlanden und Kawasaki in Japan den Wal in Lizenz her. Nach dem Erstflug 1922 ·besserte Dornier den Typ schrittweise im Hinblick auf stärkere Motoren, größe- Tragflächen und eine robustere Struktur. Bis 1933 war das Gewicht auf beinahe Tonnen angestiegen, und auch Spannweite sowie Rumpflänge hatten sich erheb- ı vergrößert. Unter den verschiedenen Versionen war auch der in 20 Exempla- · gebaute Do-R-Superwal von 1926, der in einer geschlossenen Kabine bis zu 19 ·ssagiere sowie vier Besatzungsmitglieder befördern konnte und mit 650 PS ·5 kW) starken Rolls-Royce-Condor- bzw. Bristol-Jupiter-Motoren ausgerüstet war. ·gebildet ist der einzige von Napier-Lion-Motoren angetriebene Superwal.

| | |
|---|---|
| Herkunftsland: | Deutschland |
| Typ: | viermotoriges Transport- und Passagierflugboot |
| Triebwerk: | vier W-12-Motoren Napier-Lion VIII mit 485 PS (362 kW) |
| Leistung: | Höchstgeschwindigkeit 210 km/h; Dienstgipfelhöhe 2.000 m; Reichweite 2.000 km |
| Gewicht: | Leergewicht 9.850 kg; max. Startgewicht 14.000 kg |
| Abmessungen: | Spannweite 28,60 m; Länge 24,60 m; Höhe 6,0 m; Flügelfläche 137 qm |

# Douglas DF-151

Der in den 30er Jahren blühende Markt für Langstrecken-Passagierflugboote ermutigte Douglas zur Entwicklung einer zweimotorigen Maschine in dieser Klasse. Der Schulterdecker mit der Bezeichnung DF hatte einen tiefen, zweistufig Rumpf, zwei Wright-SGR-1820G-2-Triebwerke und in die Flügel einziehbare Stabi sierungsschwimmer. Auf kurzen Strecken konnten 32 Passagiere befördert werd während auf längeren Flügen 16 Fluggäste in der Kabine schlafen konnten. Es ga weiterhin Platz für zwei Bordküchen, Sanitäreinrichtungen und ausreichend Gepäckraum. Trotz der guten Eigenschaften des Typs gelang es Douglas nicht, einen Käufer in den USA zu finden. Der Prototyp und die erste Serienmaschine gingen a die Sowjetunion, während zwei weitere Maschinen heimlich von der Greater Jap Airline angekauft wurden. Eines dieser Flugboote wurde bei Kawanishi getestet, andere durch die japanische Marine.

| | |
|---|---|
| **Herkunftsland:** | USA |
| **Typ:** | Langstrecken-Passagierflugboot |
| **Triebwerk:** | zwei Sternmotoren Wright SGR-1820G-2 mit 1.000 PS (746 kW) |
| **Leistung:** | Höchstgeschwindigkeit 286 km/h; Dienstgipfelhöhe 4.235 m; Reichweite mit 12 Passagieren 5.311 km |
| **Gewicht:** | Leergewicht 7.854 kg; max. Startgewicht 12.927 kg |
| **Abmessungen:** | Spannweite 28,86 m; Länge 21,3 m; Höhe 7,47 m; Flügelfläche 120,31 qm |

# Douglas DWC

**Davis-Douglas wurde 1920 zu dem Zweck gegründet, ein Flugzeug zu bauen, das den ersten Nonstop-Panamerika-Flug durchführen sollte. Da dies aber nicht gelang, zog sich Davis aus dem Unternehmen zurück, und die Firma war fortan unter dem Namen Douglas bekannt. Ein Schlüsselauftrag für das junge Unternehmen war eine Bestellung der US-Marine zum Bau des Douglas-DT-Torpedobombers. Zu dieser Zeit interessierte sich die US-Armee auch für weltumspannende Langstreckenflüge, und Douglas baute eine DWC genannte Version der DT für diesen Zweck. Der Prototyp flog erstmals im Spätsommer 1923, und nachdem eine offizielle Genehmigung vorlag, wurden bis März 1924 vier weitere Maschinen geliefert. Am 4. April 1924 brachen die vier Maschinen zu ihrem Flug rund um die Welt auf. Zwei gingen unterwegs verloren, aber die beiden anderen (darunter die abgebildete Chicago) schlossen die 46.582 km lange Reise am 29. September 1924 ab.**

| | |
|---|---|
| **Herkunftsland:** | USA |
| **Typ:** | zweisitziges Langstreckenflugzeug |
| **Triebwerk:** | ein Liberty-V-12-Motor mit 420 PS (313 kW) |
| **Leistung:** | Höchstgeschwindigkeit 166 km/h; Dienstgipfelhöhe 3.050 m; Reichweite 3.541km |
| **Gewicht:** | Leergewicht 1.950 kg; max. Startgewicht 3.137 kg |
| **Abmessungen:** | Spannweite 15,24 m; Länge 10,82 m; Höhe 4,14 m; Flügelfläche 65,68 qm |

# Douglas DWC

Die Douglas World Cruisers, die 1924 ihren Flug rund um die Welt unternahmen waren umfangreich modifizierte Douglas-DT-2-Torpedobomber. Durch den Austausch der militärischen Ausrüstung gegen Treibstofftanks versechsfachte sich die Treibstoffzuladung. Die Kühlanlage wurde ebenfalls modifiziert, um sich lokalen Temperaturverhältnissen anpassen zu können. Die vier Maschinen wurden nummeriert und erhielten Namen (Seattle, Boston, Chicago und New Orleans). Der Flug verlief in Ost-West-Richtung, über Kanada und Alaska (wo die Seattle bei einem Unfall verloren ging) und menschenleere, abgelegene Gebiete. Die Boston (hier abgebildet) musste nach Motorproblemen nahe den Faröer-Inseln notlanden, doch die Chicago und die New Orleans kehrten nach ihrer 46.582 km langen Reise sicher zurück. Es wird oft vergessen, dass durch diese Weltumrundung der erste Flug über den Pazifik stattfand.

| | |
|---|---|
| **Herkunftsland:** | USA |
| **Typ:** | zweisitziges Langstreckenflugzeug |
| **Triebwerk:** | ein Liberty-V-12-Motor mit 420 PS (313 kW) |
| **Leistung:** | Höchstgeschwindigkeit 166 km/h; Dienstgipfelhöhe 3.050 m; Reichweite 3.541 km |
| **Gewicht:** | Leergewicht 1.950 kg; max. Startgewicht 3.137 kg |
| **Abmessungen:** | Spannweite 15,24 m; Länge 10,82 m; Höhe 4,14 m; Flügelfläche 65,68 qm |

# Douglas M-2

Die Post der Vereinigten Staaten eröffnete 1918 ihre ersten Postrouten mit überzähligen D.H.4-Maschinen, doch 1925 näherten sich diese Flugzeuge rasch dem Ende ihrer Lebensdauer, und man begann nach einem Ersatz zu suchen. Douglas modifizierte seine gerade für die US-Armee produzierte O-2 zur M-1. Das vordere Cockpit war dabei mit Metall abgedeckt worden, um ein Abteil für die Post zu erhalten, und die Kontrolleinrichtungen wurden ins hintere Cockpit verlegt. Nachdem der Luftpostdienst an private Unternehmen vergeben worden war, erhielt Douglas einen Auftrag über sechs M-2 (mit geändertem Kühler) von Western Air Express. Western eröffnete die Linie Los Angeles–Salt Lake City im April 1926. Die US-Post bestellte 50 M-3, von denen noch auf dem Montageband 40 auf den M-4-Standard mit vergrößerter Spannweite umgerüstet wurden. Insgesamt wurden 57 Exemplare gebaut.

| | |
|---|---|
| **Herkunftsland:** | USA |
| **Typ:** | einsitziges Postflugzeug |
| **Triebwerk:** | ein Liberty-V-12-Motor V-1650-1 mit 420 PS (313 kW) |
| **Leistung:** | Höchstgeschwindigkeit 225 km/h; Dienstgipfelhöhe 5.030 m; Reichweite 1.127 km |
| **Gewicht:** | Leergewicht 1.544 kg; max. Startgewicht 2.223 kg |
| **Abmessungen:** | Spannweite 13,56 m; Länge 8,81 m; Höhe 3,07 m; Flügelfläche 38,18 qm |

# Douglas O-2H

**Obwohl sie sehr konventionell in Auslegung und Entwurf war, leistete die Douglas O-2-Serie doch gute Dienste und erlaubte durch ihre Flexibilität die Entwicklung einer Reihe von Varianten für verschiedene Rollen. Die beiden Prototypen waren mit einem Liberty-V-1650-1- bzw. einen Packard-1A-1500-Motor ausgerüstet, doch der letztere erwies sich als wenig zuverlässig und wurde abgelehnt. Dem Anfangsauftrag über 45 O-2 für die US-Armee folgte ein weiterer über 25 O-2, 18 O-2A mit Nachtflugeinrichtungen, sechs O-2B mit Doppelsteuer und 46 O-2VC mit verändertem Kühler und Fahrwerk. Hauptserienmodelle waren die O-2H (96) mit völlig neuem Rumpf, neuem Leitwerk und Streben sowie modifiziertem Fahrwerk und die O-2J-Transport- und Verbindungsmaschine ohne Bewaffnung. Zahlreiche weitere Varianten wurden in kleinen Mengen gefertigt, bevor die O-25 eingeführt wurde. Hier ist eine O-2H der 91. Beobachtungsgruppe der Armeeluftwaffe von 1928 abgebildet.**

| | |
|---|---|
| **Herkunftsland:** | USA |
| **Typ:** | zweisitziges Beobachtungsflugzeug |
| **Triebwerk:** | ein Liberty-V-12-Motor V-1650-1 mit 420 PS (313 kW) |
| **Leistung:** | Höchstgeschwindigkeit 206 km/h; Dienstgipfelhöhe 4.960 m; Reichweite 579 km |
| **Gewicht:** | Leergewicht 1.375 kg; max. Startgewicht 2.170 kg |
| **Abmessungen:** | Spannweite 12,09 m; Länge 8,76 m; Höhe 3,2 m; Flügelfläche 38,18 qm |
| **Bewaffnung:** | ein fest eingebautes, vorwärts gerichtetes 7,62-mm-MG im Rumpfbug, ein bewegliches 7,62-mm-MG im hinteren Cockpit; Unterflügelaufhängungen für bis zu vier 45,4-kg-Bomben |

# nglish Electric P.5 Cork

)ie britische Admiralität vergab 1917 an die Phoenix Dynamo Manufacturing
 Company den Auftrag, ein neues Flugboot auf Basis eines von Leutnant Com-
ınder Linton Hope entworfenen und durch May, Harden und May aus Southamp-
ı gebauten Rumpfes zu konstruieren. Phoenix Dynamo hatte durch die frühere
rte-Reihe schon Erfahrung im Bau von Flugbooten gesammelt, und nach Liefe-
ıg eines Rumpfes wurde die erste komplette Maschine im August 1918 fertig
stellt, zu dieser Zeit war Phoenix schon ein Teil von English Electric. Die Flugver-
che begannen im September, doch Probleme mit dem Gewebe der stoffbespann-
ı Tragflächen zwangen English Electric dazu, den gesamten Flügel auszutauschen.
e zweite Maschine besaß größere Ruder und einen auf einem Pylon befestigten
teren Flügel. Der Waffenstillstand machte die Maschine überflüssig, und sie
ente nur noch zu Versuchszwecken.

| | |
|---|---|
| **Herkunftsland:** | Großbritannien |
| **Typ:** | Aufklärungsflugboot |
| **Triebwerk:** | zwei Rolls-Royce-Motoren Eagle VIII mit 350 PS (261 kW) |
| **Leistung:** | Höchstgeschwindigkeit 169 km/h; Dienstgipfelhöhe 4.600 m; Reichweite 1.287 km |
| **Gewicht:** | Leergewicht 3.373 kg; max. Startgewicht 3.813 kg |
| **Abmessungen:** | Spannweite 26,06 m; Länge 14,99 m; Höhe 6,45 m; Flügelfläche 118,26 qm |
| **Bewaffnung:** | ein bewegliches 7,7-mm-Lewis-MG im vorderen Cockpit; je ein bewegliches 7,7-mm-Lewis-MG in zwei seitlichen Ständen (der zweite Prototyp hatte Vorrichtungen für weitere MG in zwei Gondeln auf der oberen Tragfläche); max. externe Bombenlast von 472 kg |

# Fairey Albacore TB.Mk I

**Obwohl sie als Nachfolgerin der Fairey Swordfish entworfen wurde, errang die Albacore nie den gleichen Ruf wie ihre Vorgängerin und war in manchen Aspekten sogar die schlechtere Maschine. Die Albacore wurde nach der Ausschreibung S.41/36 entworfen und 1937 direkt vom Reißbrett weg bestellt. Die beiden Prototypen durchliefen ein hastiges Testprogramm, das einige Schwächen enthüllte, doch erwiesen sich diese als nicht ernsthaft genug, um die Kriegsproduktion aufhalten zu können. Das erste von 98 TB.MkI-Flugzeugen wurde im März 1940 ausgeliefert, und bis der Typ 1943 durch die Fairey Barracuda abgelöst wurde, diente er bei zahlreichen See- und einigen Landoperationen im Mittelmeer, in Nordafrika, in der Arktis und im Indischen Ozean. Abgebildet ist eine TB.Mk I der 826. Staffel der britischen Marineluftwaffe.**

| | |
|---|---|
| **Herkunftsland:** | Großbritannien |
| **Typ:** | dreisitziger Torpedobomber |
| **Triebwerk:** | ein 14-Zylinder-Sternmotor Bristol Taurus XII mit 1.130 PS (843 kW) |
| **Leistung:** | Höchstgeschwindigkeit 259 km/h; Dienstgipfelhöhe 6.310 m; Reichweite (mit einer Waffenlast von 726 kg) 1.497 km |
| **Gewicht:** | Leergewicht 3.289 kg; max. Startgewicht 4.745 kg |
| **Abmessungen:** | Spannweite 15,24 m; Länge 12,14 m; Höhe 4,32 m; Flügelfläche 57,88 qm |
| **Bewaffnung:** | ein fest eingebautes, vorwärts gerichtetes 7,7-mm-Vickers-MG im rechten Flügel; ein bewegliches 7,7-mm-Vickers-Zwillings-MG im hinteren Cockpit; ein 730-kg-Torpedo Kaliber 457 mm unter dem Rumpf oder bis zu sechs 113-kg- oder vier 227-kg-Bomben unter den Tragflächen |

# Fairey Fox Mk I

Die Fairey Aviation Company wurde 1915 in Hayes, Middlesex, zu dem Zweck, Short-827-Seeflugzeuge in Lizenz zu bauen, gegründet. Doch stellte die Firma ald schon eigene Entwürfe her, und aus diesen kleinen Anfängen wurde schließlich iner der größten britischen Flugzeughersteller. Die Fox geht auf eine Reise Richard 'aireys in die USA von 1923 zurück, als er vom Curtiss-V-12-Motor und der durch die-en ermöglichten, stromlinienförmigen Bugkontur stark beeindruckt war. Er erwarb ie Produktionsrechte. Marcel Lobelle und P. A. Ralli entwarfen um diesen Motor erum den leichten Tagbomber Fairey Fox. Die Prototypen waren 48 km/h schneller ls die zeitgenössischen britischen Jäger, woraufhin der Kommandeur der britischen uftwaffe, Lord Trenchard, eine ganze Staffel haben wollte und auch 28 Maschinen rhielt. Obgleich letztendlich von der Hawker Hart um weitere Aufträge der Luft-vaffe gebracht, wurde die Maschine doch viel exportiert.

| | |
|---|---|
| **Herkunftsland:** | Großbritannien |
| **Typ:** | zweisitziger Tagbomber |
| **Triebwerk:** | ein V-Motor Fairey Felix mit 480 PS (358 kW) |
| **Leistung:** | Höchstgeschwindigkeit 251 km/h; Dienstgipfelhöhe 5.180 m; Reichweite 1.040 km |
| **Gewicht:** | Leergewicht 1.183 kg; max. Startgewicht 1.867 kg |
| **Abmessungen:** | Spannweite 11,58 m; Länge 9,5 m; Höhe 3,25 m; Flügelfläche 30,1 qm |
| **Bewaffnung:** | ein fest eingebautes, vorwärts gerichtetes 7,7-mm-Vickers-MG im Rumpf; ein bewegliches 7,7-mm-Vickers-MG beweglich im hinteren Cockpit; eine max. Bombenlast von 209 kg |

# Fairey Swordfish Mk I

Trotz ihres altertümlichen Erscheinungsbildes und ihrer bescheidenen Leistungen erwies sich die Swordfish im Kampfeinsatz über zehn Jahre, nachdem sie auf den Zeichenbrettern bei Fairey erstmals Gestalt angenommen hatte, als überaus effektives Flugzeug. Im September 1930 veröffentlichte das britische Luftfahrtministerium einen Ausschreibung für einen trägergestützten Topedobomber und Aufklärer. Als Anwort baute Fairey die von einem 635 (474 kW) starken Bristol Pegasus angetriebene TSR.1, die 1933 zu ihrem Erstflug startete. Allerdings erwies sich die Maschine als untermotorisiert sowie als instabil im Flug und ging bei Testflügen verloren. Der zweite Prototyp (TSR.2) wurde mit einem stärkeren Pegasus-Motor, einem längeren Rumpf und einem geänderten Leitwerk fertig gestellt. Der Jungfernflug der Maschine fand im April 1934 statt, und nach unbedeutenden Änderungen ging der Typ 1935 als Swordfish Mk I in Dienst.

| | |
|---|---|
| **Herkunftsland:** | Großbritannien |
| **Typ:** | dreisitziger Torpedobomber |
| **Triebwerk:** | ein 9-Zylinder-Sternmotor Bristol Pegasus IIIM3 mit 690 PS (515 kW) |
| **Leistung:** | Höchstgeschwindigkeit 222 km/h; Dienstgipfelhöhe 3.260 m; Reichweite (mit einem Torpedo) 885 km |
| **Gewicht:** | Leergewicht 2.359 kg; max. Startgewicht 4.196 kg |
| **Abmessungen:** | Spannweite 13,92 m; Länge 11,12 m; Höhe 3,93 m; Flügelfläche 56,39 qm |
| **Bewaffnung:** | ein fest eingebautes, vorwärts gerichtetes 7,7-mm-Vickers-MG im Rumpf; ein bewegliches 7,7-mm-Vickers-K- oder Browning-MG im hinteren Cockpit; ein730-kg-Torpedo Kaliber 457 mm unter dem Rumpf oder bis zu 681 kg Bomben oder Minen |

# airey Swordfish Mk II

ie Hauptvariante der Swordfish in den Anfangstagen des 2. Weltkriegs war die Mk I, die an einigen bekannten Unternehmungen beteiligt war, z. B. am Angriff die italienische Flotte in Tarent im November 1940 und der Jagd auf das deut-e Schlachtschiff *Bismark* im Mai 1941. Bei Ausbruch des Krieges waren 689 Mk I ı Fairey gebaut worden, danach übernahm Blackburn die Produktion und stellte itere 300 Stück her, bevor dann 1.080 Mk II produziert wurden, die metallbe-nkte untere Tragflächen hatten. Diese sollten verhindern, dass das Flugzeug ım Abschuss von Raketen Feuer fing. Frühe Mk II hatten einen 690 PS (515 kW) rken Pegasus-Motor, während spätere Produktionsmodelle einen Pegasus 30 mit ) PS (560 kW) hatten. Die abgebildete Fairey Swordfish MK II war 1943 bei der Naval Gunnery School in Neuschottland/Kanada stationiert.

| | |
|---|---|
| **Herkunftsland:** | Großbritannien |
| **Typ:** | dreisitziger Torpedobomber |
| **Triebwerk:** | ein 9-Zylinder-Sternmotor Bristol Pegasus 30 mit 750 PS (560 kW) |
| **Leistung:** | Höchstgeschwindigkeit 222 km/h; Dienstgipfelhöhe 3.260 m; Reichweite (mit einem Torpedo) 885 km |
| **Gewicht:** | Leergewicht 2.359 kg; max. Startgewicht 4.196 kg |
| **Abmessungen:** | Spannweite 13,92 m; Länge 11,12 m; Höhe 3,93 m; Flügelfläche 56,39 qm |
| **Bewaffnung:** | ein fest eingebautes, vorwärts gerichtetes 7,7-mm-Vickers-MG im Rumpf; ein bewegliches 7,7-mm-Vickers-K- oder Browning-MG im hinteren Cockpit; ein 730-kg-Torpedo Kaliber 457 mm unter dem Rumpf oder max. 681 kg Bomben oder Minen oder max. 8 76,2-mm-(27 kg)-Raketen bzw. 4 113-kg-Bomben unter den Tragflächen |

# Fairey Swordfish Mk III

Die Produktion der Swordfish Mk II dauerte bis Februar 1944. Die britische Marineluftwaffe hatte mit viel Mühe versucht, einen Nachfolger zu finden, ab die Fairey Albacore konnte Erwartungen nicht erfüllen, und das Entwicklungspro gramm der Fairey Barracuda verzögerte sich ernstlich. Daher musste die Stringba (etwa „Drahtsack") weiter im Dienst bleiben, und die Produktion wurde auf die Version Mk III umgestellt, die ein großes Radom zwischen den Fahrwerksbeinen trug. Dies verhinderte zwar das Mitführen von Lasten unter dem Rumpf, aber die Unterflügelhalterungen blieben erhalten, und zudem wurde es üblich, dass die Maschinen in Gruppen flogen mit einer Mk III als Radarflugzeug und mehreren Mk II als Angriffsmaschinen. Insgesamt 327 Mk III wurden gebaut. Die abgebildete Swordfish Mk III war Anfang 1945 bei der 119. Staffel in Knocke, Belgien, stationiert, die Angriffe auf deutsche Schiffe vor der holländischen Küste flog.

| | |
|---|---|
| **Herkunftsland:** | Großbritannien |
| **Typ:** | dreisitziges U-Boot-Jagd- und Schiffbekämpfungsflugzeug |
| **Triebwerk:** | ein 9-Zylinder-Sternmotor Bristol Pegasus 30 mit 750 PS (560 kW) |
| **Leistung:** | Höchstgeschwindigkeit 222 km/h; Dienstgipfelhöhe 3.260 m; Reichweite 885 km |
| **Gewicht:** | Leergewicht 2.359 kg; max. Startgewicht 4.196 kg |
| **Abmessungen:** | Spannweite 13,92 m; Länge 11,12 m; Höhe 3,93 m; Flügelfläche 56,39 qm |
| **Bewaffnung:** | ein fest eingebautes, vorwärts gerichtetes 7,7-mm-Vickers-MG im Rumpf; ein bewegliches 7,7-mm-Vickers-K- oder Browning-MG im hinteren Cockpit; bis zu acht 76,2-mm-(27 kg)-Raketen oder vier 113-kg-Bomben unter den Tragflächen |

# airey Swordfish Mk IV

iese letzte Version der Swordfish entstand, indem man Mk-II- und Mk-III-Maschinen mit einer einfachen Cockpithaube versah. Dies war den Besatzungen r willkommen, da diese ihre Flüge häufig über dem Atlantik und der Nordsee chführten und dabei den Elementen schutzlos ausgeliefert waren. Hier ist eine IV einer in Neuschottland/Kanada stationierten Waffentrainingseinheit zu se-. Die letzte Swordfish Mk III wurde im August 1944 abgeliefert. Passenderweise es auch eine Swordfish, die am 28. Juni 1945 den letzten Doppeldecker-Kampfsatz der britischen Marine flog. Bis zu diesem Zeitpunkt hatte der Typ als pedobomber, Minenleger, Konvoibegleiter, U-Bootjäger, raketenbewaffnetes iffsbekämpfungsflugzeug, Schulmaschine und für allgemeine Aufgaben gedient. letzte noch flugfähige Swordfish wird von der britischen Marineluftwaffe heute h auf Flugschauen gezeigt.

| | |
|---|---|
| **erkunftsland:** | Großbritannien |
| **yp:** | dreisitziges U-Boot-Jagd- und Schiffbekämpfungsflugzeug |
| **riebwerk:** | ein 9-Zylinder-Sternmotor Bristol Pegasus 30 mit 750 PS (560 kW) |
| **eistung:** | Höchstgeschwindigkeit 222 km/h; Dienstgipfelhöhe 3.260 m; Reichweite 885 km |
| **ewicht:** | Leergewicht 2.359 kg; max. Startgewicht 4.196 kg |
| **bmessungen:** | Spannweite 13,92 m; Länge 11,12 m; Höhe 3,93 m; Flügelfläche 56,39 qm |
| **ewaffnung:** | ein fest eingebautes, vorwärts gerichtetes 7,7-mm-Vickers-MG im Rumpf; ein bewegliches 7,7-mm-Vickers-K- oder Browning-MG im hinteren Cockpit; bis zu acht 76,2-mm-(27 kg)-Raketen oder vier 113-kg-Bomben unter den Tragflächen |

# Farman F.40

Henry und Maurice Farman begannen ihre Laufbahn schon in den ersten Jah des 20. Jahrhunderts, und bei Ausbruch des 1.Weltkriegs standen sie an der Spitze der französischen Luftfahrtindustrie. Das Druckschraubenmodell F.40 war ein gemeinsamer Entwurf und verband Merkmale ihrer früheren, unabhängigen Konstruktionen. Der Typ erschien Ende 1915 und ging Anfang 1916 in Serienproduktion. Mehr als 40 französische Flugstaffeln waren mit der F.40 ausgerüstet, di auch als die Horace Farman bekannt war. Eine verwirrende Anzahl von Variante wurde gebaut, darunter die F.40P mit Le-Prieur-Raketen, die F.41 mit kürzeren Flügeln und plumperer Rumpfgondel, die F.56 mit einem 170 PS (127 kW) starker Renault-Motor und die F.60 mit 190 PS (142 kW) starkem Renault-Motor. Der Typ diente auch bei der britischen Marine sowie bei französischen Einheiten in Serbi und Mazedonien. Abgebildet ist eine portugiesische F.40 von 1917.

| | |
|---|---|
| **Herkunftsland:** | Frankreich |
| **Typ:** | zweisitziges Beobachtungsflugzeug |
| **Triebwerk:** | ein Renault-12-Zylinder-V-Motor mit 135 PS (101 kW) |
| **Leistung:** | Höchstgeschwindigkeit 135 km/h; Dienstgipfelhöhe 4.000 m; Flugdauer 2 h 20 min |
| **Gewicht:** | Leergewicht 748 kg; max. Startgewicht 1.120 kg |
| **Abmessungen:** | Spannweite 17,6 m; Länge 9,25 m; Höhe 3,9 m; Flügelfläche 52 qm |
| **Bewaffnung:** | ein oder zwei bewegliche 7,7-mm-Lewis-MG im vorderen Cockpit; leichte Bomben und (F.40P) Le-Prieur-Raketen |

# Farman Goliath

Der Waffenstillstand im November 1918 beendete die Entwicklung der Farman F.60 als schwerer Bomber. Die beiden Prototypen wurden daher als Passa-erflugzeuge fertig gestellt und erhielten in Rumpfbug und -mitte Kabinen für vier zw. acht Fluggäste. Der Erstflug fand im Januar 1919 statt. Während das zivile odell in Produktion ging, begannen auch Flugtests mit einer militärischen Version. ie erste zivile F.60 wurde im März 1920 in Dienst gestellt und flog die Route Le ourget–Croydon. Die erste Bomberversion erhielt die französischen Luftwaffe 922. Trotz ihres scheinbar plumpen Äußeren war die Farman Goliath das meist-ebaute zweimotorige Flugzeug der 20er Jahre und wurde in einer Vielzahl von arianten sowohl für zivile als auch militärische Nutzer produziert. Über 360 her-estellte Maschinen in einem Jahrzehnt, in dem in zweistelligen Stückzahlen ge-aute Typen selten waren, sind bemerkenswert.

| | |
|---|---|
| **Herkunftsland:** | Frankreich |
| **Typ:** | (zivile F.60) Passagierflugzeug |
| **Triebwerk:** | zwei 9-Zylinder-Sternmotoren Salmson CM.9 mit 260 PS (194 kW) |
| **Leistung:** | Höchstgeschwindigkeit 160 km/h; Dienstgipfelhöhe 4.000 m; Reichweite 400 km |
| **Gewicht:** | Rüstgewicht 2.500 kg; max. Startgewicht 4.770 kg |
| **Abmessungen:** | Spannweite 26,50 m; Länge 14,33 m; Höhe 4,91 m; Flügelfläche 161 qm |

# Felixstowe F.5

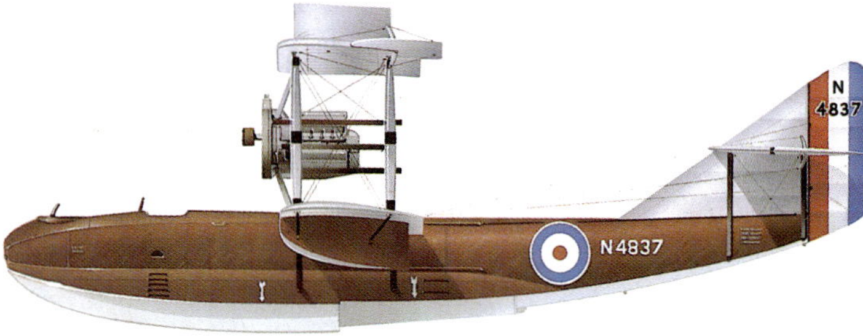


John C. Porte, Kommandeur der Fliegerabteilung der britischen Marine, trat 191 in die Firma Curtiss ein und entwarf die frühe H-Serie von Flugbooten. Bei Kriegsausbruch kehrte er nach Großbritannien zurück und wurde Kommandeur einer Flugbasis der Marine in Felixstowe, von wo aus Curtiss-H.4-Flugboote Patrouillen über der Nordsee flogen. Portes Bemühungen, den Rumpf zu verbessern, führten zur F.2A, dem Standardflugboot der britischen Marine während des Krieges. Rund 100 Maschinen wurden durch S.E. Saunders in Cowes und zehn weitere durch Aircraft Manufacturing in Hendon gebaut. Die F.3 trug eine höhere Bombenlast, während die komplett neu entworfenen F.5 von 1918 bis zur Einführung der Supermarine Southampton 1925 das britische Standardflugboot war. 1918 führte auch die US-Marine eine von Liberty-Motoren angetriebene Version der F.5 ein.

| | |
|---|---|
| **Herkunftsland:** | Großbritannien |
| **Typ:** | Aufklärungsflugboot |
| **Triebwerk:** | zwei 12-Zylinder-V-Motoren Rolls Royce Eagle VIII mit 350 PS (261 kW) |
| **Leistung:** | Höchstgeschwindigkeit 142 km/h; Dienstgipfelhöhe 2.075 m; Flugdauer 7 h |
| **Gewicht:** | Leergewicht 4.128 kg; max. Startgewicht 5.752 kg |
| **Abmessungen:** | Spannweite 31,6 m; Länge 15,01 m; Höhe 5,72 m; Flügelfläche 130,9 qm |
| **Bewaffnung:** | ein bewegliches 7,7-mm-Lewis-MG im Bugstand; ein 7,7-mm-Lewis-MG in jedem von drei Ständen im mittleren Rumpf; Unterflügelhalterungen für vier 104-kg-Bomben |

# iat CR.1

iat gründete während des 1. Weltkrieges ein Zweigwerk für den Bau von Flugzeugen und stellte 1918 den Konstrukteur Celestino Rosatelli ein. Sein erster twurf war der einmotorige Bomber BR, 1923 gefolgt vom einsitzigen Jäger CR. vei Prototypen wurden gebaut, und nachdem diese sich bei Flugtests der SIAI.52 erlegen gezeigt hatten, wählte man den Typ zur Serienproduktion für die neue lienische Luftwaffe aus. Die Serienmaschinen trugen die Bezeichnung CR.1, und e ersten von insgesamt 240 Stück wurden 1925 ausgeliefert. Während der 30er hre rüsteten die Italiener viele CR.1 auf den 440 PS (328 kW) starken Isotta-aschini-Asso-Caccia-Motor um, die in dieser Form bis 1937 dienten. Lettland ufte neun Maschinen, das blieb der einzige Exportauftrag. Testmaschinen mit rschiedenen Triebwerken erhielten die Bezeichnungen CR.2, CR.10 und CR.5.

| | |
|---|---|
| **Herkunftsland:** | Italien |
| **Typ:** | einsitziges Jagdflugzeug |
| **Triebwerk:** | ein 8-Zylinder-V-Motor Hispano-Suiza 42 mit 300 PS (224 kW) |
| **Leistung:** | Höchstgeschwindigkeit 272 km/h; Dienstgipfelhöhe 7.450 m; Flugdauer 2 h 35 min |
| **Gewicht:** | Leergewicht mit Ausrüstung 839 kg; max. Startgewicht 1.154 kg |
| **Abmessungen:** | Spannweite 8,95 m; Länge 6,16 m; Höhe 2,4 m; Flügelfläche 23 qm |
| **Bewaffnung:** | zwei fest eingebaute, vorwärts gerichtete 7,7-mm-Vickers-MG |

# Fiat CR.20

Die CR.1 war das erste in einer Reihe von Rosatelli-Entwürfen von klassischen Jagdflugzeugen und erreichte in den 30er Jahren ihren Zenit. Die CR.20 von 1926 war ein Doppeldecker ungleicher Spannweite in Stahlrohr- und Stoffbauwei Der Prototyp wurde von einem Fiat-AR.20-Motor angetrieben und machte seinen Erstflug im Juni 1926. Im Herbst desselben Jahres wurde das Modell auf der Paris Luftfahrtausstellung gezeigt. Die Produktion für die italienische Luftwaffe begann 1927, und die CR.20 wurde rasch ihr Standard-Jagdflugzeug. Bei den italienischen Kolonialkriegen in Libyen und Abessinien wurde der Typ als Erdkampfflugzeug eingesetzt. In den späten 30er Jahren waren CR.20 nur noch in Schulungseinheite zu finden. Macchi und CMASA bauten 46 CR.20 Idro, eine Version mit zwei Schwim mern. Auf der Abbildung ist eine CR.20 der ungarischen Luftwaffe aus dem Jahr 1936 zu sehen.

| | |
|---|---|
| **Herkunftsland:** | Italien |
| **Typ:** | einsitziges Jagdflugzeug |
| **Triebwerk:** | ein 12-Zylinder-V-Motor Fiat A.20 mit 410 PS (306 kW) |
| **Leistung:** | Höchstgeschwindigkeit 260 km/h; Dienstgipfelhöhe 8.500 m; Flugdauer 2 h 30 min |
| **Gewicht:** | Leergewicht 970 kg; max. Startgewicht 1.390 kg |
| **Abmessungen:** | Spannweite 9,8 m; Länge 6,71 m; Höhe 2,79 m; Flügelfläche 25,5 qm |
| **Bewaffnung:** | zwei fest eingebaute, vorwärts gerichtete 7,7-mm-Vickers-MG |

# Fiat CR.20bis

Im Einsatz erwies sich das mit einem Gummiband gefederte Fahrgestell mit durchgehender Achse der CR.20 als Schwachstelle, sodass Fiat sich um Verbesserung emühte. Die CR.20bis von 1930 hatte daher Ölstoßdämpfer und Radbremsen. ieser Typ wurde in 232 Exemplaren gebaut. Die Fiat CR.20bis AQ hatte einen Fiat-Q-Motor für bessere Höhenleistungen, während die CR.20 Asso ein Isotta-Fraschi-i-Triebwerk mit einer anderen Verkleidung und ein größeres Leitwerk besaß. xportaufträge kamen aus Ungarn, Österreich, Litauen, Paraguay, Polen und der owjetunion. Nach dem Anschluss Österreichs 1938 setzte die deutsche Luftwaffe ie CR.20 kurze Zeit als Trainer ein. Hier ist eine CR.20bis der so genannten indiaischen Jägerstaffel der Luftwaffe Paraguays zu sehen, die dort in den 30er Jahren n Einsatz war.

| | |
|---|---|
| **Herkunftsland:** | Italien |
| **Typ:** | einsitziges Jagdflugzeug |
| **Triebwerk:** | ein 12-Zylinder-V-Motor Fiat A.20 mit 410 PS (306 kW) |
| **Leistung:** | Höchstgeschwindigkeit 260 km/h; Dienstgipfelhöhe 8.500 m; Flugdauer 2 h 30 min |
| **Gewicht:** | Leergewicht 970 kg; max. Startgewicht 1.390 kg |
| **Abmessungen:** | Spannweite 9,8 m; Länge 6,71 m; Höhe 2,79 m; Flügelfläche 25,5 qm |
| **Bewaffnung:** | zwei fest eingebaute, vorwärts gerichtete 7,7-mm-Vickers-MG |

# Fiat CR.32quater

**Die CR.32 war das wichtigste Doppeldecker-Jagdflugzeug der 30er Jahre, zum einen wegen der Anzahl der gebauten Maschinen (1.712), zum anderen auf Grund ihres Einflusses auf den Spanischen Bürgerkrieg. Die CR.32 stammte von der durch Rosatelli 1931 entworfenen CR.30 ab und übernahm zahlreiche ihrer Merkmale, so die W-förmigen Flügelstreben. Die CR.30 war mit einem V-12-Fiat-A.30-Motor ausgestattet, der leistungsmäßig gegenüber der CR.1 einen beträchtlichen Schritt nach vorne bedeutete, und wurde für die italienische Luftwaffe gebaut. Rosatelli ruhte sich jedoch nicht auf seinen Lorbeeren aus und entwickelte aus der CR.30 die CR.32, welche das Rückgrat der italienischen Jagdverbände in den Jahren 1934–194 bildete. Der Typ wurde1936–1939 intensiv in Spanien eingesetzt, und die guten Leistungen dort ließen die italienische Führung glauben, Doppeldecker seien noch immer eine wirksame Waffe.**

| | |
|---|---|
| **Herkunftsland:** | Italien |
| **Typ:** | (CR.42) einsitziges Jagdflugzeug |
| **Triebwerk:** | ein 12-Zylinder-V-Motor Fiat A.30-RAbis mit 600 PS (447 kW) |
| **Leistung:** | Höchstgeschwindigkeit 375 km/h; Dienstgipfelhöhe 8.800 m; Reichweite 680 km |
| **Gewicht:** | Leergewicht 1.325 kg; max. Startgewicht 1.850 kg |
| **Abmessungen:** | Spannweite 9,5 m; Länge 7,45 m; Höhe 2,63 m; Flügelfläche 22,10 qm |
| **Bewaffnung:** | zwei fest eingebaute, vorwärts gerichtete 7,7-mm-Breda-SAFAT-MG |

# Fiat CR.42 Falco

Mitte der 30er Jahre hatten sich die meisten von Celestino Rosatellis Zeitgenossen auf den Entwurf und Bau von selbsttragenden Eindeckern umgestellt, och der Fiat-Chefkonstrukteur blieb der stoffbespannten CR-Reihe mit offenen ockpits treu. Aus der CR.32 entwickelte Rosatelli die CR.41, welche einen 900 PS 71 kW) starken Gnome-Rhône-Sternmotor und ein verändertes Leitwerk erhielt. on diesem Typ stammt die CR.42 ab, und trotz eines sauberen und robusten Enturfs war das Modell schon bei seinem Erstflug 1936 veraltet. Nichtsdestotrotz urde die CR.42 für die italienische Luftwaffe in Großserie gebaut und sogar nach elgien, Ungarn und Schweden exportiert. Hier ist eine CR.42 abgebildet, die 1940 ahe Benina, Libyen, stationiert war. Bis zum Erscheinen der Hawker Hurricane ar die Falco der beste auf beiden Seiten verfügbare Jäger. Als die Maschinen mehr nd mehr veralteten, wurden sie als Erdkampfflugzeuge eingesetzt.

| | |
|---|---|
| **Herkunftsland:** | Italien |
| **Typ:** | (CR.42) einsitziges Jagdflugzeug |
| **Triebwerk:** | ein 14-Zylinder-Doppelsternmotor Fiat A.74-R1C.38 mit 840 PS (626 kW) |
| **Leistung:** | Höchstgeschwindigkeit 472 km/h, steigt auf 6.000 m in 7 min 30 sek; Dienstgipfelhöhe 9.835 m; Reichweite 670 km |
| **Gewicht:** | Leergewicht 1.975 kg; max. Startgewicht 2.415 kg |
| **Abmessungen:** | Spannweite 10,96 m; Länge 7,79 m; Höhe 2,96 m |
| **Bewaffnung:** | zwei fest eingebaute, vorwärts gerichtete 12,7-mm-Breda-SAFAT-MG im vorderen, oberen Rumpf |

# Fiat CR.42 Falco

Als Italien im Juni 1940 in den Krieg eintrat, besaß die Luftwaffe 242 CR.42, die während der Kämpfe in Südfrankreich und sporadisch auch bei der Luftschlacht um England eingesetzt wurden. Häufiger kam die Falco jedoch im Mittelmeerraum sowie in Nord- und Ostafrika zum Einsatz. Die Maschine erwies sich auch als erfolgreich gegen Bodenziele. Im Juli 1941 wurden die ersten speziell für Afrika gebauten CR.42 SA geliefert, die Staubfilter für die Motoren und Gehänge für bis zu 200 kg Bomben hatten. Ab September 1942 stiegen die Verluste jedoch zu stark an, und der Typ wurde schrittweise aus dem Einsatz genommen. Die CR.42 CHN war ein Nachtjäger mit Auspuff-Flammdämpfern. Die CR.42 DB war ein Prototyp mit einem 1.160 PS (865 kW) starken Daimler-Benz-DB-601E-Motor. Die ICR.42 war eine von CMASA gebaute Schwimmerversion, und die CR.42 LW war für die deutsche Luftwaffe zur Partisanenbekämpfung und für Nachtstöreinsätze gebaut.

| | |
|---|---|
| **Herkunftsland:** | Italien |
| **Typ:** | (CR.42) einsitziges Jagdflugzeug |
| **Triebwerk:** | ein 14-Zylinder-Doppelsternmotor Fiat A.74-R1C.38 mit 840 PS (626 kW) |
| **Leistung:** | Höchstgeschwindigkeit 472 km/h; steigt auf 6.000 m in 7 min 30 sek; Dienstgipfelhöhe 9.835 m; Reichweite 670 km |
| **Gewicht:** | Leergewicht 1.975 kg; max. Startgewicht 2.415 kg |
| **Abmessungen:** | Spannweite 10,96 m; Länge 7,79 m; Höhe 2,96 m |
| **Bewaffnung:** | zwei fest eingebaute, vorwärts gerichtete 12,7-mm-Breda-SAFAT-MG im vorderen, oberen Rumpf; (als Erdkämpfer) leichte Bombenlast |

# iat CR.42bis Falco

in Verband von 50 CR.42 war von Oktober 1940 bis Januar 1941 unter dem Kommando der Luftflotte II in Belgien stationiert, doch die Maschinen erlitten hohe Verluste, dass die überlebenden Flugzeuge und Piloten nach Nordafrika rlegt wurden. Noch bei der Vertcidigung Italiens gegen die Alliierten 1943 waren lcos im Einsatz. Als die Kämpfe in Italien fortschritten und sich der Goten-Linie herten, übernahmen die Deutschen eine russische Taktik und verwendeten alle rfügbaren Maschinen für Nachtstöreinsätze. Da ihre eigenen Kapazitäten nicht ehr ausreichten, wurden so auch die nach der italienischen Kapitulation erbeuten Maschinen eingesetzt und sogar die Fertigung der Falco bei Fiat unter deuther Regie wieder aufgenommen. Hier ist eine CR.42bis abgebildet, die im Februar 44 bei der 2./Nachtschlachtgruppe 9 in Casella Torino eingesetzt war und entrnte Radverkleidungen hatte.

| | |
|---|---|
| **Herkunftsland:** | Italien |
| **Typ:** | (CR.42) einsitziges Jagdflugzeug |
| **Triebwerk:** | ein 14-Zylinder-Doppelsternmotor Fiat A.74-R1C.38 mit 840 PS (626 kW) |
| **Leistung:** | Höchstgeschwindigkeit 472 km/h; steigt auf 6.000 m in 7 min 30 sek; Dienstgipfelhöhe 9.835 m; Reichweite 670 km |
| **Gewicht:** | Leergewicht 1.975 kg; max. Startgewicht 2.415 kg |
| **Abmessungen:** | Spannweite 10,96 m; Länge 7,79 m; Höhe 2,96 m |
| **Bewaffnung:** | zwei fest eingebaute, vorwärts gerichtete 12,7-mm-Breda-SAFAT-MG im vorderen, oberen Rumpf; (als Erdkämpfer) leichte Bombenlast |

# Fieseler Fi 167

Der einzige deutsche Flugzeugträger, die *Graf Zeppelin*, wurde 1936 auf Kiel gelegt, 1938 lief er vom Stapel (die Fertigstellung erfolgte jedoch nie). Kurz darauf vergab das deutsche Luftfahrtministerium einen Entwicklungsauftrag für ein trägergestütztes Mehrzweckflugzeug, das über exzellente Kurzstart- und Landeeigenschaften (STOL) verfügen sollte, an ausgesuchte Firmen. Weitere Vorgaben waren Sturzflugfähigkeit und faltbare Doppeldeckertragflächen. Nur Fieseler und Arado zeigten Interesse. Die beiden Fieseler-Fi-167-Prototypen zeigten gute Flugeigenschaften und konnten bei sehr geringer Geschwindigkeit landen. Fieseler erhielt einen Auftrag über zwölf Fi-167-A-0-Vorserienmaschinen mit abwerfbarem Fahrgestell, doch der Verzicht auf einen Träger machte die Fi 167 überflüssig. Neun Maschinen gingen als Küstenaufklärer an Rumänien. Abgebildet ist eine Fi 167 A-0 der Erprobungsstaffel 167, die 1940–1942 in den Niederlanden stationiert war.

| | |
|---|---|
| **Herkunftsland:** | Deutschland |
| **Typ:** | zweisitziger Torpedobomber und Aufklärer |
| **Triebwerk:** | ein hängender 12-Zylinder-V-Motor Daimler-Benz DB-601B mit 1.100 PS (820 kW) |
| **Leistung:** | Höchstgeschwindigkeit 325 km/h; Dienstgipfelhöhe 8.200 m; Reichweite 1.500 km |
| **Gewicht:** | Leergewicht 2.800 kg; max. Startgewicht 4.850 kg |
| **Abmessungen:** | Spannweite 13,5 m; Länge 11,40 m; Höhe 4,80 m |
| **Bewaffnung:** | ein fest eingebautes, vorwärts gerichtetes 7,92-mm-MG 17; ein bewegliches 7,92-mm-MG 15 im hinteren Cockpit; extern ein Torpedo oder Bomben bis zu 1.000 kg |

# Fokker C.I

**Die Fokker C.I war im Grunde eine vergrößerte D.VII. Der Prototyp V 38 wurde 1918 in Schwerin getestet und ging sofort in Produktion, doch bei Kriegsende aren noch keine Maschinen fertig gestellt worden. Anthony Fokker schmuggelte albfertige C.I unter den Augen der Franzosen in die Niederlande und setzte dort ine Arbeit fort. Insgesamt wurden etwa 250 Flugzeuge mit Motoren zwischen 185 nd 260 PS gebaut. Die niederländische Armee war der größte Kunde und bestellte 2 C.I, die Sowjetunion kaufte 42 Maschinen, die oft ein Kufenfahrwerk hatten, und änemark erwarb zwei und baute drei weitere. Die C.Ia aus dem Jahr 1929 war ne Variante für die niederländische Armee mit einem 200 PS (149 kW) starken rmstrong-Siddeley-Lynx-Sternmotor und überarbeitetem Heck, die C.I W war eine xperimentelle Schwimmerversion, die C.IIa ein dreisitziges Passagierflugzeug mit eschlossener Kabine. Die C.III war ein Fortgeschrittenentrainer für Spanien.**

| | |
|---|---|
| **Herkunftsland:** | Deutschland |
| **Typ:** | zweisitziges Aufklärungsflugzeug |
| **Triebwerk:** | ein 6-Zylinder-Reihenmotor BMW IIIa mit 185 PS (138 kW) |
| **Leistung:** | Höchstgeschwindigkeit 175 km/h; Dienstgipfelhöhe 4.000 m; Reichweite 620 km |
| **Gewicht:** | Rüstgewicht 855 kg; max. Startgewicht 1.255 kg |
| **Abmessungen:** | Spannweite 10,5 m; Länge 7,23 m; Höhe 2,87 m; Flügelfläche 26,25 qm |
| **Bewaffnung:** | ein fest eingebautes, vorwärts gerichtetes 7,7-mm-MG; ein bewegliches 7,7-mm-MG im hinteren Cockpit; Unterflügelhalterungen für vier 12,5-kg-Bomben |

# Fokker C.V

Fokker überlebte die Nachkriegsrezession auf dem Militärflugzeugmarkt dank der Verkaufserfolge der C.IV. Bemerkenswerte 159 Exemplare dieses robusten und verlässlichen Flugzeugs wurden ab 1923 gebaut. Die Nachfolgerin war die C.V, deren Prototyp im Mai 1924 zum Jungfernflug startete. Die Serienmaschinen wurden in fünf verschiedenen Varianten mit unterschiedlichen Tragflächen angeboten. Die Niederlande waren natürlich erster Kunde, aber die Flexibilität der Konstruktion machte die Maschine auch für Exportkunden sehr attraktiv, besonders die Modelle C.V-D und C.V-E. Bolivien erwarb den Typ, und Dänemark, Schweden, Norwegen, Italien, Ungarn (als WM Budapest 9, 11 oder 14) sowie die Schweiz kauften zunächst einige C.V direkt von Fokker, um die Maschine dann in Lizenz zu produzieren. Einige nach dem deutschen Einmarsch von 1940 in Dänemark erbeutete C.V flogen 1943/1944 als Nachtschlachtflugzeuge bei der 2./NSGr 11.

| | |
|---|---|
| **Herkunftsland:** | Dänemark (Niederlande) |
| **Typ:** | zweisitziger Aufklärer/Bomber |
| **Triebwerk:** | ein Sternmotor Bristol Pegasus mit 750 PS (544 kW) |
| **Leistung:** | Höchstgeschwindigkeit 225 km/h; Dienstgipfelhöhe 5.500 m; Reichweite 770 km |
| **Gewicht:** | Leergewicht 1.250 kg; max. Startgewicht 1.850 kg |
| **Abmessungen:** | Spannweite 12,5 m; Länge 9,5 m; Höhe 3,5 m; Flügelfläche 28,8 qm |
| **Bewaffnung:** | ein oder zwei fest eingebaute, vorwärts gerichtete 7,9-mm-MG im Rumpf; ein oder zwei bewegliche 7,9-mm-MG im hinteren Cockpit; extern bis zu 200 kg Bomben oder Minen |

# okker C.X

D er Erfolg der C.V-Reihe veranlasste Fokker zur Entwicklung der C.X, die einige
Ähnlichkeiten zur C.V-E aufwies, aber durch den Rolls-Royce-Kestrel-Motor eine
ssere Leistung aufwies. Doch der Wettbewerb auf dem internationalen Markt für
litärmaschinen war in den 30er Jahren hart, und Fokker gelang es nicht, viele
portkunden für den Typ zu finden. Der erste Auftrag über zehn Flugzeuge kam von
r niederländischen Marine für die Kolonien in Ostasien, gefolgt von 20 Maschinen
r die niederländische Luftwaffe, von denen die letzten 15 geschlossene Kabinen
d verkleidete Heckräder hatten. Fokker entwickelte auch eine verbesserte Version
t Bristol-Pegasus-XXI-Sternmotor für Finnland. Vier dieser Maschinen wurden
liefert (C.XSrs II, auf der Abbildung zu sehen), und die staatlichen finnischen
ugzeugwerke bauten nochmals 35 Stück (Srs III und Srs IV). Sowohl die Niederlande
s auch Finnland setzten die C.X noch im 2. Weltkrieg ein.

| | |
|---|---|
| **Herkunftsland:** | Niederlande |
| **Typ:** | zweisitziger Aufklärer/Bomber |
| **Triebwerk:** | ein Sternmotor Bristol Pegasus mit 835 PS (623 kW) |
| **Leistung:** | Höchstgeschwindigkeit 280 km/h; Dienstgipfelhöhe 6.400 m; Reichweite 730 km |
| **Gewicht:** | Leergewicht 1.715 kg; max. Startgewicht 2.545 kg |
| **Abmessungen:** | Spannweite 13 m; Länge 10,4 m; Höhe 4,5 m; Flügelfläche 40 qm |
| **Bewaffnung:** | ein fest eingebautes, vorwärts gerichtetes 7,9-mm-MG im Rumpf; ein bewegliches 7,9-mm-MG im hinteren Cockpit |

# Fokker D.VII

Die von Fokker zwischen August 1915 und Ende 1917 gebauten frühen Modelle der D-Reihe (D.I bis D.VI) waren unspektakuläre Maschinen, die keine bemerkenswerten Erfolge erzielen konnten. In den Schatten gestellt wurden diese Typen von der durch Reinhold Platz, Fokkers Chefkonstrukteur, Ende 1917 entworfenen D.VII. Die Maschine kam gerade rechtzeitig für einen Wettbewerb um einen künftigen deutschen Standardjäger im Januar 1918 und deklassierte alle anderen Teilnehmer. Nach einigen Modifikationen, wie einem längeren Rumpf und einer festen Heckflosse, ging der Typ sofort in Produktion. Die erste Einheit, die D.VII erhielt, war Manfred von Richthofens JG I, dessen Kommando nach Richthofens Tod im April 1918 Hermann Göring übernahm. Rund 1.000 Exemplare dieses leistungsfähigen Flugzeugs waren bis Kriegsende gebaut worden. Abgebildet ist eine D.VII der Jasta 13, Westfront 1918.

| | |
|---|---|
| **Herkunftsland:** | Deutschland |
| **Typ:** | einsitziges Jagdflugzeug |
| **Triebwerk:** | ein 6-Zylinder-Reihenmotor BMW III mit 185 PS (138 kW) |
| **Leistung:** | Höchstgeschwindigkeit 200 km/h; Dienstgipfelhöhe 7.000 m; Flugdauer 1 h 30 min |
| **Gewicht:** | Leergewicht 735 kg; max. Startgewicht 880 kg |
| **Abmessungen:** | Spannweite 8,9 m; Länge 6,95 m; Höhe 2,75 m; Flügelfläche 20,5 qm |
| **Bewaffnung:** | zwei fest eingebaute, vorwärts gerichtete 7,92-mm-LMG-08/15-MG |

# okker
# )r.I

**A ls Ende 1916 erstmals der Sopwith-Dreifachdecker an der Westfront erschien, war dieser Typ leistungsmäßig allen deutschen Jägern überlegen, sodass auf utscher Seite der Ruf nach einem ähnlichen Flugzeug laut wurde. An der folgen- n Ausschreibung beteiligten sich nicht weniger als 14 Firmen, doch waren alle twürfe der Fokker Dr.I („Dr“ für Dreifachdecker) klar unterlegen. Fokker hatte e Sopwith im April 1917 in Aktion gesehen und musste nicht wie die anderen erke auf eine erbeutete Maschine als Vorlage warten. Reinhold Platz, Fokkers iefkonstrukteur, war kein Verfechter des Dreideckerprinzips, entwarf aber den- ch den V.3-Prototypen. Dieser hatte kurze, frei tragende Tragflächen, die einzigen rstrebungen waren die Stützen, welche den oberen Flügel trugen. Testflüge zeig- n jedoch, dass die Maschine über schlechte Flugeigenschaften verfügte, und erst ch erheblichen Modifikationen wurde ein Auftrag über 350 Dr.I erteilt.**

| | |
|---|---|
| **Herkunftsland:** | Deutschland |
| **Typ:** | einsitziges Jagdflugzeug |
| **Triebwerk:** | ein 9-Zylinder-Umlaufmotor Oberursel Ur.II mit 110 PS (82 kW) |
| **Leistung:** | Höchstgeschwindigkeit 185 km/h; Dienstgipfelhöhe 6.100 m; Flugdauer 1 h 30 min |
| **Gewicht:** | Leergewicht 406 kg; max. Startgewicht 586 kg |
| **Abmessungen:** | Spannweite 7,19 m; Länge 5,77 m; Höhe 2,95 m; Flügelfläche 18,66 qm |
| **Bewaffnung:** | zwei fest eingebaute, vorwärts gerichtete 7,92-mm-LMG-08/15-MG |

# Fokker Dr.I

Die Fokker Dr.I 425/17 war die letzte Maschine von Manfred Freiherr von Rich
hofen, dem „Roten Baron". Von Richthofen war der erfolgreichste Jagdflieger
des 1. Weltkriegs. Tatsächlich erzielte von Richthofen die Mehrzahl seiner Abschü
se mit anderen Typen, wie der Albatros D.III. Als die von einem Umlaufmotor ang
triebene, sehr wendige Dr.I im Oktober 1917 in Dienst gestellt wurde, war sie sch
durch eine neue Generation von Jagdflugzeugen überholt worden. Die Dr.I bot mi
ihrem schwachen Motor und dem durch die drei Tragflächen verursachten hohen
Luftwiderstand nur eine mäßige Leistung, doch war sie robust und wendig, und m
einem geschickten Piloten am Steuer konnte sie es mit leistungsmäßig überlegene
Maschinen durchaus aufnehmen. Geschwindigkeit und Reichweite waren jedoch gering, weshalb sich Fokker auch recht erstaunt zeigte, dass die Maschine viele Lorbeeren errang.

| | |
|---|---|
| **Herkunftsland:** | Deutschland |
| **Typ:** | einsitziges Jagdflugzeug |
| **Triebwerk:** | ein 9-Zylinder-Umlaufmotor Oberursel Ur.II mit 110 PS (82 kW) |
| **Leistung:** | Höchstgeschwindigkeit 185 km/h; Dienstgipfelhöhe 6.100 m; Flugdauer 1 h 30 min |
| **Gewicht:** | Leergewicht 406 kg; max. Startgewicht 586 kg |
| **Abmessungen:** | Spannweite 7,19 m; Länge 5,77 m; Höhe 2,95 m; Flügelfläche 18,66 qm |
| **Bewaffnung:** | zwei fest eingebaute, vorwärts gerichtete 7,92-mm-LMG-08/15-MG |

# Fokker Dr.I

E in Großteil des guten Rufes der Dr.I kann den geschickten Piloten zugeschrieben werden, die sie im Kampf flogen.Viele DR.I flogen beim JG 1, dem so ge-
nnten „fliegenden Zirkus“ des Freiherrs von Richthofen. Das Jagdgeschwader 1
urde im Juni 1917 aus den Jagdstaffeln (Jastas) 4, 6, 10 und 11 gebildet. Der Name
liegender Zirkus“ stammt vor allem von der grellen, auffälligen Bemalung, die vie-
Flugzeuge des Verbandes trugen. Diese hatte jedoch nicht nur dekorative Gründe,
ndern half den Piloten, sich im Kampfgetümmel gegenseitig zu erkennen. Doch
as JG 1 war nicht nur für seine bunten Maschinen bekannt. Ausgeklügelte Luft-
mpftaktiken und die große Anzahl der Maschinen unter von Richthofens Kom-
ando trugen viel zum Erfolg des Geschwaders bei. Hier abgebildet ist eine Dr.I der
sta 26. An dieser Maschine ist das Eiserne Kreuz noch klar in der ab 1918 be-
utzten, einfacheren Form zu erkennen.

| | |
|---|---|
| **Herkunftsland:** | Deutschland |
| **Typ:** | einsitziges Jagdflugzeug |
| **Triebwerk:** | ein 9-Zylinder-Umlaufmotor Oberursel Ur.II mit 110 PS (82 kW) |
| **Leistung:** | Höchstgeschwindigkeit 185 km/h; Dienstgipfelhöhe 6.100 m; Flugdauer 1 h 30 min |
| **Gewicht:** | Leergewicht 406 kg; max. Startgewicht 586 kg |
| **Abmessungen:** | Spannweite 7,19 m; Länge 5,77 m; Höhe 2,95 m; Flügelfläche 18,66 qm |
| **Bewaffnung:** | zwei fest eingebaute, vorwärts gerichtete 7,92-mm-LMG-08/15-MG |

# Fokker Dr.I

Zu Beginn der Einsatzzeit der Dr.I kam es zu einer Reihe von Abstürzen, deren Ursache in minderwertiger Arbeit des Schweriner Fokkerwerks lag, wo die Trag- flächen gebaut wurden. Alle Dr.I erhielten daraufhin Flugverbot, die Flügelb spannung wurde entfernt, und es stellte sich heraus, dass viele Spanten ersetzt werden mussten. Daher kam der Typ erst ab Ende November 1917 in größeren Zahlen zum Einsatz. Fünf Varianten wurden entwickelt: Die V5 erhielt für einen Wettbewerb für ein neues Jagdflugzeug im Januar 1918 einen 160 PS (119 kW) starken Göbel-Gö.III-Umlaufmotor, die V6 hatte eine vergrößerte Spannweite und einen 120 PS (90 kW) starken Mercedes-Motor (aus dieser Version wurde später de Fünfdecker V8 entwickelt). Die V7 war mit einem 160 PS (119 kW) starken Siemens Halske-Triebwerk und Vierblattpropeller ausgerüstet, die V9 erhielt modifizierte Flügelstreben und die V10 einen 145 PS (108 kW) starken Oberursel-Umlaufmotor.

| | |
|---|---|
| **Herkunftsland:** | Deutschland |
| **Typ:** | einsitziges Jagdflugzeug |
| **Triebwerk:** | ein 9-Zylinder-Umlaufmotor Oberursel Ur.II mit 110 PS (82 kW) |
| **Leistung:** | Höchstgeschwindigkeit 185 km/h; Dienstgipfelhöhe 6.100 m; Flugdauer 1 h 30 min |
| **Gewicht:** | Leergewicht 406 kg; max. Startgewicht 586 kg |
| **Abmessungen:** | Spannweite 7,19 m; Länge 5,77 m; Höhe 2,95 m; Flügelfläche 18,66 qm |
| **Bewaffnung:** | zwei fest eingebaute, vorwärts gerichtete 7,92-mm-LMG-08/15-MG |

# okker E.III

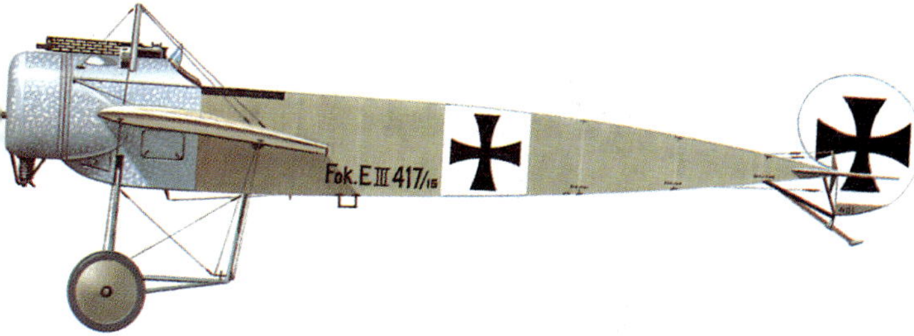


nthony Fokker entwarf und baute sein erstes Flugzeug 1912. Die Fokker Spinne war ein zweisitziger Eindecker mit guter Stabilität um zwei Achsen, jedoch kei- r Seitenstabilität. Die Maschine wurde von den Briten zurückgewiesen, die sie als lecht konstruiert bezeichneten, doch lag das vielleicht auch daran, dass die bri- chen Behörden Eindecker nicht mochten. Fokker bot daraufhin Deutschland sei- Dienste an und baute seinen M.5-Eindecker in großer Zahl. Im April 1915 fiel die schine von Roland Garros, die er mit einem selbstentwickelten Gerät ausge- ttet hatte, um durch den Propeller feuern zu können, in deutsche Hände. Fokker twarf daraufhin ein echtes Unterbrechergetriebe, welches in einen M.5-Aufklärer gebaut wurde. Diese E.I flog sehr erfolgreich von April bis Dezember 1915 an r Westfront. Die E.III (abgebildet) war das letzte E-Modell, das auch von Flieger- sen wie Immelmann und Bölcke geflogen wurde.

| | |
|---|---|
| Herkunftsland: | Deutschland |
| Typ: | einsitziges Jagdflugzeug |
| Triebwerk: | ein 9-Zylinder-Umlaufmotor Oberursel Ur.I mit 100 PS (75 kW) |
| Leistung: | Höchstgeschwindigkeit 134 km/h; Dienstgipfelhöhe 3.500 m; Flugdauer 2 h 45 min |
| Gewicht: | Leergewicht 500 kg; beladen 635 kg |
| Abmessungen: | Spannweite 9,52 m; Länge 7,3 m; Höhe 3,12 m |
| Bewaffnung: | ein fest eingebautes, vorwärts gerichtetes 7,92-mm-LMG-08/15-MG |

# Fokker T.VIII-Wg

**Fokkers T-Reihe von Schwimmerflugzeugen war speziell für den Einsatz in Ni derländisch Ostindien konstruiert. Die T.IV war eine von Fokkers plumpeste Konstruktionen, jedoch auch eine robuste, seetüchtige und kampfkräftige Masch ne, die 1941 mit einigem Erfolg gegen die Japaner kämpfte. Die T.VIII-W wurde drei Versionen gebaut: Die T.VIII-Wg hatte eine gemischte Holz-Metall-Bauweise, die T.VIII-Wm war komplett aus Metall, und die T.VIII-Wc war eine vergrößerte Variante in Holz-Metall-Bauweise und mit stärkeren Triebwerken. Bis die nieder ländischen Fokkerwerke 1940 den Deutschen in die Hände fielen, waren 36 Exe plare gebaut worden, 25 wurden von der Luftwaffe übernommen (darunter auc acht von Finnland bestellte). Acht Maschinen gelang am 14. Mai die Flucht nach Großbritannien, wo sie mit ihren Besatzungen beim Küstenkommando der britischen Luftwaffe eingesetzt wurden, bis Ende 1940 die Ersatzteile ausgingen.**

| | |
|---|---|
| **Herkunftsland:** | Niederlande |
| **Typ:** | dreisitziger Torpedobomber/Aufklärer |
| **Triebwerk:** | zwei 9-Zylinder-Sternmotoren Wright Whirlwind R-975-E3 mit 450 PS (336 kW) |
| **Leistung:** | Höchstgeschwindigkeit 285 km/h; Dienstgipfelhöhe 6.800 m; Reichweite 2.750 km |
| **Gewicht:** | Leergewicht 3.100 kg; max. Startgewicht 5.000 kg |
| **Abmessungen:** | Spannweite 18 m; Länge 13 m; Höhe 5 m; Flügelfläche 44 qm |
| **Bewaffnung:** | ein fest eingebautes, vorwärts gerichtetes 7,92-mm-MG; ein bewegliches 7,92-mm-MG im hinteren Cockpit; externe Bombenlast von bis zu 605 kg |

# Gloster Gamecock Mk I

Die Gloster Gamecock war eine Entwicklung aus der Mk III Grebe und wurde nach der Spezifikation 27/23 des britischen Luftfahrtministeriums gebaut. Die Gamecock unterschied sich von der Grebe vor allem durch ihren Bristol-Jupiter-Motor anstelle des unzuverlässigen Armstrong-Siddeley-Jaguar. Weitere Änderungen betrafen neue Querruder, eine geänderte Rumpfform und innen montierte MG. Der Erstflug fand im Februar 1925 statt. Die britische Luftwaffe erwarb 100 Exemplare, die bis 1931 eingesetzt wurden. Die Gamecock war zwar eine unspektakuläre Holz-Metall-Konstruktion, aber doch ein verlässliches und robustes Flugzeug. Die Gamecock Mk II (drei Exemplare) besaß einen überarbeiteten Mittelflügel. Gloster (wie die Firma ab 1926 hieß) lieferte diese an Finnland, das 15 weitere Maschinen unter dem Namen Kukko in Lizenz baute. Abgebildet ist eine Gamecock Mk I der 2. Staffel der britischen Luftwaffe, die in Henley stationiert war.

| | |
|---|---|
| **Herkunftsland:** | Großbritannien |
| **Typ:** | einsitziges Jagdflugzeug |
| **Triebwerk:** | ein 9-Zylinder-Sternmotor Bristol Jupiter VI mit 425 PS (317 kW) |
| **Leistung:** | Höchstgeschwindigkeit 249 km/h; Dienstgipfelhöhe 6.705 m; Flugdauer 2 h |
| **Gewicht:** | Leergewicht 875 kg; max. Startgewicht 1.299 kg |
| **Abmessungen:** | Spannweite 9,08 m; Länge 5,99 m; Höhe 2,95 m; Flügelfläche 24,53 qm |
| **Bewaffnung:** | zwei fest eingebaute, vorwärts gerichtete 7,7-mm-Vickers-MkI-MG |

# Gloster Gauntlet Mk I

Die Gauntlet war einer der meistverbreiteten Jäger der britischen Luftwaffe in den 30er Jahren und rüstete 1937 nicht weniger als 14 Staffeln aus. Die Entwicklungsgeschichte dieses Typs ist auf Grund des nicht erfolgreichen Goldfinch-Prototypen (einer Ganzmetallversion der Gamecock) recht kompliziert. Gloster nahm mit dieser Maschine erneut an der Ausschreibung F.9/26 des Luftfahrtministeriums teil, hatte aber wiederum keinen Erfolg. Man hatte schon fast einen neuen Entwurf fertig gestellt, als eine Ausschreibung ( F.20/27) für einen einsitzigen Höhenjäger veröffentlicht wurde. Glosters Beitrag war der Prototyp S.S.18, aus dem in vierjähriger Entwicklungszeit die Serien-Gauntlet wurde. Die Gauntlet Mk I hatte einen 640 PS (477 kW) starken Bristol-Mercury-VIS2-Sternmotor. Als 1935 von der Luftwaffe ein Erstauftrag über 24 Flugzeuge einging, war Gloster schon Teil der neuen Hawker-Siddeley-Gruppe.

| | |
|---|---|
| **Herkunftsland:** | Großbritannien |
| **Typ:** | einsitziges Jagdflugzeug |
| **Triebwerk:** | ein 9-Zylinder-Sternmotor Bristol Mercury VIS2 mit 640 PS (477 kW) |
| **Leistung:** | Höchstgeschwindigkeit 370 km/h; Dienstgipfelhöhe 10.120 m; Reichweite 740 km |
| **Gewicht:** | Leergewicht 1.256 kg; max. Startgewicht 1.801 kg |
| **Abmessungen:** | Spannweite 9,99 m; Länge 8,05 m; Höhe 3,12 m; Flügelfläche 29,26 qm |
| **Bewaffnung:** | zwei fest eingebaute, vorwärts gerichtete 7,7-mm-Vickers-MkI-MG |

# Gloster Gauntlet Mk II

as Hauptserienmodell der Gauntlet war die Mk II, bei deren Rumpfkonstruktion viele Fertigungstechniken von Hawker zum Einsatz kamen, da innerhalb r neuen Hawker-Siddeley-Gruppe eine Rationalisierung der Fertigung stattgenden hatte. Zwei Aufträge über insgesamt 204 Maschinen wurden erteilt, von nen die letzten 1937 abgeliefert wurden. Die letzten Maschinen hatten Faireyed-Dreiblatt-Metallpropeller anstelle der vorher verwendeten Watts-Zweiblattftschrauben aus Holz. Die Gauntlet war der letzte Jäger mit offenem Cockpit, der r die britische Luftwaffe produziert wurde, und diente bis Juni 1940 im Mittlen Osten. Dänemark baute 17 Stück in Lizenz. Ehemalige Gauntlets der britischen ftwaffe wurden an Australien (6), Finnland (25), Rhodesien (3), und Südafrika ) weitergegeben. Hier ist eine Gauntlet Mk II der australischen Luftwaffe abgeldet, die im November 1940 in Helwan, Ägypten, stationiert war.

| | |
|---|---|
| **Herkunftsland:** | Großbritannien |
| **Typ:** | einsitziges Jagdflugzeug |
| **Triebwerk:** | ein 9-Zylinder-Sternmotor Bristol Mercury VIS2 mit 640 PS (477 kW) |
| **Leistung:** | Höchstgeschwindigkeit 370 km/h; Dienstgipfelhöhe 10.120 m; Reichweite 740 km |
| **Gewicht:** | Leergewicht 1.256 kg; max. Startgewicht 1.801 kg |
| **Abmessungen:** | Spannweite 9,99 m; Länge 8,05 m; Höhe 3,12 m; Flügelfläche 29,26 qm |
| **Bewaffnung:** | zwei fest eingebaute, vorwärts gerichtete 7,7-mm-Vickers-MkI-MG |

# Gloster Gladiator Mk I

Ende 1934 war der Wettbewerb auf Basis der Ausschreibung F.7/30, der einen Nachfolger für die Bristol Bulldog bestimmen sollte, immer noch nicht erfolgreich abgeschlossen. Jedoch zeichnete sich die Gefahr eines zukünftigen Krieges ab, und es war klar, dass stoffbespannte Doppeldecker schon bald veraltet sein würden. Harry Folland entwarf die Gloster S.S.37, die als eine der letzten Maschinen in den Wettbewerb eintrat. Dennoch gewann dieser Typ schließlich, und unter dem Namen Gladiator Mk I wurde im Juli 1935 ein Produktionsauftrag erteilt. Die Gladiator war ein einstieliger Doppeldecker mit hydraulisch betätigten Klappen, unverstrebtem Fahrwerk mit innenliegenden Dowty-Stoßdämpfern, vier MG (zwei seitlich am Rumpf, zwei in Gondeln unter dem Flügel) und geschlossenem Cockpit. Unter der unteren Tragfläche konnten zudem leichte Lasten aufgehängt werden. Ab März 1937 wurden in drei Schüben 151 Maschinen gebaut.

| | |
|---|---|
| **Herkunftsland:** | Großbritannien |
| **Typ:** | einsitziges Jagdflugzeug |
| **Triebwerk:** | ein 9-Zylinder-Sternmotor Bristol Mercury IX mit 840 PS (626 kW) |
| **Leistung:** | Höchstgeschwindigkeit 414 km/h; Dienstgipfelhöhe 10.120 m; Reichweite 708 km |
| **Gewicht:** | Leergewicht 1.562 kg; max. Startgewicht 2.206 kg |
| **Abmessungen:** | Spannweite 9,83 m; Länge 8,36 m; Höhe 3,53 m; Flügelfläche 30,01 qm |
| **Bewaffnung:** | vier fest eingebaute, vorwärts gerichtete 7,7-mm-Colt-Browning-MG |

# Gloster Gladiator Mk II

Nachdem die Aufträge für die Gladiator Mk I der britischen Luftwaffe erledigt waren, wurden 147 Maschinen für Exportkunden gebaut. Erfahrungen im ısatz hatten gezeigt, dass der Watts-Zweiblattpropeller einige Probleme verur-hte, sodass man eine Maschine versuchsweise mit einem Fairey-Dreiblattpropel- ausstattete. Diese Konfiguration wurde bei der Mk II zum Standard, hinzu kamen ch Neuerungen wie eine automatische Treibstoffgemischkontrolle, ein elektri-er Anlasser und ein Staubfilter für den Vergaser. Einige Mk I der Luftwaffe rden auf diesen Standard umgerüstet, und zusätzlich wurden 252 neue Mk II duziert. In Großbritannien stationierte Einheiten erhielten die Mk II, während alte Version an Verbände in Ägypten ging. Abgebildet ist eine von 21 nach rtugal exportierten Mk II mit den Markierungen des 2. Erkundungsgeschwaders r portugiesischen Luftwaffe auf den Azoren im August 1941.

| | |
|---|---|
| Herkunftsland: | Großbritannien |
| Typ: | einsitziges Jagdflugzeug |
| Triebwerk: | ein 9-Zylinder-Sternmotor Bristol Mercury VIIIA mit 830 PS (619 kW) |
| Leistung: | Höchstgeschwindigkeit 414 km/h; Dienstgipfelhöhe 10.120 m; Reichweite 708 km |
| Gewicht: | Leergewicht 1.562 kg; max. Startgewicht 2.206 kg |
| Abmessungen: | Spannweite 9,83 m; Länge 8,36 m; Höhe 3,53 m; Flügelfläche 30,01 qm |
| Bewaffnung: | vier fest eingebaute, vorwärts gerichtete 7,7-mm-Colt-Browning-MG |

# Gloster Grebe Mk II

Nachdem er im 1. Weltkrieg bei Nieuport gelernt hatte, ging Harry Folland zu Gloucester (Gloster) Aircraft. Auf seinem Zeichenbrett entstand eine lange Reihe von sehr erfolgreichen Doppeldecker-Jägern. Die Reihe begann mit der Grouse aus dem Jahr 1923, die nur für Testzwecke diente und eigentlich eine Sparrowhawk II mit neuen, von Folland entworfenen Tragflächen war. Danach folgte die Grebe, die zusammen mit der Armstrong Siddeley Siskin und der Hawker Woodcock das erste neue Jagdflugzeug der britischen Luftwaffe nach dem 1. Weltkrieg war. Der Prototyp absolvierte 1923 eine Reihe von erfolgreichen Testflügen und wurde schießlich als Grebe Mk I bezeichnet. Die tatsächlichen Serienflugzeuge erhielten einige kleinere Modifikationen und hießen Mk II. Insgesamt wurden 129 Exemplare der Gloster Grebe Mk II für die britische Luftwaffe produziert.

| | |
|---|---|
| **Herkunftsland:** | Großbritannien |
| **Typ:** | einsitziges Jagdflugzeug |
| **Triebwerk:** | ein 14-Zylinder-Sternmotor Armstrong Siddeley Jaguar IV mit 400 PS (298 kW) |
| **Leistung:** | Höchstgeschwindigkeit 243 km/h; Dienstgipfelhöhe 7.010 m; Flugdauer 2 h 45 min |
| **Gewicht:** | Leergewicht 780 kg; max. Startgewicht 1.189 kg |
| **Abmessungen:** | Spannweite 8,94 m; Länge 6,17 m; Höhe 2,82 m; Flügelfläche 23,6 qm |
| **Bewaffnung:** | zwei fest eingebaute, vorwärts gerichtete 7,7-mm-Vickers-MG |

# Gloster Sea Gladiator

**Mit der Einführung des Hawker-Hurricane-Eindeckers war für die Gloster Gladiator das Ende des Einsatzes in der vordersten Front gekommen. Bei der erteidigung Norwegens und Maltas wurde der Typ aber noch eingesetzt. Eine ichtige Variante der Mk II war die Ende 1938 erschienene Sea Gladiator. Anfangs atte man zehn Mk I mit Fanghaken erprobt, was dazu führte, dass man zunächst inige Mk II vorläufig auf diesen Standard umrüstete, gefolgt von 60 Maschinen, die ine komplette Umrüstung zur Sea Gladiator erhielten. Dazu gehörten ein Fangaken, Katapultbeschläge, ein Rettungsfloß (zwischen den Fahrwerksbeinen) und wei zusätzliche Browning-MG im oberen Flügel. Sea Gladiators gingen erstmals mit er 801. Staffel an Bord der HMS *Courageous* im Mai 1939 auf See und stellten chließlich die Ausrüstung von sechs weiteren Staffeln der Armeeluftflotte.**

| | |
|---|---|
| **Herkunftsland:** | Großbritannien |
| **Typ:** | einsitziges Jagdflugzeug |
| **Triebwerk:** | ein 9-Zylinder-Sternmotor Bristol Mercury VIIIA mit 830 PS (619 kW) |
| **Leistung:** | Höchstgeschwindigkeit 414 km/h; Dienstgipfelhöhe 10.120 m; Reichweite 708 km |
| **Gewicht:** | Leergewicht 1.562 kg; max. Startgewicht 2.206 kg |
| **Abmessungen:** | Spannweite 9,83 m; Länge 8,36 m; Höhe 3,53 m; Flügelfläche 30,01 qm |
| **Bewaffnung:** | vier fest eingebaute, vorwärts gerichtete 7,7-mm-Colt-Browning-MG |

# Gotha G.V

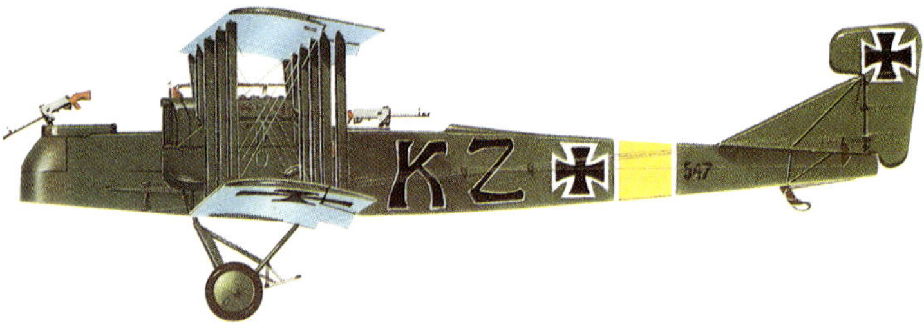


Neben den Luftschiffen und der R-Serie der Zeppelinwerke spielte die von der Gothaer Wagonfabrik konstruierte und gebaute G-Serie eine Hauptrolle in der deutschen strategischen Bomberflotte des 1. Weltkriegs. Die G.I stammte von einem Prototypen ab, der unter der Leitung von Oskar Ursinius entstanden war. Gotha baute hiervon eine kleine Anzahl für taktische Bombereinsätze an der West- und Ostfront. Die G.II besaß ein Bugrad, um Kopfstände bei Landungen zu vermeiden, sowie Mercedes-D.IVa-Triebwerke. Einige G.II hatten einen durch den Rumpf führenden Tunnel, der es dem hinteren Schützen ermöglichte, nach unten zu feuern, und so diesen bisher toten Winkel abzudecken. Dieser Tunnel wurde bei der G.IV, dem Hauptserienmodell mit Erstflug im Dezember 1916, zum Standard. Von den Nachfolgemodellen G.V und V.a wurden nur wenige Maschinen gebaut und für kurze Zeit eingesetzt, bevor die Fliegertruppe Nachtbombardements im April 1918 aufgab.

| | |
|---|---|
| **Herkunftsland:** | Deutschland |
| **Typ:** | dreisitziger, schwerer Bomber |
| **Triebwerk:** | zwei 6-Zylinder-Reihenmotoren Mercedes D.IVa mit 260 PS (194 kW) |
| **Leistung:** | Höchstgeschwindigkeit 140 km/h; Dienstgipfelhöhe 6.500 m; Reichweite 500 km |
| **Gewicht:** | Leergewicht 2.740 kg; max. Startgewicht 3.975 kg |
| **Abmessungen:** | Spannweite 23,7 m; Länge 11,86 m; Höhe 4,3 m; Flügelfläche 89,5 qm |
| **Bewaffnung:** | zwei bewegliche 7,92-mm-Parabellum-MG im Bugstand; zwei bewegliche 7,92-mm-Parabellum MG im Stand auf dem Rumpfrücken; plus eine max. Bombenlast von 500 kg |

# ;rumman F2F-1

*V*om Erfolg der FF/SF-1 ermutigt, entwarf das Grumman-Konstruktionsteam eine einsitzige Version und bot diese 1932 der US-Marine an, die einen Prototypen in ıftrag gab. Dieser war etwas kleiner als das Vorgängermodell, hatte nur an den ›eren Tragflächen Querruder und wurde von einem 625 PS (466 kW) starken Pratt Whitney-XR-1535-44-Twin-Wasp-Junior-Motor angetrieben. Die Maschine besaß ›ei vorwärts gerichtete Browning-MG und Unterflügelhalterungen für zwei kleine ›mben. Die XF2F-1 flog erstmals im Oktober 1933 und wurde nach einem sechs-›natigen Testprogramm an Grumman zurückgegeben, um einige Änderungen ›züglich einer besseren Richtungsstabilität durchzuführen. Die Marine vergab im ›ai 1934 einen Auftrag über 54 F2F-1 Jäger, die ab Januar 1935 geliefert wurden. ›ese dienten bis September 1940 bei der VF-2B an Bord der USS *Lexington*.

| | |
|---|---|
| **Herkunftsland:** | USA |
| **Typ:** | einsitziges, trägergestütztes Jagdflugzeug |
| **Triebwerk:** | ein Sternmotor Pratt & Whitney R-1535-72 Twin Wasp Junior mit 650 PS (522 kW) |
| **Leistung:** | Höchstgeschwindigkeit 383 km/h; Dienstgipfelhöhe 8.380 m; Reichweite 1.585 km |
| **Gewicht:** | Leergewicht 1.221 kg; max. Startgewicht 1.745 kg |
| **Abmessungen:** | Spannweite 8,69 m; Länge 6,53 m; Höhe 2,77 m; Flügelfläche 21,37 qm |
| **Bewaffnung:** | zwei fest eingebaute, vorwärts gerichtete 7,62-mm-Browning-MG; Unterflügelhalterungen für zwei 53-kg-Bomben |

# Grumman F3F-1

**Die F3F stammte von der G-11 ab, einer leicht vergrößerten F2F-1 mit einigen Änderungen, welche die nie ganz zu beseitigende Neigung der F2F-1 zum Trudeln und deren Mangel an Richtungsstabilität beheben sollten. Die US-Marine bestellte einen einzelnen XF3F-1-Prototypen, der im März 1935 mit einem Pratt & Whitney-Twin-Wasp-Junior-Motor seinen Erstflug machte. Zwei weitere Prototypen folgten, bevor die Marine schließlich 54 F3F-1 bestellte, die sich von den Prototypen durch einen etwas längeren Rumpf unterschieden. Die Maschinen wurden zwischen Januar und September 1936 ausgeliefert und von den Staffeln VF-5B und VF-6B an Bord der Träger USS *Ranger* und USS *Saratoga* geflogen. Diese Staffeln wurden später in VF-3 und VF-4 umbenannt. Die VF-4M der Marines setzte die F3F-1 landgestützt von einer Basis in San Diego aus ein.**

| | |
|---|---|
| **Herkunftsland:** | USA |
| **Typ:** | einsitziges, trägergestütztes Jagdflugzeug und Jagdbomber |
| **Triebwerk:** | ein 14-Zylinder-Sternmotor Pratt & Whitney R-1535-84 Twin Wasp Junior mit 700 PS (522 kW) |
| **Leistung:** | Höchstgeschwindigkeit 372 km/h; Dienstgipfelhöhe 8.685 m; Reichweite 1.609 km |
| **Gewicht:** | Leergewicht 1.339 kg; max. Startgewicht 1.997 kg |
| **Abmessungen:** | Spannweite 9,75 m; Länge 7,09 m; Höhe 2,77 m; Flügelfläche 24,15 qm |
| **Bewaffnung:** | je ein fest eingebautes, vorwärts gerichtetes 12,7-mm-MG und 7,62-mm-MG im oberen Rumpf; externe Bombenlast von 105 kg |

# Grumman F3F-3

m Juni 1936 schlug Grumman eine F3F-1-Variante mit einem Wright-R-1820-22-Motor vor. Die US-Marine bestellte einen XF3F-2-Prototyp, der seinen Erstflug im ıli 1936 machte. Dieser Prototyp verfügte auch über eine höhere interne Treib-ɔffkapazität und eine dreiblättrige Luftschraube. Beides wurde bei den zwischen ıli 1937 und Mai 1938 ausgelieferten 81 Serien-F3F-2 zum Standard, und auch der ototyp wurde als Serienflugzeug umgerüstet. Die zwischen Dezember 1938 und ai 1939 in Dienst gestellten 27 Maschinen des Typs F3F-3 unterschieden sich von en früheren Modellen nur durch eine Motorverkleidung, die weniger Luftwider-and erzeugte, eine überarbeitete Cockpithaube und neue Flügelspitzen. Im De-mber 1941 waren 76 F3F bei Schuleinheiten in Dienst, und weitere 101 sollten ıld dorthin verlegt werden. Die letzten F3F in der Schulungsrolle wurden 1943 aus em Dienst genommen.

| | |
|---|---|
| **Herkunftsland:** | USA |
| **Typ:** | einsitziges, trägergestütztes Jagdflugzeug und Jagdbomber |
| **Triebwerk:** | ein 9-Zylinder-Sternmotor Wright R-1820-22 Cyclone mit 950 PS (708 kW) |
| **Leistung:** | Höchstgeschwindigkeit 418 km/h; Dienstgipfelhöhe 9.845 m; Reichweite 1.819 km |
| **Gewicht:** | Leergewicht 1.476 kg; normales Startgewicht 2.040 kg; max. Startgewicht 2.155 kg |
| **Abmessungen:** | Spannweite 9,75 m; Länge 7,09 m; Höhe 2,77 m; Flügelfläche 24,15 qm |
| **Bewaffnung:** | je ein fest eingebautes, vorwärts gerichtetes 12,7-mm-MG und 7,62-mm-MG im oberen Rumpf; externe Bombenlast von 105 kg |

# Grumman GE-23 Delfin

Canadian Car and Foundry stieg 1934 in den Flugzeugbau ein und erwarb die Rechte zum Lizenzbau des Grumman-FF-1-Aufklärers. Zwischen 1935 und 193 wurden insgesamt 57 Maschinen gebaut, 15 (als Goblin I) für die kanadische Luftwaffe, je eine Maschine für Japan und Nicaragua, und 40 Flugzeuge wurden unter der Bezeichnung GE-23 Delfin von der Türkei bestellt. Doch wurde diese Bestellu über einen türkischen Mittelsmann heimlich an die spanischen Republikaner weitergeleitet. Da ein Waffenembargo über Spanien verhängt war, mussten beide Seiten ihre Ausrüstung heimlich beschaffen. Die Delfin-Maschinen spielten eine bedeutende Rolle im Kampf gegen die Nationalisten, die durch die Unterstützung Italiens und Deutschlands überlegen waren. Abgebildet ist eine GE-23 der 1. Staff 28. Gruppe der republikanischen Luftwaffe, kurz bevor sie durch nationalistische Truppen erbeutet wurde.

| | |
|---|---|
| **Herkunftsland:** | Kanada (USA) |
| **Typ:** | zweisitziges Aufklärungsflugzeug |
| **Triebwerk:** | ein 9-Zylinder-Sternmotor Wright R-1820-78 mit 700 PS (522 kW) |
| **Leistung:** | Höchstgeschwindigkeit 333 km/h; Dienstgipfelhöhe 6.400 m; Reichweite 1.428 km |
| **Gewicht:** | Leergewicht 1.474 kg; max. Startgewicht 2.190 kg |
| **Abmessungen:** | Spannweite 10,52 m; Länge 7,47 m; Höhe 3,38 m; Flügelfläche 28,8 qm |
| **Bewaffnung:** | ein fest eingebautes, vorwärts gerichtetes 7,62-mm-Browning-MG; zwei bewegliche 7,62-mm-Browning-MG im hinteren Cockpit |

# Grumman G73 Mallard

**Kurz nach Ende des 2. Weltkriegs entwickelte Grumman die G73 Mallard, ein zweimotoriges Amphibienflugboot für den kommerziellen Einsatz. Grumman onnte dabei auf die Erfahrungen aus dem Bau militärischer Flugboote zurückgrei-en. Der Hochdecker mit einem zweistufigen Metallrumpf und zwei Pratt & Whit-ey-Wasp-Sternmotoren bot bis zu zehn Passagieren in der schallgedämpften und limatisierten Kabine Platz. Die Stabilisierungsschwimmer konnten als Zusatztanks enutzt werden. Insgesamt wurden 59 Maschinen gebaut, darunter eine Sonderan-ertigung für König Farouk von Ägypten, obwohl die Innenausstattung der Serien-nodelle schon von sehr hoher Qualität war. Die hier abgebildete Maschine wurde ei Chalk's International für viele Jahre eingesetzt und flog zwischen Miami und len Bahamas.**

| | |
|---|---|
| **Herkunftsland:** | USA |
| **Typ:** | zweimotoriges, amphibisches Flugboot |
| **Triebwerk:** | zwei 9-Zylinder-Sternmotoren Pratt & Whitney R-1340-S3H1 Wasp mit 600 PS (447kW) |
| **Leistung:** | Höchstgeschwindigkeit 346 km/h; Dienstgipfelhöhe 7.010 m; Reichweite 2.221 km |
| **Gewicht:** | Leergewicht 4.241 kg; max. Startgewicht 5.783 kg |
| **Abmessungen:** | Spannweite 20,32 m; Länge 14,73 m; Höhe 5,72 m; Flügelfläche 41,25 qm |

# Grumman SF-1

Die Grumman Aircraft Engineering Corporation wurde im Dezember 1929 gegründet und hatte ihren Firmensitz in Bethpage auf Long Island. Das Unternehmen begann seine lange Verbindung mit der US-Marine im Jahr 1931, als es de Auftrag zum Bau von Schwimmern mit einziehbarem Fahrgestell erhielt. Aus diesem Auftrag erwuchs später das XFF-1-Projekt, ein zweisitziger Doppeldecker, der das erste Flugzeug der Marine mit einziehbarem Fahrwerk war. Der Prototyp wurde von einem 616 PS (459 kW) starken Wright-R-1820E-Sternmotor angetriebe und flog erstmals im Dezember 1931. Nach Tests in der Marineerprobungsstelle Anacostia erhielt Grumman im Dezember 1932 einen Auftrag zum Bau der FF-1 genannten Serienversion. Die Staffel VF-5B erhielt die ersten 27 Maschinen im Ju 1933. Ab Februar 1934 folgten diesen Flugzeugen 33 SF-1 mit erhöhter Treibstoffkapazität und einem 700 PS (522 kW) starken R-1820-78-Sternmotor.

| | |
|---|---|
| **Herkunftsland:** | USA |
| **Typ:** | zweisitziges, trägergestütztes Aufklärungsflugzeug |
| **Triebwerk:** | ein 9-Zylinder-Sternmotor Wright R-1820-78 mit 700 PS (522 kW) |
| **Leistung:** | Höchstgeschwindigkeit 333 km/h; Dienstgipfelhöhe 6.400 m; Reichweite 1.428 km |
| **Gewicht:** | Leergewicht 1.474 kg; max. Startgewicht 2.190 kg |
| **Abmessungen:** | Spannweite 10,52 m; Länge 7,47 m; Höhe 3,38 m; Flügelfläche 28,8 qm |
| **Bewaffnung:** | ein fest eingebautes, vorwärts gerichtetes 7,62-mm-Browning-MG; zwei bewegliche 7,62-mm-Browning-MG im hinteren Cockpit |

# Halberstadt D.IV

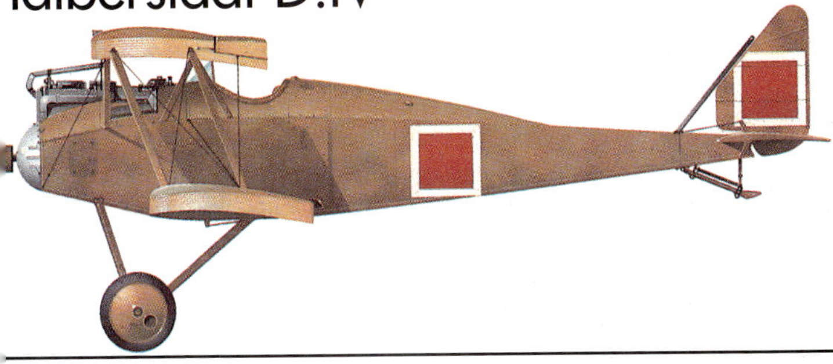

Die Maschinen der Halberstädter Flugzeugwerke waren unspektakuläre Entwürfe, trugen aber erheblich zur Luftrüstung der Mittelmächte bei. Die C-Reihe von ıfklärungsflugzeugen begann mit der C.I, die erstmals im Mai 1916 flog und endete it der C.V von 1918. Die CL-Reihe wurde mit Erfolg als Bodenangriffsflugzeug ngesetzt, besonders bei der Schlacht an der Somme und in Cambrai. Die D.I basier- wie auch die C.I auf dem zweisitzigen Aufklärer B.II und erschien Ende 1915 als nsitziger Jäger. Obwohl der Typ zerbrechlich wirkt, war die Struktur im Gegensatz ım früheren Zweisitzermodell erheblich verstärkt worden. Ab März 1916 wurde ːr Typ mit dem Mercedes-D.II-Motor ausgerüstet und trug dann die Bezeichnung alberstadt D.II, von der 132 Maschinen gebaut wurden. Die Türkei erhielt einige .III mit größeren Querrudern (abgebildet) und D.IV mit 150 PS (112 kW) starkem ːnz-Bz.III-Motor und zwei MG.

| | |
|---|---|
| **Herkunftsland:** | Deutschland |
| **Typ:** | (D.II) einsitziger Jäger |
| **Triebwerk:** | ein Reihenmotor Mercedes D.II mit 120 PS (89 kW) |
| **Leistung:** | Höchstgeschwindigkeit 150 km/h; Dienstgipfelhöhe 5.000 m; Reichweite 250 km |
| **Gewicht:** | Leergewicht 520 kg; max. Startgewicht 730 kg |
| **Abmessungen:** | Spannweite 8,8 m; Länge 7,3 m; Höhe 2,67 m; Flügelfläche 23,6 qm |
| **Bewaffnung:** | ein fest eingebautes, vorwärts gerichtetes 7,92-mm-LMG-08/15-MG |

# Handley Page 0/10

Neben der bekannteren Rolle als Bomber diente die Handley Page 0/400 während des 1. Weltkriegs auch als Navigationsschulflugzeug. Nach Kriegsende dehnten diese Einheiten ihre Tätigkeit sogar noch aus, um Besatzungen für den geplanten Luftpostdienst zu schulen. 1919 begann Handley Page, einige überschü sige Maschinen, die man von der Regierung zurückerhalten hatte, mit Sitzen für 12–16 Passagiere auszustatten und nannte diese 0/10. Rund 25 Flugzeuge wurden vom Werksplatz in Cricklewood für Vergnügungsflüge und auf Strecken von Lond nach Paris, Brüssel und Amsterdam eingesetzt. Die G-EATN war eine der letzten v Handley Page gebauten 0/400 und wurde nach Kriegsende auf den 0/10 Standard für 12 Passagiere umgerüstet. Die Maschine flog für Handley Page Air Transport a der Route Croydon–Paris. Ein früher Autopilot, der Aveline-Stabilisator, wurde ebenfalls in der G-EATN erprobt.

| | |
|---|---|
| **Herkunftsland:** | Großbritannien |
| **Typ:** | 12-sitziges Passagier- und Transportflugzeug |
| **Triebwerk:** | zwei V-12-Motoren Rolls-Royce Eagle VIII mit 360 PS (268 kW) |
| **Leistung:** | Höchstgeschwindigkeit 122 km/h; Dienstgipfelhöhe 2.590 m; Reichweite 724 km |
| **Gewicht:** | Leergewicht 3.629 kg; Gewicht beladen 6.350 kg |
| **Abmessungen:** | Spannweite 30,48 m; Länge 19,16 m; Höhe 6,7 m; Flügelfläche 153,1 qm |

# Handley Page 0/100

**Frederick Handley Page eröffnete 1909 das erste, ausschließlich für den Flugzeugbau bestimmte Werk in Barking, Essex. 1914 nahm er die Herausforderung der usschreibung 0/100 der Admiralität an, die einen schweren Bomber suchte. Er chlug für seinen Entwurf zunächst zwei 120 PS (90 kW) starke Beardmore-Motoren or. Doch der dynamische Leiter der Luftfahrtabteilung, Commander Murray Sueter, erbreitete solch einen Optimismus im Bezug auf diese Maschine, dass man den Entwurf vergrößerte und den stärkeren Rolls-Royce-Eagle-Motor wählte. Die 0/100 flog rstmals im Dezember 1915 und übertraf die Anforderungen der Ausschreibung mit eichtigkeit. 56 Stück wurden an Staffeln der Marineluftwaffe an die Westfront geiefert, die ab September 1916 einsatzbereit waren. Am 1. Januar 1917 landete die esatzung der Maschine Nr. 1463 versehentlich auf einem deutschen Flugfeld, wourch die Deutschen das Flugzeug erforschen konnten.**

| | |
|---|---|
| **Herkunftsland:** | Großbritannien |
| **Typ:** | schwerer Bomber |
| **Triebwerk:** | zwei V-12-Motoren Rolls-Royce Eagle II mit 250 PS (186 kW) |
| **Leistung:** | Höchstgeschwindigkeit 122 km/h; Dienstgipfelhöhe 2.590 m; Reichweite (mit Bombenlast) 724 km |
| **Gewicht:** | Leergewicht 3.629 kg; Gewicht beladen 6.350 kg |
| **Abmessungen:** | Spannweite 30,48 m; Länge 19,16 m; Höhe 6,7 m; Flügelfläche 153,1 qm |
| **Bewaffnung:** | ein bewegliches 7,7-mm-Lewis-Zwillings-MG im Bugstand; ein bewegliches 7,7-mm-Lewis-MG im Stand auf dem Rumpfrücken; ein bewegliches 7,7-mm-Lewis-MG auf der Rumpfunterseite; intern bis zu acht 113-kg-Bomben oder sechzehn 51-kg-Bomben |

# Handley Page 0/400

Das Fliegercorps der US-Armee war sehr an der 0/400 interessiert, daher erwarb Standard Aircraft Lizenzrechte zum Bau der Maschine mit Packard-Liberty-12-Motoren. Ein britisches Flugzeug und verschiedene Einzelteile gingen als Muster in die USA, doch die Produktion kam nur langsam in Gang. Ursprünglich hatte das britische Luftfahrtministerium in den USA 1.500 Maschinen bestellt, die in Großbritannien endmontiert werden sollten. Bis zum Waffenstillstand waren aber nur 150 Bausätze geliefert worden, plus sieben Maschinen, die in Langley Field fertig gestellt worden waren. Der britische Auftrag wurde storniert, und Standard baute so insgesamt nur 33 0/400, von denen aber nur 13 tatsächlich in Dienst gestellt wurden. Abgebildet ist eine der ersten Maschinen, Nr. 62447, die den Namen Langley erhielt. Die Nr. 62448 wurde bei den von Billy Mitchell durchgeführten Versuchen zur Schiffsbekämpfung eingesetzt und warf dabei 1.814 kg Bomben ab.

| | |
|---|---|
| **Herkunftsland:** | Großbritannien |
| **Typ:** | schwerer Bomber |
| **Triebwerk:** | zwei V-12-Motoren Packard Liberty mit 350 PS (261 kW) |
| **Leistung:** | Höchstgeschwindigkeit 122 km/h; Dienstgipfelhöhe 2.590 m; Reichweite (mit Bombenlast) 724 km |
| **Gewicht:** | Leergewicht 3.629 kg; Gewicht beladen 6.350 kg |
| **Abmessungen:** | Spannweite 30,48 m; Länge 19,16 m; Höhe 6,7 m; Flügelfläche 153,1 qm |
| **Bewaffnung:** | ein bewegliches 7,7-mm-Lewis-Zwillings-MG im Bugstand; ein bewegliches 7,7-mm-Lewis-MG im Stand auf dem Rumpfrücken; ein bewegliches 7,7-mm-Lewis-MG auf der Rumpfunterseite; intern bis zu 1.814 kg Bomben |

# Handley Page 0/400

G eorge Volkert schuf 1916 aus der 0/100 die 0/400, indem die Treibstofftanks aus den Motorgondeln in den Rumpf verlegt und Rolls-Royce-Eagle-VIII-Trieb-
erke installiert wurden. Weitere geringfügige Modifikationen betrafen unter ande-
m die Ausrüstung mit einem Motorstartsystem, das komprimierte Luft benutzte.
sgesamt 554 0/400 wurden von verschiedenen Auftragnehmern gebaut. Diese
nnten mit vier unterschiedlichen Motoren ausgestattet sein, dem 285 PS (212 kW)
arken Eagle IV, dem 360 PS (268 kW) starken Eagle VIII, dem Sunbeam Maori mit
75 PS (205 kW) oder dem 350 PS (261 kW) starken Liberty 12. 1918 war die 0/400
as Rückgrat der Bombengeschwader, die in Verbänden von bis zu 40 Flugzeugen
achtangriffe auf deutsche Industrie- und Kommunikationszentren durchführten,
itunter auch mit 748 kg Bomben. Hier abgebildet ist eine 0/400 der 207. Staffel,
ationiert in Ligescourt, Frankreich, 1918.

| | |
|---|---|
| **Herkunftsland:** | Großbritannien |
| **Typ:** | schwerer Bomber |
| **Triebwerk:** | zwei V-12-Motoren Rolls-Royce Eagle VIII mit 360 PS (268 kW) |
| **Leistung:** | Höchstgeschwindigkeit 122 km/h; Dienstgipfelhöhe 2.590 m; Reichweite (mit Bombenlast) 724 km |
| **Gewicht:** | Leergewicht 3.629 kg; Gewicht beladen 6.350 kg |
| **Abmessungen:** | Spannweite 30,48 m; Länge 19,16 m; Höhe 6,7 m; Flügelfläche 153,1 qm |
| **Bewaffnung:** | ein bewegliches 7,7-mm-Lewis-Zwillings-MG im Bugstand; ein bewegliches 7,7-mm-Lewis-MG im Stand auf dem Rumpfrücken; ein bewegliches 7,7-mm-Lewis-MG auf der Rumpfunterseite; intern bis zu acht 113-kg-Bomben oder sechzehn 51-kg-Bomben |

# Handley Page H.P.35 Clive

In den Jahren zwischen den Weltkriegen setzte die britische Luftwaffe großes Vertrauen in eine strategische Bomberflotte und verwendete auch einen Großteil ihres Budgets auf die Schaffung eines solchen Verbandes. Die Ausschreibung 31/22 des Luftfahrtministeriums ließ Handley Page eine Bomberversion des W.8-Passagierflugzeuges entwickeln, das bei der Luftwaffe 1925 als Hyderabad eingeführt wurde. Eine verbesserte Variante (H.P.33) entstand auf Grund der neuen Ausschreibung 13/29 und unterschied sich vor allem durch die Bristol-Jupiter-VIII-Sternmotoren. Zwei Prototypen folgten sechs Serienmodelle mit der Bezeichnung Hinaldi Mk I und 33 Hinaldi Mk II (H.P.36) mit einem Ganzmetallrumpf. Der zweite Prototyp, der ganz aus Holz bestand, wurde später in Clive Mk I umbenannt und diente als Transportmaschine für 23 Soldaten. Zwei weitere Flugzeuge, nun in Ganzmetallbauweise, trugen die Bezeichnung Clive Mk II. In den 30er Jahren dienten diese in Indien.

| | |
|---|---|
| **Herkunftsland:** | Großbritannien |
| **Typ:** | schweres Transportflugzeug |
| **Triebwerk:** | zwei Sternmotoren Bristol Jupiter VIII mit 440 PS (328 kW) |
| **Leistung:** | Höchstgeschwindigkeit 196 km/h; Dienstgipfelhöhe 4.420 m; Reichweite 1.368 km |
| **Gewicht:** | Leergewicht 3.647 kg; max. Startgewicht 6.577 kg |
| **Abmessungen:** | Spannweite 22,86 m; Länge 18,03 m; Höhe 5,18 m; Flügelfläche 136,66 qm |

# ·landley Page H.P.42W

mperial Airways bestellte 1928 vier Handley Page H.P.42E und H.P.42W-Passa-giermaschinen. Nachdem auf der Olympia-Luftfahrtausstellung von 1929 eine .binenattrappe gezeigt wurde, machte am 17. November 1930 der Prototyp G-·GX Hannibal seinen Erstflug. Die beiden Modelle unterschieden sich gering-gig in Antrieb und Kabinenauslegung: Die H.P.42E hatte Bristol-Jupiter-XLF-·toren und Platz für 18 (später 24) Passagiere, während die H.P.42W Jupiter-FBM-Motoren und eine reduzierte Kraftstoffkapazität sowie einen kleineren ·päckraum hatte, was die Unterbringung von 38 Fluggästen ermöglichte. Die ·nnibal eröffnete die Fluglinie Croydon–Paris am 9. Juni 1931 und wurde im ·gust nach Kairo entsandt, um auf der Flugroute in Richtung Indien zu dienen. ·n Jahresende waren drei weitere H.P.42E dazugekommen. Nur eines der Flug-·uge ging während der achtjährigen Dienstzeit verloren.

| | |
|---|---|
| **Herkunftsland:** | Großbritannien |
| **Typ:** | Transport- und Passagierflugzeug |
| **Triebwerk:** | vier 9-Zylinder-Sternmotoren Bristol Jupiter XFBM mit 555 PS (414 kW) |
| **Leistung:** | Höchstgeschwindigkeit 204 km/h; Reichweite 805 km |
| **Gewicht:** | Leergewicht 8.047 kg, max. Startgewicht 12.701 kg |
| **Abmessungen:** | Spannweite 39,62 m; Länge 28,09 m; Höhe 8,23 m Flügelfläche 277,68 qm |

# Handley Page H.P.50 Heyford Mk IA

Als diese Maschine 1930 erschien, wurde sie wegen ihres plumpen Äußeren verspottet. Doch die H.P.50 bildete während der 30er Jahre das Rückgrat der strategischen Bomberverbände der britischen Luftwaffe und blieb im Dienst, bis bessere Typen verfügbar waren. Ihr Erscheinungsbild verdankte die H.P.50 ihrer ungewöhnlichen Konfiguration, bei der der Rumpf an der oberen Tragfläche befestigt war. Die Konstrukteure ließen so Platz im Unterflügel für einen Waffenschacht, was die Beladungszeit mit Bomben verkürzen sollte. Der Antrieb bestand aus zwei Rolls-Royce-Kestrel-Motoren in Gondeln an den oberen Flächen. Die Abwehrbewaffnung setzte sich aus drei MG in drei Waffenständen zusammen, von denen eines einziehbar auf der Rumpfunterseite war. Insgesamt 124 Heyford Mk I, II und III wurden gebaut und e… Bomberstaffeln damit ausgerüstet, die jedoch bis 1939 alle auf Vickers Wellington umgerüstet hatten. Die Heyford diente anschließend als Trainer.

| | |
|---|---|
| **Herkunftsland:** | Großbritannien |
| **Typ:** | schwerer Nachtbomber |
| **Triebwerk:** | zwei 12-Zylinder-V-Motoren Rolls-Royce Kestrel IIIS mit 575 PS (429 kW) |
| **Leistung:** | Höchstgeschwindigkeit 229 km/h; Dienstgipfelhöhe 6.400 m; Reichweite mit 726 kg Bombenlast 1.481 km |
| **Gewicht:** | Leergewicht 4.173 kg; max. Startgewicht 7.666 kg |
| **Abmessungen:** | Spannweite 22,86 m; Länge 17,68 m; Höhe 5,33 m; Flügelfläche 136,56 qm |
| **Bewaffnung:** | ein bewegliches 7,7-mm-Lewis-MG im Bugstand; ein bewegliches 7,7-mm-Lewis-MG im Stand auf dem Rumpfrücken; ein bewegliches 7,7-mm-Lewis MG im einziehbaren Unterrumpfstand; interne Bombenlast von bis zu 1.588 kg |

# Handley Page W.8b

Die Konstruktion der 0/400 machte diese für den langfristigen Gebrauch als Passagiermaschine ungeeignet, daher begann Handley Page bald nach dem Weltkrieg mit dem Entwurf einer zivilen Transportvariante, der W/400. Diese ıtte einen überarbeiteten Rumpf, der Platz für acht in Flugrichtung angeordnete oppelsitze und einen Mittelgang bot. Dieser neue Rumpf wurde mit den Tragächen und dem Fahrgestell der V/1500 verbunden, einer vergrößerten 0/400, die ı spät für den Krieg kam und nur in kleiner Anzahl gebaut wurde. Der Prototyp achte im August 1919 seinen Erstflug, und die anschließende Erprobung zeigte die otwendigkeit einiger Verbesserungen und stärkerer Triebwerke für den nächsten rototypen. Acht Serienmaschinen unter der Bezeichnung W.8b wurden gebaut, alle ıit Rolls-Royce-Eagle-VIII-Motoren und Platz für 12 Passagiere in einer großzügig erglasten Kabine. Die abgebildete Maschine flog für Imperial Airways.

| | |
|---|---|
| **Herkunftsland:** | Großbritannien |
| **Typ:** | 12-sitziges Passagierflugzeug |
| **Triebwerk:** | zwei V-12 Motoren Rolls-Royce Eagle VIII mit 360 PS (268 kW) |
| **Leistung:** | Höchstgeschwindigkeit 122 km/h; Dienstgipfelhöhe 3.050 m; Reichweite 644 km |
| **Gewicht:** | Leergewicht 3.629 kg; Gewicht beladen 6.350 kg |
| **Abmessungen:** | Spannweite 22,86 m; Länge 18,31 m; Höhe 6,7 m; Flügelfläche 135,26 qm |

# Hansa-Brandenburg C.I

Ernst Heinkel sammelte seine ersten Erfahrungen als Flugzeugkonstrukteur während seiner Tätigkeit für die Hansa und Brandenburgischen Flugzeugwerke, die bei Ausbruch des 1. Weltkriegs mit dem Flugzeugbau begannen. Als Chefkonstrukteur des Unternehmens war Heinkel für die wichtigste deutsche Seeflugzeug-Reihe des Kriegs verantwortlich. Er entwarf aber auch Landflugzeuge; ein Beispiel ist einer seiner ersten Entwürfe, der bewaffnete Aufklärer C.I mit zwei Mann Besatzung. Nachdem der Typ 1916 in Dienst ging, wurde eine stattliche Anzahl für die österreichischen Streitkräfte gebaut. Die Maschine war ein konventioneller, zweistieliger Doppeldecker in Holz-Stoff-Bauweise und mit Zugpropellerauslegung. Die Serienmodelle hatten unterschiedliche Motoren von 160 PS (119 kW) bis 230 PS (172 kW), und späte Exemplare waren mit einem starren, vorwärts feuernden MG und Halterungen für leichte Bomben ausgestattet.

| | |
|---|---|
| **Herkunftsland:** | Deutschland |
| **Typ:** | (Hiero-Motor) zweisitziges, bewaffnetes Aufklärungsflugzeug |
| **Triebwerk:** | ein Hiero-Reihenmotor mit 200 PS (149 kW) |
| **Leistung:** | Höchstgeschwindigkeit 158 km/h; Dienstgipfelhöhe 6.000 m; Flugdauer 3 h |
| **Gewicht:** | Leergewicht 820 kg; max. Startgewicht 1.320 kg |
| **Abmessungen:** | Spannweite 12,25 m; Länge 8,45 m; Höhe 3,33 m |
| **Bewaffnung:** | ein bewegliches 8-mm-Schwarzlose-MG im hinteren Cockpit |

# Hansa-Brandenburg W.12

rnst Heinkels erster Schwimmerflugzeugentwurf für Hansa-Brandenburg war der KDW (Kampfdoppeldecker, Wasser), ein kleiner Einsitzer, der aus dem D.I-ıdflugzeug entwickelt worden war und Küstenpatrouillen über der Ost- und rdsee sowie dem Mittelmeer durchführen sollte. Der KDW flog erstmals im Somr 1916, und insgesamt wurden 58 Maschinen mit Benz-III-, Maybach-MB-III- oder rcedesmotoren gebaut. Die W.12 war ein Versuch, die Schwäche des KDW bei griffen von hinten zu beheben, und hatte daher ein hinteres Cockpit für einen obachter/Schützen. Die ganz aus Holz und Stoff gebaute W.12 hatte ein unkontionelles Leitwerk, das dem Schützen ein gutes Schussfeld gab sowie Tragflä-en, die Heinkel stark genug erscheinen, um auf Verspannungsdrähte verzichten können. Der Prototyp flog erstmals Anfang 1917. Insgesamt wurden 146 W.12 baut, eine davon schoss das britische Luftschiff C.27 ab.

| | |
|---|---|
| Herkunftsland: | Deutschland |
| Typ: | zweisitziges Schwimmer-Jagdflugzeug |
| Triebwerk: | ein 6-Zylinder-Reihenmotor Mercedes D.III mit 160 PS (119 kW) |
| Leistung: | Höchstgeschwindigkeit 160 km/h; Dienstgipfelhöhe 5.000 m; Flugdauer 3 h 30 min |
| Gewicht: | Leergewicht 997 kg; max. Startgewicht 1.454 kg |
| Abmessungen: | Spannweite 11,2 m; Länge 9,6 m; Höhe 3,3 m; Flügelfläche 35,3 qm |
| Bewaffnung: | ein oder zwei fest eingebaute, vorwärts gerichtete 7,92-mm-LM-08/15-MG; ein bewegliches 7,92-mm-Parabellum-MG im hinteren Cockpit |

# Hansa-Brandenburg W.33 (A.22)

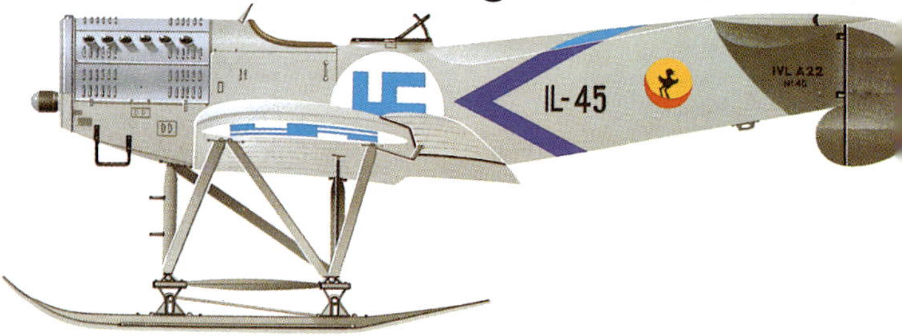


Der Eindecker W.29 entstand aus der Notwendigkeit, die Leistung der deutscher Schwimmer-Jagdflugzeuge zu verbessern. Das Ergebnis war ein klassischer Entwurf, der als Muster für Heinkels spätere Konstruktionen angesehen werden kann. Im Grunde war der Typ eine Eindeckerversion der W.12, und die von April 1918 bis zum Waffenstillstand gelieferten 78 Maschinen bewährten sich im Kampf gut. Die Mehrzahl war mit Benz-Bz.III-Motoren ausgestattet, doch hatten einige spät Modelle den stärkeren Benz Bz.IIIa mit 185 PS (138 kW). Die W.33 war eine vergrößerte Version, von der im Sommer und Herbst 1918 noch 26 Stück produziert wurden. Nach dem Krieg wurden W.33 von Dänemark eingesetzt und in Finnland bis in die späten 20er Jahre als A.22 in Lizenz gebaut. Abgebildet ist eine A.22 eine in Viipuri stationierten Schuleinheit der finnischen Luftwaffe. Das Kufenfahrwerk wurde im Wintereinsatz für Starts und Landungen auf Eis benutzt.

| | |
|---|---|
| **Herkunftsland:** | Deutschland |
| **Typ:** | zweisitziges Schwimmer-Jagdflugzeug |
| **Triebwerk:** | ein Reihenmotor Maybach Mb.IV mit 245 PS (183 kW) |
| **Leistung:** | Höchstgeschwindigkeit 175 km/h; Dienstgipfelhöhe 5.000 m; Flugdauer 5 h |
| **Gewicht:** | Leergewicht 1.500 kg; max. Startgewicht 2.045 kg |
| **Abmessungen:** | Spannweite 15,85 m; Länge 11,1 m; Höhe 3,39 m |
| **Bewaffnung:** | ein oder zwei fest eingebaute, vorwärts gerichtete 7,92-mm-Spandau-MG; ein bewegliches 7,92-mm-Spandau-MG im hinteren Cockpit |

# Hawker Audax

**ls eine der vielen Varianten der Hart wurde die Hawker Audax auf die Ausschreibung 7/31 des Luftfahrtministeriums für ein Verbindungsflugzeug, das e gerade drei Jahre im Dienst befindliche Armstrong Whitworth Atlas ersetzten llte, entworfen. Der Typ sollte vor allem in Mittleren Osten und an der indischen ordwestgrenze eingesetzt werden. Der Prototyp der Audax enstand, indem eine ühe Hart mit einem Haken zur Aufnahme von Nachrichten ausgestattet wurde, ıd flog erstmals im Dezember 1931. Die Luftwaffe erhielt die ersten Maschinen im bruar 1932. Ein besonderes Merkmal war das lange Auspuffrohr, das fast bis zur ımpfmitte reichte. Insgesamt wurden für die britische Luftwaffe 624 Audax in drei rsionen hergestellt, die Mehrzahl mit Rolls-Royce-Kestrel-X-Motoren. Exportmolle gingen nach Kanada, Ägypten, in den Irak und nach Persien. Abgebildet ist ne der 24 irakischen Audax mit Bristol-Pegasus-Motor aus dem Jahr 1935.**

| | |
|---|---|
| **Herkunftsland:** | Großbritannien |
| **Typ:** | zweisitziges Armeeverbindungs- und Unterstützungsflugzeug |
| **Triebwerk:** | ein Sternmotor Bristol Pegasus II.M2 mit 580 PS (433 kW) |
| **Leistung:** | Höchstgeschwindigkeit 274 km/h; Dienstgipfelhöhe 6.555 m; Flugdauer 3 h 30 min |
| **Gewicht:** | Leergewicht 1.333 kg, max. Startgewicht 1.989 kg |
| **Abmessungen:** | Spannweite 11,35 m; Länge 9,02 m; Höhe 3,17 m; Flügelfläche 32,33 qm |
| **Bewaffnung:** | ein fest eingebautes, vorwärts gerichtetes 7,7-mm-Vickers-MkII-MG; ein bewegliches 7,7-mm-Lewis-MG im hinteren Cockpit; Unterflügelhalterungen für vier 9-kg- oder zwei 51-kg-Bomben |

# Hawker Demon Mk I

Die schlechte Leistung der Hawker Hart rief bei der Führung der britischen Luftwaffe große Bestürzung hervor, weshalb man Hawker drängte, rasch ein Jagdversion als Zwischenlösung zu entwickeln, bevor die Hawker Fury verfügbar war. Sechs Maschinen mit zwei vorwärts gerichteten MG und Kestrel-II-S-Motoren wurden gebaut und im Juli 1931 an die 23. Staffel in Kenley abgeliefert. Hierauf folgten 237 Demon, die sich von der Hart durch ein überarbeitetes hinteres Cockp für ein besseres Schussfeld und durch eine Funkausrüstung unterschieden. Einige späte Modelle hatten auch ein Spornrad. Hawker baute auch 54 Demons für die australische Luftwaffe und 20 Demon-Mk-II-Trainer mit Doppelsteuerung für die britische und australische Luftwaffe, die jeweils zehn erhielten. Ende 1934 wurde eine Demon mit einem kraftbetätigten Frazer-Nash-MG-Turm ausgestattet. Die zah reichen so umgerüsteten Maschinen waren als Turret Demon bekannt.

| | |
|---|---|
| **Herkunftsland** | Großbritannien |
| **Typ:** | zweisitziges Jagdflugzeug |
| **Triebwerk:** | ein 12-Zylinder-V-Motor Rolls-Royce Kestrel IIS mit 585 PS (392 kW) |
| **Leistung:** | Höchstgeschwindigkeit 303 km/h; Dienstgipfelhöhe 6.500 m; Reichweite 756 km |
| **Gewicht:** | Leergewicht 1.148 kg; max. Startgewicht 2.066 kg |
| **Abmessungen:** | Spannweite 11,35 m; Länge 8,94 m; Höhe 3,17 m; Flügelfläche 32,33 qm |
| **Bewaffnung:** | zwei fest eingebaute, vorwärts gerichtete 7,7-mm-Vickers-Mk-II-MG; ein bewegliches 7,7-mm-Lewis-MG im hinteren Cockpit |

# Hawker Fury Mk I

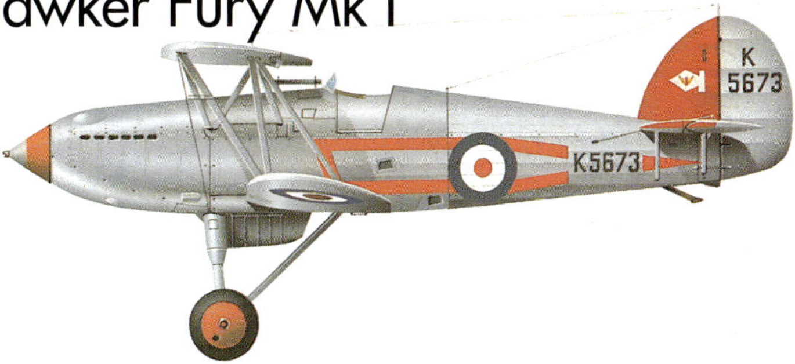


Die Hawker Fury hat ihren Ursprung im mit einem Sternmotor ausgerüsteten, Hoopoe-Prototypen, den Hawker als Antwort auf die Ausschreibung N.21/26 er Marine gebaut hatte. Man rüstete diesen Prototypen schließlich mit einem Rolls-oyce-Kestrel-Triebwerk und einer eng anliegenden Verkleidung aus. Dieser Ent-urf übertraf die Anforderungen der Ausschreibung F.20/27 des Luftfahrtministe-iums bei weitem und wurde unter dem Namen Hornet 1929 erstmals auf der Olym-ia-Luftfahrtschau gezeigt. Vor Beginn der Testflüge wurde die Hornet mit einem orverdichteten Kestrel-Motor ausgerüstet. Der Typ zeigte daraufhin so eindrucks-olle Leistungen, dass eine neue Ausschreibung um ihn herum entworfen wurde, ei der Sidney Camm beratend tätig war. Ein Anfangsauftrag über drei, entspre-hend der Nomenklatur des Luftfahrtministeriums Fury genannten Vorserienma-hinen wurde gefolgt von einem ersten Los über 16 Serienmodelle.

| | |
|---|---|
| **Herkunftsland:** | Großbritannien |
| **Typ:** | einsitziges Jagdflugzeug |
| **Triebwerk:** | ein 12-Zylinder-V-Motor Rolls-Royce Kestrel IIS mit 525 PS (392 kW) |
| **Leistung:** | Höchstgeschwindigkeit 333 km/h; Dienstgipfelhöhe 8.535 m; Reichweite 491 km |
| **Gewicht:** | Leergewicht 1.190 kg; max. Startgewicht 1.583 kg |
| **Abmessungen:** | Spannweite 9,14 m; Länge 8,13 m; Höhe 3,1 m; Flügelfläche 23,41 qm |
| **Bewaffnung:** | zwei fest eingebaute, vorwärts gerichtete 7,7-mm-Vickers-MkIII-MG |

# Hawker Fury Mk II

Trotz der bescheidenen Exportaufträge für die Fury, die teilweise durch die Welt wirtschaftskrise von 1929/1930 verursacht waren, fuhr Hawker mit der Entwick lung des Modells fort, um eine Variante in den Wettbewerb um die Ausschreibung F.7/30 schicken zu können. Sidney Camm entwarf eine weiterentwickelte Version m überarbeitetem Fahrgestell, Goshawk-Vorverdichter und einem Verdampfungskühl system, das im Frühjahr 1932 getestet wurde. Hawker baute daraufhin die so genannte Hochgeschwindigkeits-Fury, die ab Mai 1933 mit verschiedenen Tragfläche und Strebenkonfigurationen sowie Bewaffnung und einem 730 PS (545 kW) starken Goshawk-Triebwerk erprobt wurde. Nachdem der Typ einen Rolls-Royce-Kestrel-VI Motor erhalten hatte, wurde er als Zwischenlösung unter der Bezeichnung Fury Mk akzeptiert, die bis zur Einführung der Hawker Hurricane im Dienst bleiben sollte. Die Gesamtproduktion für die britische Luftwaffe belief sich auf 98 Exemplare.

| | |
|---|---|
| **Herkunftsland:** | Großbritannien |
| **Typ:** | einsitziges Jagdflugzeug |
| **Triebwerk:** | ein 12-Zylinder-V-Motor Rolls-Royce Kestrel VI mit 700 PS (447 kW) |
| **Leistung:** | Höchstgeschwindigkeit 359 km/h; Dienstgipfelhöhe 8.990 m; Reichweite 435 km |
| **Gewicht:** | Leergewicht 1.240 kg; max. Startgewicht 1.637 kg |
| **Abmessungen:** | Spannweite 9,14 m; Länge 8,13 m; Höhe 3,1 m; Flügelfläche 23,41 qm |
| **Bewaffnung:** | zwei fest eingebaute, vorwärts gerichtete 7,7-mm-Vickers-MkIII-MG |

# Hawker Hart Mk I

Der von einem Entwurfsteam unter der Leitung Sidney Camms konstruierte Hawker-Hart-Prototyp entstand auf die Ausschreibung 12/26, die einen neuen
chten Bomber mit Rolls-Royce-Kestrel-Motor, einer Höchstgeschwindigkeit von
7 km/h und einer Bombenlast von 203 kg betraf. Hawker erhielt den Auftrag für
nen Prototypen, dessen Erprobung im Juni 1927 begann. Im Juni 1929 folgte eine
stellung über 15 Hart-Mk-I-Serienmaschinen, die im Januar 1930 an die 33. Staffel
Eastleigh ausgeliefert wurden. Bei den Luftverteidigungsübungen jenes Jahres
ır die Hart schneller als alle im Dienst befindlichen Jäger der britischen Luftwaffe.
ne Gruppe von Serienmaschinen wurde zur Erprobung in das raue Klima der
dischen Nordwestgrenze entsandt und verhielt sich hervorragend, was zu weite-
n Bestellungen der Luftwaffe führte. 1930 wurden weitere 30 und 1931 50 Hart
schafft. Abgebildet ist eine Hart Mk I der 33. Staffel, Upper Heyford, 1934.

| | |
|---|---|
| **Herkunftsland:** | Großbritannien |
| **Typ:** | zweisitziger, leichter Tagbomber |
| **Triebwerk:** | ein 12-Zylinder-V-Motor Rolls-Royce Kestrel IB mit 525 PS (392 kW) |
| **Leistung:** | Höchstgeschwindigkeit 298 km/h; Dienstgipfelhöhe 6.500 m; Reichweite 756 km |
| **Gewicht:** | Leergewicht 1.148 kg; max. Startgewicht 2.066 kg |
| **Abmessungen:** | Spannweite 11,35 m; Länge 8,94 m; Höhe 3,17 m; Flügelfläche 32,33 qm |
| **Bewaffnung:** | ein fest eingebautes, vorwärts gerichtetes 7,7-mm-Vickers-MkII-MG; ein bewegliches 7,7-mm-Lewis-MG im hinteren Cockpit; Unterflügelhalterungen für bis zu 236 kg Bomben |

# Hawker Hart Trainer Serie 2A

**D**ie Hart wurde in vielen Versionen gebaut, darunter 57 Hart (Indien) und 72 Hart (Spezial) mit Tropenausstattung und Kestrel-IB-, -V- oder -X-(nur späte Ha Spezial)-Motoren sowie Hart-Verbindungsmaschinen (drei aus MkI-Bombern umge rüstet, vier neu gebaut) ohne Bewaffnung und Bombenhalterungen. Die Exportmo delle verkauften sich gut. Acht Maschinen mit auswechselbarem Radfahrgestell/ Schwimmern und Kestrel-Motoren gingen an Estland, Schweden erhielt vier von Hawker gebaute Flugzeuge mit Pegasus-IM2-Sternmotoren und ebenfalls austausch baren Rädern/Schwimmern. Schweden baute zwischen 1935 und 1936 weitere 42 mit Nohab-IU2-Triebwerken. Die meistverbreitete Version der Hart-Familie war die Schulvariante mit Doppelsteuerung, von der zwischen 1934 und 1936 in vier Losen 507 Maschinen gebaut wurden. Hier abgebildet ist eine restaurierte Hart 2A, die sich im Museum der britischen Luftwaffe in Hendon befindet.

| | |
|---|---|
| **Herkunftsland:** | Großbritannien |
| **Typ:** | zweisitziges Fortgeschrittenen-Schulflugzeug |
| **Triebwerk:** | ein 12-Zylinder-V-Motor Rolls-Royce Kestrel XDR mit 510 PS (300 kW) |
| **Leistung:** | Höchstgeschwindigkeit 298 km/h; Dienstgipfelhöhe 6.500 m; Reichweite 756 km |
| **Gewicht:** | Leergewicht 1.148 kg; max. Startgewicht 2.066 kg |
| **Abmessungen:** | Spannweite 11,35 m; Länge 8,94 m; Höhe 3,17 m; Flügelfläche 32,33 qm |

# Hawker Hind

ie Ausschreibung G.7/34 des Luftfahrtministeriums betraf einen leichten Bomber, der als Zwischenlösung bis zur Einführung modernerer Typen wie der ristol Blenheim und der Fairey Battle dienen sollte. Sidney Camm schlug eine odernisierte Version der Hart vor, die von einem 640 PS (477 kW) starken Kestrel--Motor angetrieben werden sollte. Weitere Merkmale waren ein weit ausgeschnitenes hinteres Cockpit, das ein besseres Schussfeld für den Beobachter ergab, und in Heckrad anstelle eines Sporns. Der Prototyp der Hind flog erstmals im Septemer 1934. Darauf folgten 527 Serienmaschinen, die zwischen 1935 und 1939 in 47 omberstaffeln dienten. Die Hind wurde auch nach Afghanistan, Irland, Indien, enia, Lettland, Neuseeland und Persien exportiert. Viele Hind wurden nach der ntfernung der Bewaffnung als Schulmaschinen eingesetzt, so auch die abgebildete, ie in den ersten Kriegsjahren bei einer Trainingseinheit verwendet wurde.

| | |
|---|---|
| **Herkunftsland:** | Großbritannien |
| **Typ:** | zweisitziger, leichter Tagbomber |
| **Triebwerk:** | ein 12-Zylinder-V-Motor Rolls-Royce Kestrel V mit 640 PS (477 kW) |
| **Leistung:** | Höchstgeschwindigkeit 298 km/h; Dienstgipfelhöhe 8.045 m; Reichweite 692 km |
| **Gewicht:** | Leergewicht 1.475 kg; max. Startgewicht 2.403 kg |
| **Abmessungen:** | Spannweite 11,35 m; Länge 9,02 m; Höhe 3,23 m; Flügelfläche 32,33 qm |
| **Bewaffnung:** | ein fest eingebautes, vorwärts gerichtetes 7,7-mm-Vickers-MkII-MG; ein bewegliches 7,7-mm-Lewis-MG im hinteren Cockpit; Unterflügelhalterungen für bis zu 227 kg Bomben |

# Hawker Horsley Mk II

Die hier in den Farben der 33. Bomberstaffel der britischen Luftwaffe, welche in den frühen 30er Jahren in Netheravon und Eastchurch stationiert war, dargestellte Hawker Horsley war ein mittlerer, zweisitziger Tagbomber, der nach der Ausschreibung 26/23 des britischen Luftfahrtministeriums als Ersatz für die Airco D.H.9 entstand. Hawker begann den Entwurf des Prototypen mit leicht gepfeilten Tragflächen ungleicher Spannweite, einem verstrebten Leitwerk, einem Hecksporn und einem Rolls-Royce-Condor-III-Triebwerk im Jahr 1924. Der Prototyp machte 1925 seinen Erstflug, worauf die ersten Horsley-Mk-I-Serienmaschinen folgten, die in Holz-Stoff-Bauweise konstruiert waren. Spätere Produktionsmodelle hatten eine metallene Grundstruktur. Insgesamt wurden für die britische Luftwaffe 123 Hawker Horsley gebaut.

| | |
|---|---|
| **Herkunftsland:** | Großbritannien |
| **Typ:** | zweisitziger Tagbomber |
| **Triebwerk:** | ein 12-Zylinder-V-Motor Rolls-Royce Condor IIIA mit 665 PS (496 kW) |
| **Leistung:** | Höchstgeschwindigkeit 201 km/h; Dienstgipfelhöhe 4.265 m; Flugdauer 10 h |
| **Gewicht:** | Leergewicht 2.159 kg; max. Startgewicht 3.538 kg |
| **Abmessungen:** | Spannweite 17,21 m; Länge 11,84 m; Höhe 4,17 m; Flügelfläche 64,38 qm |
| **Bewaffnung:** | ein fest eingebautes, vorwärts gerichtetes 7,7-mm-Vickers-MkII-MG; ein bewegliches 7,7-mm-Lewis-MG im hinteren Cockpit; externe Bombenlast bis zu 681 kg oder ein 45,7-cm-Torpedo |

# Hawker Nimrod

Den Bedürfnissen der Marineflieger wurde von der britischen Admiralität zwischen den beiden Weltkriegen nur unzureichend Rechnung getragen. Noch 932 erreichte der beste Jäger der Jagdstaffeln der Marineluftwaffe, die Fairey ycatcher, nicht mehr als 214 km/h Geschwindigkeit. Eine Ausschreibung, welche ie Anforderungen für einen Ersatz festlegte, gab es zwar schon 1926, doch keiner er eingereichten Entwürfe, einschließlich der Hawker Hoopoe, schien akzeptabel. awker ließ sich jedoch nicht abschrecken und baute die Norn, aus der später die imrod entstand. Die ersten Nimrod Mk I wurden 1933 bei den Staffeln 801, 802 nd 803 der Marineluftwaffe in Dienst gestellt, gefolgt durch 27 Nimrod Mk II im eptember 1934, die einen Fanghaken, ein größeres Leitwerk und stärkere Motoren esaßen.

| | |
|---|---|
| **Herkunftsland:** | Großbritannien |
| **Typ:** | einsitziges, trägergestütztes Jagdflugzeug |
| **Triebwerk:** | ein 12-Zylinder-V-Motor Rolls-Royce VFP mit 608 PS (453 kW) |
| **Leistung:** | Höchstgeschwindigkeit 311 km/h; Dienstgipfelhöhe 8.535 m; Flugdauer 1 h 40 min |
| **Gewicht:** | Leergewicht 1.413 kg; max. Startgewicht 1.841 kg |
| **Abmessungen:** | Spannweite 10,23 m; Länge 8,09 m; Höhe 3 m; Flügelfläche 27,96 qm |
| **Bewaffnung:** | zwei fest eingebaute, vorwärts gerichtete 7,7-mm-Vickers-MkII-MG; Unterflügelhalterungen für vier 9-kg-Bomben |

# Hawker Spanish Fury

**Während Fury-Staffeln der britischen Luftwaffe bei Flugvorführungen in Hendon in den frühen 30er Jahren die Zuschauer begeisterten, gingen von ausländischen Kunden Exportaufträge für diesen Typ ein, wenn auch auf Grund des hohen Stückpreises und der langen Bauzeit des Kestrel-Motors nur in kleinen Zahlen. Größter Exportkunde war Persien, das zuvor schon die Hart bestellt hatte und nun 16 Furies mit Pratt & Whitney-Hornet-Sternmotor und weitere sechs mit dem Bristol Mercury VISP beschaffte. Portugal kaufte 1935 drei Furies, Spanien erhielt ebenfalls 1935 drei so genannte Hawker Spanish Furies, die ein freitragendes Fahrwerk und 700 PS (522 kW) starke Hispano-Suiza-12Xbrs-Motoren hatten. Hier ist eine der drei spanischen Furies abgebildet, die ursprünglich an die spanische Luftwaffe geliefert worden waren. Wie man an Markierungen erkennt, wurde die Maschine von den Nationalisten erbeutet und im Bürgerkrieg eingesetzt.**

| | |
|---|---|
| **Herkunftsland:** | Großbritannien |
| **Typ:** | einsitziges Jagdflugzeug |
| **Triebwerk:** | ein 12-Zylinder-V-Motor Hispano-Suiza 12Xbrs mit 700 PS (522 kW) |
| **Leistung:** | Höchstgeschwindigkeit 359 km/h; Dienstgipfelhöhe 8.990 m; Reichweite 435 km |
| **Gewicht:** | Leergewicht 1.240 kg; max. Startgewicht 1.637 kg |
| **Abmessungen:** | Spannweite 9,14 m; Länge 8,13 m; Höhe 3,1 m; Flügelfläche 23,41 qm |
| **Bewaffnung:** | zwei fest eingebaute, vorwärts gerichtete 7,7-mm-Vickers-MkIII-MG |

# Hawker Tomtit Mk I

D as Luftfahrtministerium gab 1927 bekannt, dass man einen Nachfolger für die Avro 504 suchte. Ein Flugzeug zu entwerfen, das die bewährte 504 ersetzen llte, war kein beneidenswertes Unterfangen, doch Sidney Camm stellte sich der erausforderung. Der einstielige Doppeldecker mit gestaffelten Tragflächen, den er itworfen hatte, flog erstmals 1928 unter der Bezeichnung Hawker Tomtit. Der umpf in Holz-Stoff-Bauweise beherbergte Lehrer und Schüler in einem Tandem-ckpit, wobei über dem hinteren Sitz eine Blindflughaube zur Instrumenten-igschulung angebracht werden konnte. Drei Monate nach dem Erstflug bestellte e britische Luftwaffe die ersten Flugzeuge, die 1930 in Dienst gestellt wurden. sgesamt wurden 31 Maschinen gebaut, darunter zwei für Kanada und vier für euseeland. Nach einer nur sehr kurzen Einsatzzeit bei der britischen Luftwaffe urde die Tomtit durch Avro-Tutor-Maschinen ersetzt.

| | |
|---|---|
| **Herkunftsland:** | Großbritannien |
| **Typ:** | zweisitziges, militärisches Schulflugzeug |
| **Triebwerk:** | ein 5-Zylinder-Sternmotor Armstrong Siddeley Mongoose IIIC mit 150 PS (112 kW) |
| **Leistung:** | Höchstgeschwindigkeit 200 km/h; Dienstgipfelhöhe 5.945 m |
| **Gewicht:** | Leergewicht 499 kg; max. Startgewicht 794 kg |
| **Abmessungen:** | Spannweite 8,71 m; Länge 7,21 m; Höhe 2,54 m; Flügelfläche 22,09 qm |

# Jugoslawische Hawker Fury Serie II

Jugoslawien erhielt 1932 sechs Maschinen der Hawker Fury Serie I, die von aufgeladenen, 525 PS (392 kW) starken Rolls-Royce-Kestrel-IIS-Motoren angetriebe wurden. Eine Maschine wurde schließlich an die Hawker-Werke in Kingston zurüc gegeben, um mit einem 720 PS (537 kW) starken Lorraine-Petrel-Hfrs-Triebwerk ausgestattet zu werden. Diese erreichte bei Testflügen die beeindruckende Höchstgeschwindigkeit von 369 km/h. Doch um ein gemeinsames Triebwerk mit den scho im Dienst stehenden Hawker Hind zu haben, wählten die Jugoslawen den Kestrel-XVI-Motor für ihre nächste Bestellung über zehn Furies. Diese Flugzeuge der Serie I hatten vier MG, einen widerstandsarmen Kühler und einbeinige Fahrwerksstreben. Es waren mit 389 km/h die schnellsten Export-Furies. Hier abgebildet ist eine Fury der Serie II der 35. Gruppe/5. Jagdregiment der jugoslawischen Luftwaffe, die 1941 in Kraljewo stationiert war.

| | |
|---|---|
| **Herkunftsland:** | Großbritannien |
| **Typ:** | einsitziges Jagdflugzeug (Angaben für die Serie-I-Furies) |
| **Triebwerk** | ein 12-Zylinder-V-Motor Rolls-Royce Kestrel IIS mit 525 PS (392 kW) |
| **Leistung:** | Höchstgeschwindigkeit 389 km/h; Dienstgipfelhöhe 8.535 m; Reichweite 491 km |
| **Gewicht:** | Leergewicht 1.240 kg; max. Startgewicht 1.637 kg |
| **Abmessungen:** | Spannweite 9,14 m; Länge 8,13 m; Höhe 3,1 m; Flügelfläche 23,41 qm |
| **Bewaffnung:** | zwei fest eingebaute, vorwärts gerichtete 7,7-mm-Vickers-MG |

# Heinkel He 51A-1

Nachdem Hansa Brandenburg 1919 in Konkurs gegangen war, arbeitete Dr. Ernst Heinkel ein Jahr für die Caspar-Flugzeugwerke, gründete dann aber ein eige-es Unternehmen, das am 1. Dezember 1922 in das Warnemünder Handelsregister ingetragen wurde. Der Vertrag von Versaille untersagte Deutschland den Bau von ilitärflugzeugen, sodass Heinkel – wie viele andere deutsche Konstrukteure jener eit – Tochterfirmen im Ausland gründete bzw. Partnerschaften mit ausländischen irmen einging. Ein Zweigwerk in Schweden bot ihm die notwendige Tarnung, um it der Entwicklung der W-Serie fortzufahren, mit der er sich im 1. Weltkrieg einen amen gemacht hatte. Als die Wahrscheinlichkeit alliierter Sanktionen sank, wagte einkel den Bau der He 37, die offen gegen den Vertrag verstieß und erstmals 1928 og. Daraus entstand die He 49 – die Basis für die He 51 –, welche ab 1934 an die eutsche Luftwaffe geliefert wurde.

| | |
|---|---|
| **Herkunftsland:** | Deutschland |
| **Typ:** | einsitziges Jagdflugzeug |
| **Triebwerk:** | ein 12-Zylinder-V-Motor BMW V1 7,3Z mit 750 PS (559 kW) |
| **Leistung:** | Höchstgeschwindigkeit 330 km/h; Dienstgipfelhöhe 7.700 m; Reichweite 570 km |
| **Gewicht:** | Leergewicht 1.460 kg; max. Startgewicht 1.895 kg |
| **Abmessungen:** | Spannweite 11 m; Länge 8,4 m; Höhe 3,2 m; Flügelfläche 27,2 qm |
| **Bewaffnung:** | zwei fest eingebaute, vorwärts gerichtete 7,92-mm-MG 17 |

# Heinkel He 51B-1

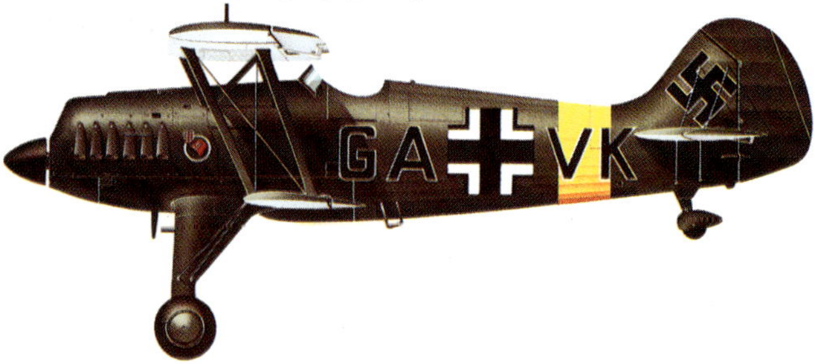


**Die He 51 war der erste vom Reichsluftfahrtministerium für die Luftwaffe bestellte Jäger. Obwohl der Anfangsauftrag nur 75 He 51A betraf, überstiegen diese Heinkels Produktionskapazität, sodass viele Maschinen von Ago, Erla, Arado und Fieseler gebaut wurden. Im Januar 1936 ersetzte die verstärkte B-0-Variante die He 51 A-1, gefolgt von 38 mit Schwimmern ausgerüsteten B-2, die mit Katapultbeschlägen sowie (bei einigen Maschinen) Unterflügelhalterungen für leichte Bomben ausgestattet waren und an Bord von deutschen Kreuzern eingesetzt wurden. Zusätzlich wurden 79 C-1 und C-2 Modelle für Bodenangriffe gebaut. Die Modelle A-1 und C-1 gaben bei der Legion Condor in Spanien ihr Einsatzdebüt. Die C-2 blieb bis in die Anfangstage des 2. Weltkriegs im Einsatz. Hier ist eine B-1 der Flugzeugführerschule (A/B) 123 zu sehen, die 1942 in Agram in Kroatien stationiert war.**

| | |
|---|---|
| **Herkunftsland:** | Deutschland |
| **Typ:** | einsitziges Jagdflugzeug |
| **Triebwerk:** | ein 12-Zylinder-V-Motor BMW V1 7,3Z mit 750 PS (559 kW) |
| **Leistung:** | Höchstgeschwindigkeit 330 km/h; Dienstgipfelhöhe 7.700 m; Reichweite 570 km |
| **Gewicht:** | Leergewicht 1.460 kg; max. Startgewicht 1.895 kg |
| **Abmessungen:** | Spannweite 11 m; Länge 8,4 m; Höhe 3,2 m; Flügelfläche 27,2 qm |
| **Bewaffnung:** | zwei fest eingebaute, vorwärts gerichtete 7,92-mm-MG 17; (Version C-1: Unterflügelhalterungen für vier 50-kg-Bomben) |

# leinkel He 59D-1

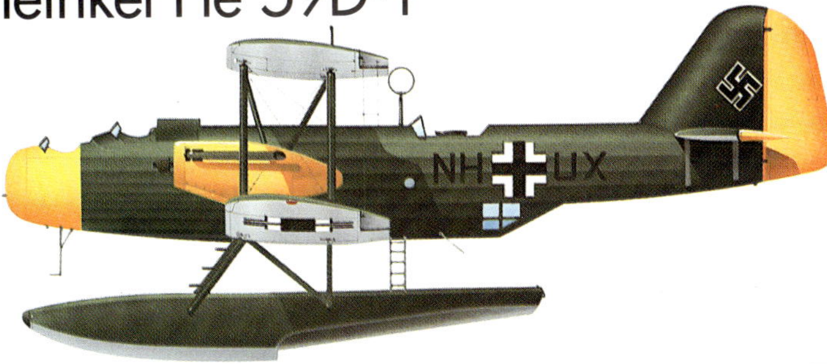


Einer der erfolgreichen Heinkel-Seeflugzeugentwürfe war der zweimotorige Doppel-
decker He 59, der ursprünglich als Aufklärungsbomber gedacht war und seinen
stflug als Prototyp He 59B (mit Radfahrwerk) im September 1931 machte. Vier Mona-
später unternahm die Version He 59B mit zweistufigen Schwimmern die ersten Test-
ige. Diese Konfiguration wurde für die He 59B-1 Serienmodelle übernommen. Die He
B-2 hatte einen metallenen Rumpfbug mit einer verglasten Bombenschützenposition
ıd einen Unterrumpfstand mit einem MG 15. Bei der Version B-3 wurden die Bewaff-
ıng entfernt und zusätzliche Treibstofftanks eingebaut, die C-1 war ein leichterer
rnaufklärer und die C-2 ein Seenotflugzeug. Die abgebildete D-1 war ein Besatzungs-
hulflugzeug, die E-1 ein Torpedotrainer und die N-1 ein Navigationsschulflugzeug,
ährend die E-2 ein Fotoaufklärer war. Einige B-2 dienten ab 1936 bei der Legion
ondor und wurden mit einer 20-mm-MK im Bug zur Schiffsbekämpfung eingesetzt.

| | |
|---|---|
| **Herkunftsland:** | Deutschland |
| **Typ:** | fünfsitziges Aufklärungsschwimmerflugzeug |
| **Triebwerk:** | zwei 12-Zylinder-V-Motoren BMW VI 6,0 ZU mit 660 PS (492 kW) |
| **Leistung:** | Höchstgeschwindigkeit 270 km/h; Dienstgipfelhöhe 6.300 m; Reichweite 775 km |
| **Gewicht:** | beladen 8.500 kg |
| **Abmessungen:** | Spannweite 21,3 m; Länge 17 m; Höhe 7,1 m |

# Heinkel He 115C-1

**Erste Einsatzerfahrungen mit der He 115A/B ergaben, dass die Bewaffnung der Maschinen, insbesondere zur Bekämpfung kleiner Schiffe, zu leicht war. Anfan 1940 wurde daher in einen der Prototypen eine 20-mm-MK anstelle des beweglichen MG 15 im Bugstand eingebaut, was die Offensivkraft des Typs stärken sollte. Dieses Versuchsmuster führte schließlich zur He 115C-1, die ein 20-mm-MG 151/20 zusätzlich zum MG 15 im Bug sowie je ein starr nach hinten feuerndes MG 17 in den beiden Motorgondeln hatte. Das Modell C-2 hatte Schwimmer mit Eiskufen für den Einsatz im Winter und in der Arktis, die C-3 war eine spezielle Variante zum Minenlegen, während die C-4 für Torpedoeinsätze optimiert war. Viele Maschinen dienten auch zur Konvoisicherung. Die He 115 waren bis Kriegsende im Einsatz. Eine Weiterentwicklung (He 115D-0) mit zwei 1.600 PS starken BMW-MA-Triebwerken aus dem Jahr 1941 kam über ein einziges Versuchsmuster nicht hinaus.**

| | |
|---|---|
| **Herkunftsland:** | Deutschland |
| **Typ:** | Seeaufklärer/Torpedobomber |
| **Triebwerk:** | zwei 9-Zylinder-Sternmotoren BMW 132K mit 960 PS (720 kW) |
| **Leistung:** | Höchstgeschwindigkeit 365 km/h; Dienstgipfelhöhe 5.500 m; Reichweite 3.350 km |
| **Gewicht:** | beladen 9.100 kg |
| **Abmessungen:** | Spannweite 22 m; Länge 17,3 m; Höhe 6,6 m |
| **Bewaffnung:** | ein bewegliches 7,92-mm-MG 15 im verglasten Bug; ein bewegliches 7,92-mm-MG 15 im hinteren Cockpit; zwei starre 7,92-mm-MG 17; ein starres 20-mm-MG 151/20 unter dem Rumpfbug; ein 750-kg-Torpedo oder bis zu 1.500 kg Minen oder Bomben |

# Henschel Hs 123A-1

Die Henschel Flugzeugwerke wurden 1933 als Zweigwerk der Henschel & Sohn Lokomotivfabrik gegründet und begannen unter der Leitung des Chefkonstruk-urs F. Nicolaus mit der Produktion von Flugzeugen. Einer der ersten Entwürfe war r nach einer Anforderung des Reichsluftfahrtministeriums von 1933 entstandene urzbomber Hs 123. Der erste von vier Prototypen begann im August 1935 in Rechlin it Testflügen. Zwei der Prototypen gingen bei Sturzversuchen auf Grund struktu-llen Versagens der Tragflächen verloren, sodass der vierte erheblich modifiziert urde, um diese Probleme zu beheben. Die Luftwaffe stellte die Hs 123A-1 ab Herbst 36 bei der 1./StG 162 in Dienst, und im Dezember wurden fünf Hs 123 zum Einsatz i der Legion Condor nach Spanien geschickt. Dort erprobte man viele der später in n so genannten Blitzkrieg-Feldzügen verwendeten Taktiken. Hier ist eine Hs 123A-1 r 7./StG 165 Immelmann, Fürstenfeldbruck, im Oktober 1937 zu sehen.

| | |
|---|---|
| **Herkunftsland:** | Deutschland |
| **Typ:** | einsitziger Sturzbomber und Schlachtflugzeug |
| **Triebwerk:** | ein 9-Zylinder-Sternmotor BMW 132Dc mit 880 PS (656 kW) |
| **Leistung:** | Höchstgeschwindigkeit 340 km/h; Dienstgipfelhöhe 9.000 m; Reichweite 855 km |
| **Gewicht:** | Leergewicht 1.500 kg; max. Startgewicht 2.215 kg |
| **Abmessungen:** | Spannweite 10,5 m; Länge 8,33 m; Höhe 3,2 m; Flügelfläche 24,85 qm |
| **Bewaffnung:** | zwei fest eingebaute, vorwärts gerichtete 7,92-mm-MG 17; externe Bombenlast bis zu 450 kg |

# Henschel Hs 123A-1

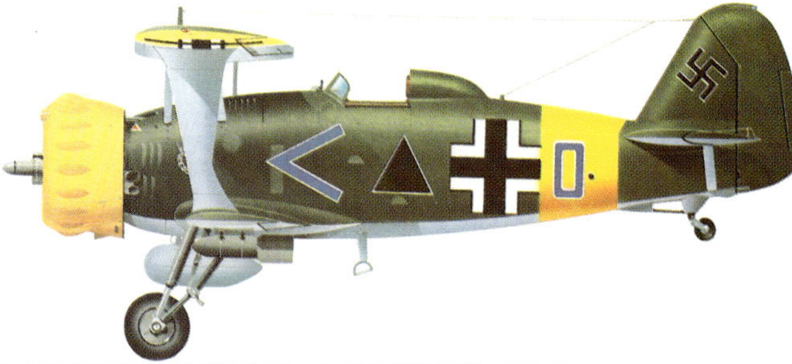

**Trotz einiger Befürworter in der neuen deutschen Luftwaffe setzten doch nur wenige der verantwortlichen Militärs Mitte der 30er Jahre großes Vertrauen i das Konzept der Bodenunterstützung aus der Luft, bevor die Erfahrungen in Spanien sie eines Besseren belehrten. Daraufhin konzentrierten sich alle Anstrengun- gen und Geldmittel auf das Ju 87-Programm, während die Produktion der Hs 123 i Oktober 1938 auslief. Obgleich sie eine Art von Flugzeugen, die bei Ausbruch des Krieges als veraltet galten, repräsentierte, erwies sich die Hs 123 im Polenfeldzug doch von unschätzbarem Wert, da sie mit Präzisionsangriffen vorrückende Heere einheiten unterstützen konnte. Zudem war sie in der Lage, schwere Schäden wegz stecken. Auch auf dem Balkan und an der Ostfront zeigten sich die Qualitäten der Hs 123 als Schlachtflugzeug, wo die verbliebenen Flugzeuge rund um die Uhr im Einsatz standen. Die letzten Maschinen flogen noch bis 1944.**

| | |
|---|---|
| **Herkunftsland:** | Deutschland |
| **Typ:** | einsitziger Sturzbomber und Schlachtflugzeug |
| **Triebwerk:** | ein 9-Zylinder-Sternmotor BMW 132Dc mit 880 PS (656 kW) |
| **Leistung:** | Höchstgeschwindigkeit 340 km/h; Dienstgipfelhöhe 9.000 m; Reichweite 855 km |
| **Gewicht:** | Leergewicht 1.500 kg; max. Startgewicht 2.215 kg |
| **Abmessungen:** | Spannweite 10,5 m; Länge 8,33 m; Höhe 3,2 m; Flügelfläche 24,85 qm |
| **Bewaffnung:** | zwei fest eingebaute, vorwärts gerichtete 7,92-mm-MG 17; externe Bombenlast bis zu 450 kg |

# Junkers W 34

Professor Hugo Junkers war schon 50 Jahre alt, als er 1910 sein erstes Flugzeug zum Patent anmeldete. Der Entwurf war jedoch so fortschrittlich (ein Nurflügel-ansporter), dass ihn niemand ernst nahm. 1915 leistete Junkers mit der J.1 Pio-erarbeit auf dem Gebiet der Ganzmetallbauweise und wendete diese in den 20er ahren auf eine Reihe erfolgreicher Flugzeuge an, deren Höhepunkt die berühmte 1 52 war. Die W 33 (Reihenmotorversion) und W 34 (Sternmotorversion) waren bkömmlinge der Passagiermaschine F 13 von 1919. Der Prototyp der W 33 flog rstmals 1926, angetrieben durch einen 310 PS (231 kW) starken Junkers-L5-Motor, em Standardtriebwerk der meisten Serienmodelle. Neben verschiedenen Fluglinien etzte auch die Luftwaffe den Typ für Verbindungs-, Patrouillen- und Schulungsflüge n. 199 W 33 wurden 1927–1934 gebaut, von der W 34 und ihren militärischen Vari-nten 1.799. Abgebildet ist eine W 34 Schwimmerversion der Canadian Airways.

| | |
|---|---|
| **Herkunftsland:** | Deutschland |
| **Typ:** | einmotoriges Transportflugzeug |
| **Triebwerk:** | ein 9-Zylinder-Sternmotor BMW Hornet C mit 600 PS (441 kW) |
| **Leistung:** | Höchstgeschwindigkeit 265 km/h; Dienstgipfelhöhe 6.300 m; Reichweite 900 km |
| **Gewicht:** | Leergewicht 1.700 kg; max. Startgewicht 3.200 kg |
| **Abmessungen:** | Spannweite 17,75 m; Länge 10,27 m; Höhe 3,53 m; Flügelfläche 43 qm |

# Kawanishi H6K5

Die Kawanishi-Flugzeugwerke wurden im November 1928 gegründet und übernahmen die Fertigungshallen und den Windtunnel der gleichnamigen Maschinenfabrik. Bedingt durch den erhöhten Bedarf des japanischen Militärs an Seeflugzeugen bezog das Unternehmen Ende 1930 ein neues Werksgelände in Naruo. Hier baute man eine Reihe von Short-Seeflugzeugen in Lizenz, bevor man sich an einer Ausschreibung der Marine von 1933 für ein Fernaufklärungsflugboot mit einem eigenen Entwurf beteiligte. Der erste von vier Prototypen flog im Juli 1936, und nach einigen Modifikationen am Rumpf sowie der Installation von vier 1.000 PS (746 kW) starken Mitsubishi-43-Sternmotoren wurde der Entwurf als Marinetyp 97 Flugboot Modell I in Dienst gestellt. Insgesamt 217 Maschinen in vier Versionen (der H6K2, -3, -4, -5) wurden gebaut. Die häufig im Pazifik eingesetzten Flugboote blieben bis Kriegsende im Dienst.

| | |
|---|---|
| **Herkunftsland:** | Japan |
| **Typ:** | Fernaufklärungsflugboot |
| **Triebwerk:** | vier Sternmotoren Mitsubishi Kinsei 51 mit 1.300 PS (969 kW) |
| **Leistung:** | Höchstgeschwindigkeit 385 km/h; Dienstgipfelhöhe 9.560 m; Reichweite 6.775 km |
| **Gewicht:** | Leergewicht 12.380 kg; max. Startgewicht 23.000 kg |
| **Abmessungen:** | Spannweite 40 m; Länge 25,63 m; Höhe 6,27 m; Flügelfläche 170 qm |
| **Bewaffnung:** | zwei 7,7-mm-MG im vorderen Drehturm, je ein bewegliches 7,7-mm-MG in zwei Ständen seitlich am Rumpf und einem auf dem Rumpfrücken; eine 20-mm-Mk im Heckdrehturm; bis zu 1.000 kg Bomben oder zwei 800-kg-Torpedos |

# atécoére 298

ierre Latécoére gründete 1917 die Forges et Ateliers de Construction Latécoére in Toulouse-Montaudron. Der erstmals im Mai 1936 geflogene Laté-298.01-Prototyp tstand auf Grund einer Ausschreibung von 1933 und basierte auf Erfahrungen aus n 20er Jahren beim Bau von Seeflugzeugen. Erfolgreiche Tests führten zum Laté-8-Serienmodell, das ab Ende 1938 bei der französischen Marineluftwaffe in Dienst stellt wurde. Insgesamt wurden 24 Laté 298A und 27 Laté 298B (mit faltbaren Tragchen) ausgeliefert. Die Laté 298D war eine Weiterentwicklung der 298B mit starren igeln, von der 95 Maschinen bestellt wurden, jedoch konnten vor der deutschen setzung nur 60 gebaut werden. 1942 gestatteten die Deutschen eine Wiederaufhme der Produktion der Laté 298 für die Vichy-Streitkräfte, doch ist unklar, wie ele produziert wurden. Abgebildet ist eine Laté 298 der Staffel T1, französische arineluftwaffe, Ende 1939 stationiert in Berre.

| | |
|---|---|
| **Herkunftsland:** | Frankreich |
| **Typ:** | (Laté 298D) dreisitziger Seeaufklärer und Torpedobomber |
| **Triebwerk:** | ein 12-Zylinder-V-Motor Hispano-Suiza 12Ycrs-1 mit 880 PS (656 kW) |
| **Leistung:** | Höchstgeschwindigkeit 290 km/h; Dienstgipfelhöhe 6.500 m; Reichweite 2.200 km |
| **Gewicht:** | Leergewicht 3.062 kg; max. Startgewicht 4.800 kg |
| **Abmessungen:** | Spannweite 15,50 m; Länge 12,56 m; Höhe 5,23 m |
| **Bewaffnung:** | zwei fest eingebaute, vorwärts gerichtete 7,5-mm-MG; ein bewegliches 7,5-mm-MG im hinteren Cockpit; externe Bomben- oder Torpedolast bis zu 670 kg |

# Letow S 328

Letow übernahm 1920 die tschechoslowakischen Militärflugzeugwerke und baut in der Folge eine Reihe von einmotorigen Doppeldeckern für die Luftwaffe des Landes, deren Höhepunkt der zweisitzige Aufklärer S 328 war. Der Prototyp der S 3 wurde 1932 aus dem früheren S-28-Aufklärer auf Grund einer finnischen Ausschrei-bung entwickelt, doch kam es zu keiner Serienproduktion. Die tschechoslowakische Luftwaffe zeigte jedoch Interesse, und der Bau von 445 S 328 begann 1934. Darunter befanden sich 13 Exemplare des S-328N-Nachtjägers mit vier starren und zwei beweglichen MG sowie vier S 328V mit Schwimmern, die als Zielschleppmaschinen eingesetzt wurden. Nach der deutschen Besetzung im März 1939 übernahm die Luftwaffe die meisten S 328 als Schulflugzeuge, einige gingen an die verbündeten Luftwaffen Bulgariens und der Slowakei. Der slowakische Widerstand setzte S 328 im Septembe 1944 gegen die Deutschen ein, die hier abgebildete Maschine war eine davon.

| | |
|---|---|
| **Herkunftsland:** | Tschechoslowakei |
| **Typ:** | zweisitziges Aufklärungsflugzeug |
| **Triebwerk:** | ein von Walter gebauter Sternmotor Bristol Pegasus II M2 mit 635 PS (474 kW) |
| **Leistung:** | Höchstgeschwindigkeit 280 km/h; Dienstgipfelhöhe 7.200 m; Reichweite 700 km |
| **Gewicht:** | Leergewicht 1.680 kg; max. Startgewicht 2.640 kg |
| **Abmessungen:** | Spannweite 13,71 m; Länge 10,36 m; Höhe 3,4 m; Flügelfläche 39,4 qm |
| **Bewaffnung:** | zwei fest eingebaute, vorwärts gerichtete 7,92-mm-MG; zwei bewegliche 7,92-mm-MG im hinteren Cockpit; Unterflügelhalterungen für bis zu 500 kg Bomben |

# .ioré-et-Olivier LeO 20

**W ährend es 1. Weltkriegs bauten Fernand Lioré und Henri Olivier Flugzeuge von Nieuport, Morane-Saulnier und Sopwith unter Lizenz in Levallois-Perret. 1916 rschien der erste eigene Entwurf, der LeO-4-Aufklärungsdoppeldecker. LeO wurde chließlich zum wichtigsten Hersteller militärischer Großflugzeuge in Frankreich, vobei jeder Entwurf ein eindeutiger Abkömmling des Vorläufers war. Die LeO 12 war in zweisitziger Nachtbomber mit 400 PS (298 kW) starken Lorraine-Motoren und tellte den Konkurrenzentwurf zur Farman Goliath dar. Umgerüstet auf den weit iberlegenen Bristol-Jupiter-Sternmotor wurde daraus die LeO 122, die jedoch nur ls Prototyp existierte. Daraus entwickelte sich die LeO 20, der französische Stanlard-Nachtbomber zwischen 1928 und 1939. Rund 320 Stück dieses Typs wurden ieben vielen Versuchsmustern gebaut. Trotz ihres altertümlichen Aussehens blieb lie Maschine bis zum Beginn des 2. Weltkriegs in Produktion.**

| | |
|---|---|
| **Herkunftsland:** | Frankreich |
| **Typ:** | viersitziger Nachtbomber |
| **Triebwerk:** | zwei Sternmotoren Gnome-Rhône 9Ady (in Lizenz gebaute Bristol Jupiter) mit 420 PS (313 kW) |
| **Leistung:** | Höchstgeschwindigkeit 198 km/h; Dienstgipfelhöhe 5.760 m; Reichweite 1.000 km |
| **Gewicht:** | Rüstgewicht 2.725 kg; max. Startgewicht 5.460 kg |
| **Abmessungen:** | Spannweite 22,25 m; Länge 13,81 m; Höhe 4,26 m; Flügelfläche 105 qm |
| **Bewaffnung:** | zwei bewegliche 7,7-mm-MG im Bugstand; zwei bewegliche 7,7-mm-MG im Stand auf dem Rumpfrücken; ein bewegliches 7,7-mm-MG in einer Bauchgondel; bis zu 500 kg Bombenlast |

# Martin Model 130 China Clipper

Glenn L. Martin gründete 1917 in Cleveland, Ohio, seine eigene Firma und beendete so seine kurze Zusammenarbeit mit Wright Aeronautical. Die Martin Model 130 China Clipper von 1934 war ein klassisches Langstreckenflugboot, das über dem Pazifik und in Ostasien eingesetzt werden sollte. Die Maschine hatte einen zweistufigen Metallrumpf, der vier Besatzungsmitgliedern und (auf Kurzstrecken) bis zu 48 Passagieren Platz bot. Der Antrieb bestand aus vier Pratt & Whitney-Twin-Wasp-Sternmotoren. Die M-130 flog im Dezember 1934 erstmals, und alle drei Serienmodelle wurden Ende 1935 an Pan America ausgeliefert. Mit ihrer großen Reichweite übertraf die Maschine die von Pan America für ihre San Francisco–Manila Route geforderten 4.025 km mit Leichtigkeit. Die Hawaii Clipper ging 1938 auf See verloren, die China Clipper und Philippine Clipper wurden 1942 an die US-Marine übergeben.

| | |
|---|---|
| **Herkunftsland:** | USA |
| **Typ:** | Langstrecken-Passagierflugboot |
| **Triebwerk:** | vier Sternmotoren Pratt & Whitney Twin Wasp mit 830 PS (619 kW) |
| **Leistung:** | Reisegeschwindigkeit 252 km/h; Dienstgipfelhöhe 5.180 m; Reichweite 5.150 km |
| **Gewicht:** | beladen 23.700 kg |
| **Abmessungen:** | Spannweite 39,62 m; Länge 27,69 m; Höhe 7,49 m |

# Martin PBM Mariner

Die Martin PBM Mariner war von großer Wichtigkeit für die Alliierten. Sie wurde 1936 entworfen, und das Konzept wurde an der im Maßstab 1:4 gebauten Martin 62 erprobt. Ein Prototyp in realer Größe wurde im Juni 1937 bestellt, gefolgt von 20 erienmaschinen PBM-1 im Dezember. Die PBM war ein sehr fortschrittlicher Entwurf nit hoher Flächenbelastung und in die Flügelspitzen einziehbaren Stützschwimmern. ie einzige gebaute XPBM-2 hatte vergrößerte Treibstofftanks und Katapultbeschlä-e. Die meistverbreitete Variante war die PBM-3, die wiederum Untervarianten hatte. ie PBM-3B (32 Stück) ging unter dem Lend-Lease-Abkommen als Mariner Gr MK I an ie Briten, die PBM-3C (274) hatte eine bessere Bewaffnung und Panzerung und die BM-3D (201) stärkere Motoren, selbstdichtende Tanks, MG-Drehtürme und eine öhere Bombenzuladung. Die PBM-3R (50) war ein unbewaffneter Transporter und ie PBM-3S ein Langstrecken-U-Bootjäger mit ASW-Radar.

| | |
|---|---|
| **Herkunftsland:** | USA |
| **Typ:** | neunsitziges Seeaufklärungsflugboot |
| **Triebwerk:** | zwei Sternmotoren Wright R-2600-22 Cyclone mit 1.900 PS (1.417 kW) |
| **Leistung:** | Höchstgeschwindigkeit 340 km/h; Dienstgipfelhöhe 6.035 m; Reichweite 3.605 km |
| **Gewicht:** | Leergewicht 15.048 kg; max. Startgewicht 26.308 kg |
| **Abmessungen:** | Spannweite 35,97 m; Länge 24,33 m; Höhe 8,38 m; Flügelfläche 130,80 qm |
| **Bewaffnung:** | zwei 12,7-mm-MG im Bugdrehturm; zwei 12,7-mm-MG im Drehturm auf dem Rumpfrücken; zwei 12,7-mm-MG im Heckdrehturm; je ein 12,7-mm-MG in zwei seitlichen, unteren Ständen; bis zu 3.628 kg Bomben oder Wasserbomben in Schächten in den Motorgondeln oder an Unterflügelhalterungen |

# Martin PBM-5 Mariner

Martin entschied, die Leistung der PBM durch den Einbau stärkerer Pratt & Whitney-R-2800-34-Double-Wasps mit 2.100 PS (1.556 kW) zu verbessern, was zur XPBM-5 führte, die ansonsten der PBM-3D glich. Die Serien PBM-5 hatten R-2800-22 Motoren, und in dieser Form wurden 631 Stück gebaut. Die fünf für die US-Küstenwache gebauten PBM-5A hatten ein einziehbares Dreipunkt-Fahrgestell. PBM-5E war die Bezeichnung für mit AN/APS-15 Radar ausgerüstete PBM-5. Vier an die Küstenwache überstellte Maschinen wurden PBM-5G genannt, während die einzige PBM-5M für Raketentests benutzt wurde. Speziell zur U-Bootabwehr ausgerüstete Flugzeuge erhielten die Bezeichnung PBM-S. Während des Koreakriegs waren noch immer über 500 PBM-5 im Dienst, dazu noch überschüssige PBM-5, die an Argentinien, Uruguay und die Niederlande abgegeben worden waren. Abgebildet ist eine uruguayische PBM-5E, bei der die Bewaffnung entfernt wurde.

| | |
|---|---|
| **Herkunftsland:** | USA |
| **Typ:** | neunsitziges Seeaufklärungsflugboot |
| **Triebwerk:** | zwei Sternmotoren Wright R-2800-22 Double Wasp mit 2.100 PS (1.566 kW) |
| **Leistung:** | Höchstgeschwindigkeit 340 km/h; Dienstgipfelhöhe 6.160 m; Reichweite 4.345 km |
| **Gewicht:** | Leergewicht 15.422 kg; max. Startgewicht 27.216 kg |
| **Abmessungen:** | Spannweite 35,97 m; Länge 24,33 m; Höhe 8,38 m; Flügelfläche 130,8 qm |
| **Bewaffnung:** | zwei 12,7-mm-MG im Bugdrehturm; zwei 12,7-mm-MG im Drehturm auf dem Rumpfrücken; zwei 12,7-mm-MG im Heckdrehturm; je ein 12,7-mm-MG in zwei Seitenständen; bis zu 3.628 kg Bomben oder Wasserbomben in den Motorgondeln oder an Unterflügelhalterungen |

# Martinsyde F.4 Buzzard

eorge Handasyde und H. P. Martin gründeten 1908 eine Firma zum Bau und Entwurf von Flugzeugen. Später wurde das Unternehmen Martinsyde genannt. ährend des 1. Weltkriegs bauten sie eine Reihe von Jagdflugzeugen für die briti- hen Streitkräfte. Die F.1 und F.2 waren Prototypen der F.3, die im November 1917 ren Erstflug machte und sich als hervorragendes Flugzeug erwies, das jedoch ıter dem ständigen Wunsch offizieller Stellen nach technischen Änderungen und ɜr knappen Verfügbarkeit des Rolls-Royce-Falcon-Motors litt. Nach einigen Modi- kationen und dem Einbau eines 300 PS (224 kW) starken Hispano-Suiza-Motors urde der Typ F.4 genannt und erhielt die amtliche Bezeichnung Buzzard Mk I. Die uzzard war schneller als jeder andere britische Jäger. Bis zum Kriegsende wurden doch nur noch 52 Maschinen ausgeliefert, von denen viele ins Ausland verkauft urden.

| | |
|---|---|
| **Herkunftsland:** | Großbritannien |
| **Typ:** | einsitziger Jäger |
| **Triebwerk:** | ein 8-Zylinder-V-Motor Hispano-Suiza mit 300 PS (224 kW) |
| **Leistung:** | Höchstgeschwindigkeit 233 km/h; Dienstgipfelhöhe 7.620 m; Flugdauer 2 h 30 min |
| **Gewicht:** | Leergewicht 776 kg; max. Startgewicht 1.038 kg |
| **Abmessungen:** | Spannweite 10 m; Länge 7,77 m; Höhe 3,15 m; Flügelfläche 29,73 qm |
| **Bewaffnung:** | zwei fest eingebaute, vorwärts gerichtete 7,7-mm-Vickers-MG |

# Martinsyde Typ A Mk II

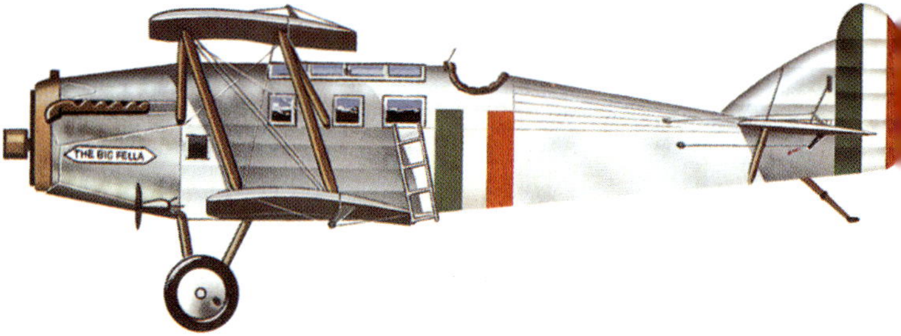


Nach Ende des 1. Weltkriegs verfügte Martinsyde einen Lagerbestand von rund 200 überschüssigen F.4 Buzzards aus einem stornierten Auftrag des Militärs. Viele dieser Maschinen wurden nach Portugal, Finnland, Lettland, Irland und Spanien exportiert, andere für zivile Kunden umgebaut. Bevor Martinsyde 1921 in Konkurs ging, wurden noch zwei zivile Varianten entwickelt: das F.4A-Reiseflugzeu und der Typ A Mk II, ein viersitziges Passagierflugzeug mit geschlossener Kabine. Hiervon wurden nur vier Exemplare gebaut, eines davon war das erste Flugzeug der irischen Luftwaffe, die nach dem Vertrag über die Unabhängigkeit der Republi Irlands von 1922 entstanden war. Es war im Sommer 1922 ausgeliefert worden und erhielt den Namen „The Big Fella". Die Maschine war angeschafft worden, um dem Unabhängigkeitskämpfer General Michael Collins zur Flucht zu verhelfen, falls die Gespräche mit den Briten scheiterten.

| | |
|---|---|
| **Herkunftsland:** | Großbritannien |
| **Typ:** | viersitziges Passagierflugzeug |
| **Triebwerk:** | ein 8-Zylinder-V-Motor Hispano-Suiza mit 300 PS (224 kW) |
| **Leistung:** | Höchstgeschwindigkeit 233 km/h; Dienstgipfelhöhe 7.620 m; Flugdauer 2 h 30 min |
| **Gewicht:** | Leergewicht 776 kg; max. Startgewicht 1.038 kg |
| **Abmessungen:** | Spannweite 10 m; Länge 7,77 m; Höhe 3,15 m; Flügelfläche 29,73 qm |

# Naval Aircraft Factory N3N-1

Dieses Anfängerschulflugzeug wurde vom Konstruktionsbüro der US-Marine entworfen und war das meistgebaute und langlebigste Produkt von Naval Aircraft. Die Maschine wurde 26 Jahre lang bei den US-Streitkräften eingesetzt. Der Prototyp XN3N-1 machte seinen Jungfernflug im August 1935, und ab Juni 1936 wurden 179 Serien-N3N-1 ausgeliefert, die mit einem Radfahrgestell oder Schwimmern ausgerüstet werden konnten. Die ersten 159 hatten einen 220 PS (164 kW) starken Wright-R-790-8-Sternmotor, spätere Modelle erhielten den verbesserten R-760-8. Dieser Motor kam auch bei 816 ab 1938 gelieferten N3N-3 zum Einbau, die über ein vergrößertes Seitenleitwerk, ein Einbeinfahrwerk sowie einen unverkleideten Motor verfügten, der 1941/1942 nachträglich auch für die N3N-1 übernommen wurde. Die N3N war während des gesamten 2. Weltkriegs von großem Nutzen, danach wurde die Mehrzahl der Maschinen aber an zivile Betreiber verkauft.

| | |
|---|---|
| **Herkunftsland:** | USA |
| **Typ:** | zweisitziges Anfängerschulflugzeug |
| **Triebwerk:** | ein 7-Zylinder-Sternmotor Wright J-5 Whirlwind mit 220 PS (164 kW) |
| **Leistung:** | Höchstgeschwindigkeit 203 km/h; Dienstgipfelhöhe 4.635 m; Reichweite 756 km |
| **Gewicht:** | Leergewicht 948 kg; max. Startgewicht 1.266 kg |
| **Abmessungen:** | Spannweite 10,36 m; Länge 7,77 m; Höhe 3,30 m; Flügelfläche 28,33 qm |

# Nieuport 11

**Im Januar 1914 trat Gustave Delage Nieuport bei und begann mit der Entwicklung einer Reihe von Flugzeugen die ihn (und das Unternehmen) berühmt machen sollten. Die Erste dieser Maschinen war die Nieuport 10, ein kleiner, zweisitziger Aufklärer, der in zwei Versionen gebaut wurde. Bei der einen Maschine (10AV) befanden sich Beobachter und MG im vorderen, bei der anderen (10AR) im hinteren Cockpit. Mit nur einem Gnome-Rhône-Umlaufmotor als Antrieb erwiesen sich diese Zweisitzer als untermotorisiert und wurden zu einsitzigen Jagdaufklärern umgerüstet. Eine größere Version wurde als Nieuport 12 bezeichnet. Insgesamt wurden von beiden Modellen 170 Exemplare produziert. Gleichzeitig mit diesem Programm entwarf und baute Delage die Nieuport Bébé für das Gordon-Bennett-Rennen und entwickelte daraus den Typ 11, der in Hunderten von Exemplaren für die britischen, französischen, belgischen und russischen Streitkräfte gebaut wurde.**

| | |
|---|---|
| **Herkunftsland:** | Frankreich |
| **Typ:** | einsitziges Jagdflugzeug |
| **Triebwerk:** | ein 9-Zylinder-Umlaufmotor Le Rhône 9C mit 80 PS (60 kW) |
| **Leistung:** | Höchstgeschwindigkeit 155 km/h; Dienstgipfelhöhe 4.500 m; Flugdauer 2 h 30 min |
| **Gewicht:** | Leergewicht 350 kg; max. Startgewicht 480 kg |
| **Abmessungen:** | Spannweite 7,55 m; Länge 5,8 m; Höhe 2,45 m; Flügelfläche 13 qm |
| **Bewaffnung:** | ein fest eingebautes, vorwärts gerichtetes 7,7-mm-Vickers-MG |

# Nieuport 17

D ie Nieuport 17 war ohne Zweifel eines der besten alliierten Jagdflugzeuge des 1. Weltkriegs. Es ähnelte stark dem Typ 16, war jedoch etwas größer. Um das oblem des Tragflächenflatterns bei hohen Geschwindigkeiten zu beheben, wie es i der Nieuport 11 aufgetreten war, wurde der untere Flügel erheblich verstärkt. r Erstflug des Typs war im Januar 1916. Die ersten Maschinen wurden im Mai sgeliefert. Für ihre Zeit war die Nieuport 17 höchst manövrierfähig, stieg schnell d zeigte allgemein gute Leistungen. Viele hundert Maschinen wurden für die itischen, französischen, belgischen, russischen, italienischen und amerikanischen reitkräfte sowie für die niederländische und finnische Armee gebaut. Ihren Ruhm rdankt die Nieuport 17 nicht zu einem geringen Teil der Tatsache, dass sie von r Escadrille de Cicognes und Lafayette sowie den Fliegerassen Nungesser, Guyne-er, Ball und Bishop geflogen wurde.

| | |
|---|---|
| **Herkunftsland:** | Frankreich |
| **Typ:** | einsitziges Jagdflugzeug |
| **Triebwerk:** | ein Umlaufmotor Le Rhône 9J mit 110 PS (82 kW) |
| **Leistung:** | Höchstgeschwindigkeit 170 km/h; Dienstgipfelhöhe 1.980 m; Reichweite 250 km |
| **Gewicht:** | Leergewicht 374 kg; max. Startgewicht 560 kg |
| **Abmessungen:** | Spannweite 8,2 m; Länge 5,96 m; Höhe 2,44 m; Flügelfläche 14,75 qm |
| **Bewaffnung:** | ein fest eingebautes, vorwärts gerichtetes 7,7-mm-Vickers-MG |

# Nieuport 27

**Erfolgreichster Abkömmling des Typ 17 war der Typ 21, bei dem einfach ein 80 PS (60 kW) starker Umlaufmotor eingebaut und die Querruder vergrößert wurden. Annähernd 200 Stück dieses Modells wurden gebaut, zumeist für die USA und Russland. Eine etwas schwerere Version war der Typ 23, der ein vergrößertes Leitwerk und entweder einen 80 PS (60 kW) oder einen 120 PS (89 kW) starken Le-Rhône-Umlaufmotor besaß. Eine weitere Variante stellte der Typ 24 dar, der über eine verbesserte Aerodynamik, ein feststehendes Seitenruder und einen kreisförmigen Rumpfquerschnitt verfügte. Dieses Modell ging an die USA (124), Belgien, Italien und Japan. Der Typ 24-bis-Trainer hatte das Originalleitwerk des Typ 17, während der Typ 25 der Prototyp der Nieuport 24 war, ausgerüstet mit dem Leitwerk und dem Hecksporn des Typ 27. Der Typ 27 besaß einen Le-Rhône-Motor mit 120 PS (89 kW) und wurde von Schweden, Großbritannien und den USA verwende**

| | |
|---|---|
| **Herkunftsland:** | Frankreich |
| **Typ:** | einsitziges Jagdflugzeug |
| **Triebwerk:** | ein Umlaufmotor Le Rhône mit 120 PS (89 kW) |
| **Leistung:** | Höchstgeschwindigkeit 185 km/h; Dienstgipfelhöhe 5.550 m; Reichweite 250 km |
| **Gewicht:** | Leergewicht 380 kg; max. Startgewicht 585 kg |
| **Abmessungen:** | Spannweite 8,2 m; Länge 5,85 m; Höhe 2,42 m; Flügelfläche 14,75 qm |
| **Bewaffnung:** | ein fest eingebautes, vorwärts gerichtetes 7,7-mm-Vickers-MG; ein fest eingebautes, vorwärts gerichtetes 7,7-mm-Lewis-MG |

# Nieuport 28

N achdem alle Variationsmöglichkeiten des Typ-17-Entwurfs erschöpft waren, konstruierte Nieuport unter der Bezeichnung Typ 28 ein völlig neues Flugzeug. eses Modell besaß nicht mehr die V-Streben und Anderthalbdeckerkonfiguration r früheren Nieuportjäger, sondern hatte nun Tragflächen von fast gleicher Größe, e von parallelen Streben gestützt wurden. Der eckige Rumpf endete in einem n- den Teil, der einen neuen 160 PS (119 kW) starken Gnome-Le-Rhône-9N-Motor nschloss. Der Typ 28 wurde fast vom Zeichenbrett weg bestellt, doch in den Ein- tzen ab März 1918 erwies sich der unzuverlässige Gnome-Motor als Archillesferse r Maschine. Ein weiteres Manko war, dass bei hohen Geschwindigkeiten und ftigen Manövern die Bespannung des oberen Flügels abriss. Trotz dieser Proble- e war der Typ 28 der einzige Jäger, der für die amerikanischen Streitkräfte zur rfügung stand, als deren Jagdstaffeln Anfang 1918 in Frankreich eintrafen.

| | |
|---|---|
| **Herkunftsland:** | Frankreich |
| **Typ:** | einsitziges Jagdflugzeug |
| **Triebwerk:** | ein Umlaufmotor Gnome Le Rhône 9N mit 160 PS (119 kW) |
| **Leistung:** | Höchstgeschwindigkeit 195 km/h; Dienstgipfelhöhe 5.200 m; Reichweite 400 km |
| **Gewicht::** | Leergewicht 532 kg; max. Startgewicht 740 kg |
| **Abmessungen:** | Spannweite 8 m; Länge 6,2 m; Höhe 2,48 m; Flügelfläche 20 qm |
| **Bewaffnung:** | zwei fest eingebaute, vorwärts gerichtete 7,7-mm-Vickers-MG |

# Nieuport-Delage Ni-D 29

**Nieuports letzter Jägerentwurf während des Kriegs flog als Prototyp erstmals im August 1918, und die anschließenden Flugtests bewiesen die Qualität der Konstruktion Gustave Delages. Alle Leistungsvorgaben mit Ausnahme der Gipfelhöhe wurden übertroffen, sodass für den zweiten Prototypen eine vergrößerte Tragfläche entwickelt wurde. In dieser Form ging die Nieuport Ni-D 29 Anfang 1920 in Serienproduktion. Die ersten von insgesamt 250 Maschinen für die französischen Luftstreitkräfte wurden 1922 abgeliefert. Auch Spanien und Belgien beschafften 30 (davon 10 in Lizenz gebaut ) bzw. 108 (87 in Lizenz gebaute) Flugzeuge. In Frankreich gebaute Maschinen gingen an Schweden und Argentinien, während Japan eine Testmaschine erwarb und bei Nakajima 608 Flugzeuge als Ko-4 für die Armee bauen ließ, welche die Nieuport als Muster nutzten. Macchi in Italien produzierte ebenfalls eine kleine Anzahl von Ni-D 29.**

| | |
|---|---|
| **Herkunftsland:** | Frankreich |
| **Typ:** | einsitziges Jagdflugzeug |
| **Triebwerk:** | ein 8-Zylinder-V-Motor Hispano-Suiza 8Fb mit 300 PS (224 kW) |
| **Leistung:** | Höchstgeschwindigkeit 235 km/h; Dienstgipfelhöhe 8.500 m; Reichweite 580 km |
| **Gewicht:** | Leergewicht 760 kg; max. Startgewicht 1.150 kg |
| **Abmessungen:** | Spannweite 9,7 m; Länge 6,49 m; Höhe 2,56 m; Flügelfläche 26,7 qm |
| **Bewaffnung:** | zwei fest eingebaute, vorwärts gerichtete 7,7-mm-Vickers-MG |

# Nieuport-Delage Ni-D 52

**Gustave Delage war vor dem Ende seiner Zusammenarbeit mit Nieuport 1934 überaus produktiv. Dies zeigte sich durch die Tatsache, dass Nieuport-Delage bei der Pariser Luftfahrtausstellung 1924 nicht weniger als drei neue Entwürfe vorstellten, obwohl der Markt für Jagdflugzeuge zu jener Zeit am Boden lag. Jeder dieser Entwürfe trug die Nummer 42, obgleich alle recht unterschiedlich waren. Eines der ausgestellten Flugzeuge war eine von zwei für das Coupe-Beaumont-Rennen von 1924 gebauten Ni-D-42-Rennmaschinen. Daneben ausgestellt waren das einsitzige Ni-D 42C.1 und das zweisitzige Ni-D-42-C.2-Jagdflugzeug. Die erstere wurde in einigen Exemplaren von der französischen Luftwaffe eingesetzt, und aus ihr entwickelten sich in den folgenden zehn Jahren erfolgreiche Varianten. Die Ni-D 52 von 1927 (hier in den Farben der spanischen Republikaner dargestellt) war eine Ganzmetallversion der Ni-D 42 und wurde in Spanien bis 1936 in Lizenz gebaut.**

| | |
|---|---|
| **Herkunftsland:** | Frankreich |
| **Typ:** | einsitziges Jagdflugzeug |
| **Triebwerk:** | ein12-Zylinder-V-Motor Hispano-Suiza 12Hb mit 580 PS (433 kW) |
| **Leistung:** | Höchstgeschwindigkeit 255 km/h; Dienstgipfelhöhe 7.000 m; Reichweite 400 km |
| **Gewicht:** | Leergewicht 1.368 kg, max. Startgewicht 1.837 kg |
| **Abmessungen:** | Spannweite 12 m; Länge 7,5 m; Höhe 3 m; Flügelfläche 30,90 qm |
| **Bewaffnung:** | zwei fest eingebaute, vorwärts gerichtete 7,7-mm-Vickers-MG |

# North American Aviation Carrier Pigeon

**Obwohl sie durch Curtiss Aeroplane & Motor für einen Postflugzeugwettbewerb der US-Post gebaut wurde, war die Model 40 Carrier Pigeon eigentlich von Clement Keys North American Aviation entwickelt worden. Hier ist sie in der ursprünglichen Form abgebildet. Der Entwurf war eine Mischkonstruktion aus Metall Holz und Stoffbespannung und besaß ein breitspuriges Fahrgestell, um auf holprigen Pisten operieren zu können. Vor und hinter dem offenen Cockpit befanden sich die Postabteile. Zehn der 15 Carrier Pigeons wurden für National Air Transport gebaut. Das Unternehmen war 1925 gegründet worden, um Passagierflüge durchzuführen und flog ab 1926 die Postlinie Chicago–Dallas. Im Mai jenes Jahres eröffnete eine Carrier Pigeon diese Strecke, und ab April 1927 flog der Typ auch auf dem Abschnitt New York–Chicago des transkontinentalen Dienstes der US-Post. 1929 erschien die Carrier Pigeon II mit einem 600 PS (447 kW) starken Curtiss-Motor.**

| | |
|---|---|
| **Herkunftsland:** | USA |
| **Typ:** | einmotoriges Postflugzeug |
| **Triebwerk:** | ein V-Motor Liberty 12 mit 400 PS (298 kW) |
| **Leistung:** | Höchstgeschwindigkeit 201 km/h; Dienstgipfelhöhe 3.900 m; Reichweite 845 km |
| **Gewicht:** | Leergewicht 1.634 kg; max. Startgewicht 2.549 kg |
| **Abmessungen:** | Spannweite 12,78 m; Länge 8,78 m; Höhe 3.68 m; Flügelfläche 46,91 qm |

# Northrop N-3PB

Norwegen war mit seiner langen, von Fjorden durchschnittenen Küste schon immer ein guter Markt für die Hersteller von Wasserflugzeugen. Das einmorige Schwimmerflugzeug N-3PB, das durch eine norwegische Beschaffungskom-ission bei Northrop bestellt wurde, bedeutete so etwas wie einen Neuanfang für eses Unternehmen, da es zuvor nur Landflugzeuge hergestellt hatte. Die Nor-eger bestellten 24 Maschinen, und nur acht Monate nach Eingang der Bestellung og der erste von einem 1.200 PS (895 kW) starken Wright-Cyclone-GR-1820-ernmotor angetriebene Prototyp. Alle Flugzeuge wurden an die norwegische arineluftwaffe geliefert, die nach der Besetzung Norwegens durch Deutschland s Teil der britischen Luftwaffe operierte. Die Norweger flogen vor allem U-Boot-atrouillen und Konvoibegleitung von einer isländischen Basis aus, dies oftmals nter extremsten Wetterbedingungen.

| | |
|---|---|
| **Herkunftsland:** | USA |
| **Typ:** | zweisitziges Schwimmerflugzeug für Küstenpatrouillen |
| **Triebwerk:** | ein Sternmotor Wright Cyclone GR-1820 mit 1.200 PS (895 kW) |
| **Leistung:** | Höchstgeschwindigkeit 414 km/h; Dienstgipfelhöhe 7.315 m; Reichweite 1.609 km |
| **Gewicht:** | Leergewicht 2.808 kg; max. Startgewicht 4.808 kg |
| **Abmessungen:** | Spannweite 14,91 m; Länge 10,97 m; Höhe 3,66 m |
| **Bewaffnung:** | vier starre 12,7-mm-MG in den Tragflächen; ein bewegliches 7,62-mm-MG im hinteren Cockpit; ein bewegliches 7,62-mm-MG in Bauchposition; bis zu 907 kg Bombenlast |

# Pfalz D.III

Die Pfalz Flugzeugwerke begannen 1913 mit dem Bau von Flugzeugen und stellten zunächst Morane-Eindecker und andere Typen in Lizenz her. Die D.III war ein gänzlich neuer Entwurf, in den der Chefkonstrukteur Robert Thelen viele Erfahrungen aus der Lizenzproduktion von LFG-Roland-Jägern 1916–1917 einfließen ließ. Obwohl sie etwas weniger leistungsfähig als die besten zeitgenössischen Albatros- und Fokker-Modelle waren, galten die D.III und IIIa doch als robust und waren bei den Piloten beliebt. Der in Schalenbauweise gefertigte Rumpf hatte Stromlinienform und folgte den Deperdussin-Konstruktionsprinzipien. Die Produktion verzögerte sich jedoch aus Mangel an Facharbeitern. Rund 600 Stück wurden gebaut. Die Version IIIa hatte abgerundete Flügelspitzen und Leitwerksflächen sowie leichter zugängliche MG auf dem Rumpfbug. Hier abgebildet ist eine von Vzfw Hecht geflogene D.III der Jasta 10, die nahe Courtrai stationiert war.

| | |
|---|---|
| **Herkunftsland:** | Deutschland |
| **Typ:** | einsitziges Jagdflugzeug |
| **Triebwerk:** | ein Reihenmotor Mercedes D.IIIa mit 180 PS (134 kW) |
| **Leistung:** | Höchstgeschwindigkeit 165 km/h; Dienstgipfelhöhe 5.180 m; Reichweite 350 km |
| **Gewicht:** | Leergewicht 750 kg; max. Startgewicht 935 kg |
| **Abmessungen:** | Spannweite 9,4 m; Länge 6,95 m; Höhe 2,67 m; Flügelfläche 22,1 qm |
| **Bewaffnung:** | zwei fest eingebaute, vorwärts gerichtete 7,92-mm-LMG-08/15-MG |

# Polikarpow I-15bis Chaika

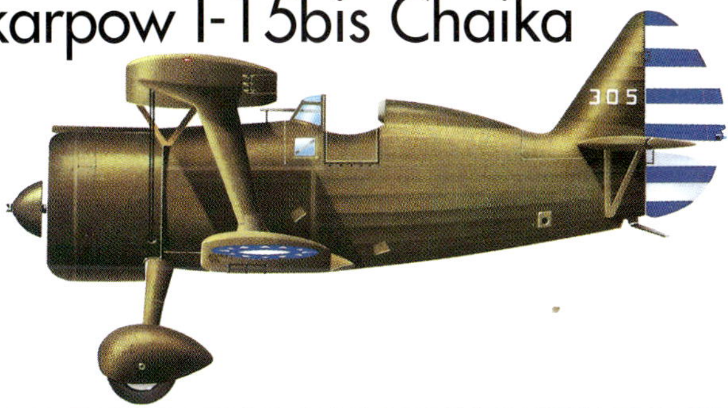


Anfang 1933 begann Nikolai Polikarpow mit dem Entwurf einer Maschine die seinen Doppeldecker-Jäger I-5 ablösen sollte. Die neue Maschine hatte einen eren, zum Rumpf hin geknickten Flügel, um die Sicht des Piloten nach vorn zu rbessern und ein Wright-R-1820-F-Cyclone-Triebwerk. Dieser amerikanische ernmotor war in geringen Zahlen importiert worden, da sich die Lizenzproduk-on als M-25 verzögerte. Die I-15 (404 Stück mit dem 480 PS/385 kW starken M-22-d 270 Stück mit dem M-25-Motor) wurde ab 1934 in Dienst gestellt und durch die 5bis ergänzt, von der beim deutschen Einmarsch in die Sowjetunion 1941 noch ele im Dienst waren. Die I-15bis hatte den verbesserten M-25V-Motor in einer ngsehnigen Verkleidung, einen konventionellen oberen Flügel, erhöhte Kraftstoff-pazität und vier statt zwei MG. Hier ist eine I-15bis der chinesischen Zentralre-erung zu sehen, wie sie 1937–1938 in der Mandschurei stationiert war.

| | |
|---|---|
| **Herkunftsland:** | Sowjetunion |
| **Typ:** | einsitziges Jagdflugzeug |
| **Triebwerk:** | ein 9-Zylinder-Sternmotor M-25v mit 775 PS (559 kW) |
| **Leistung:** | Höchstgeschwindigkeit 370 km/h; Dienstgipfelhöhe 9.500 m; Reichweite 530 km |
| **Gewicht:** | Leergewicht 1.310 kg; max. Startgewicht 1.900 kg |
| **Abmessungen:** | Spannweite 10,20 m; Länge 6,33 m; Höhe 2,19 m |
| **Bewaffnung:** | vier fest eingebaute, vorwärts gerichtete 7,62-mm-MG; externe Bombenlast bis zu 150 kg oder sechs RS-82-Raketen unter den Tragflächen |

# Polikarpow I-153

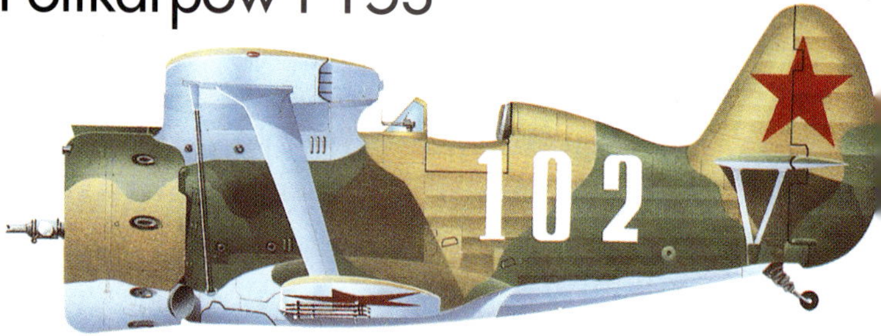


**Die I-153 war auch als I-15ter bekannt und flog erstmals 1938. Sie war ein Versuch, die I-15bis durch eine Reduzierung des Luftwiderstandes zu modernisieren. Dazu wurde zum einen der obere, in den Rumpf eingeknickte Flügel verändert, zum anderen ein per Handbetrieb einzufahrendes Fahrwerk eingeführt. Insgesamt wurden 3.437 Maschinen dieses Typs gebaut und rechtzeitig in Dienst gestellt, um am Grenzkonflikt mit Japan im Sommer 1939 teilzunehmen. Auch im Russisch-Finnischen Krieg 1939–1940 und in der ersten Zeit nach dem deutschen Einmarsch in die Sowjetunion 1941 wurden I-153 häufig eingesetzt. Ab Mitte 1943 wurden die übrig gebliebenen Flugzeuge an Schulungseinheiten abgegeben. Die Finnen verwendeten erbeutete Maschinen bis 1944 an der vordersten Front. Der Typ wurde von erfahrenen Piloten mit Erfolg geflogen, für weniger erfahrene Flieger war die I-153 jedoch recht schwierig zu handhaben.**

| | |
|---|---|
| **Herkunftsland:** | Sowjetunion |
| **Typ:** | einsitziges Jagdflugzeug und Jagdbomber |
| **Triebwerk:** | ein 9-Zylinder-Sternmotor Schwetsow M-62 1.000 PS (746 kW) |
| **Leistung:** | Höchstgeschwindigkeit 444 km/h; Dienstgipfelhöhe 10.700 m; Reichweite 880 km |
| **Gewicht:** | Leergewicht 1.348 kg; max. Startgewicht 2.110 kg |
| **Abmessungen:** | Spannweite 10 m; Länge 6,17 m; Höhe 2,80 m |
| **Bewaffnung:** | vier fest eingebaute, vorwärts gerichtete 12,7-mm-MG; externe Bombenlast bis zu 200 kg oder sechs RS-82-Raketen |

# Potez 25 A.2

Bevor Potez 1935 in der SNCASE aufging, war das Unternehmen einer der größten französischen Flugzeughersteller. Das riesige Werk bei Meaulte wurde 1920 von enri Potez gegründet, und von dort stammten eine Reihe erfolgreicher einmotoriger ilitär- und Zivilflugzeuge. Die Potez 25 war eines der berühmtesten und meistgebau- n Flugzeuge der Zwischenkriegsjahre. Sie wurde aus dem früheren Potez-24-A.2- ototypen entwickelt, der von Louis Coroller entwickelt worden war und seinen stflug 1924 machte. Nach einigen Änderungen wurde daraus die Potez 25, die in vei Versionen angeboten wurde: dem zweisitzigen Jäger A.2 und dem zweisitzigen omber B.2. Insgesamt wurden fast 4.100 Exemplare in 87 Varianten für den heimi- hen und den Exportmarkt gebaut. Die meisten kamen von Potez, jedoch wurden )0 in Polen, 200 in Jugoslawien, 70 in Rumänien und 27 in Portugal in Lizenz pro- uziert. Abgebildet ist eine paraguayische Potez 25 aus dem Jahr 1933.

| | |
|---|---|
| **Herkunftsland:** | Frankreich |
| **Typ:** | zweisitziges, militärisches Mehrzweckflugzeug |
| **Triebwerk:** | ein 12-Zylinder-V-Motor Lorraine-Dietrich mit 450 PS (335 kW) |
| **Leistung:** | Höchstgeschwindigkeit 220 km/h; Dienstgipfelhöhe 7.200 m; Reichweite 660 km |
| **Gewicht:** | Rüstgewicht 1.510 kg; max. Startgewicht 2.500 kg |
| **Abmessungen:** | Spannweite 14,19 m; Länge 9,19 m; Höhe 3,65 m; Flügelfläche 47 qm |
| **Bewaffnung:** | ein fest eingebautes, vorwärts gerichtetes 7,7-mm-Vickers-MG, zwei bewegliche 7,7-mm-Lewis-MG im hinteren Cockpit; Unterflügelhalterungen für bis zu 200 kg Bomben |

# Royal Aircraft Factory B.E.2c

Die Ballonfabrik in Farnborough erweiterte 1909 ihr Angebot auf Flugmaschinen. Unter der Leitung von Mervyn O'Gorman bauten Geoffrey de Havilland und F. M. Green 1911 aus einem Voisin-Druckschrauber den B.E.1-(Bleriot Experimental)-Doppeldecker mit Zugschraube. Die folgende B.E.2 behielt den gleichen grundlegenden Aufbau bei und war das erste, als solches gebaute Militärflugzeug in Großbritannien. Bis Mitte 1913 stellte der Typ die Ausrüstung von 13 Staffeln der Fliegerabteilung der britischen Armee. Die B.E.2a hatte Flügel ungleicher Spannweite und die B.E.2b eine veränderte Beplankung um die Cockpits herum sowie Querruder anstelle der Steuerung per Flügelverwindung. Bei der B.E.2c kamen der 90 PS (66 kW) starke RAF-1a-Motor sowie erstmals ein MG zum Einbau. Im Krieg zeigte sich die B.E.2 als guter Aufklärer, doch ihre Fluginstabilität erwies sich im Luftkampf oftmals als tödlich.

| | |
|---|---|
| **Herkunftsland:** | Großbritannien |
| **Typ:** | zweisitziges Aufklärungsflugzeug/leichter Bomber |
| **Triebwerk:** | ein Reihenmotor RAF 1a mit 90 PS (67 kW) |
| **Leistung:** | Höchstgeschwindigkeit 145 km/h; Dienstgipfelhöhe 2.745 m; Flugdauer 4 h |
| **Gewicht:** | Leergewicht 649 kg; max. Startgewicht 953 kg |
| **Abmessungen:** | Spannweite 12,42 m; Länge 8,31 m; Höhe 3,66 m; Flügelfläche 33,44 qm |
| **Bewaffnung:** | ein 7,7-mm-Vickers-MG, das auf verschiedene Haltepunkte auf dem oberen Flügel und dem Rumpf montiert werden kann |

# Royal Aircraft Factory F.E.2b

Der erste experimentelle Jagdflugzeugentwurf von Royal Aircraft war im Januar 1914 bereit zur Serienproduktion, und wäre dies geschehen, wäre die Flieger-bteilung der britischen Armee besser mit den Fokker-Eindeckern fertig geworden. tattdessen verging nach dem Erstflug fast ein Jahr, bevor überhaupt ein Produk-ionsauftrag erging, und zu der Zeit war die Druckschraubenauslegung der Maschi-e schon veraltet. Die Konstruktion als Druckschrauber war 1913 notwendig, um nit einem MG in Flugrichtung feuern zu können, da es noch kein Unterbrecher-etriebe gab, das ein Schießen durch den Propeller erlaubt hätte. Der Pilot saß aher für gewöhnlich im hinteren Cockpit und nur bei Nachtflügen vorne. Der erste uftrag über 12 F.E.2as erging im August 1914, gefolgt von weiteren Aufträgen über lie verbesserten F.E.2b und F.E.2c. Insgesamt wurden 1.939 F.E.2 aller Versionen ebaut.

| | |
|---|---|
| **Herkunftsland:** | Großbritannien |
| **Typ:** | zweisitziges Jagdflugzeug |
| **Triebwerk:** | ein Beardmore-Reihenmotor mit 120 PS (89 kW) |
| **Leistung:** | Höchstgeschwindigkeit 129 km/h; Dienstgipfelhöhe 2.745 m; Flugdauer 3 h |
| **Gewicht:** | Leergewicht 904 kg; max. Startgewicht 1.347 kg |
| **Abmessungen:** | Spannweite 14,55 m; Länge 9,83 m; Höhe 3,85 m; Flügelfläche 45,89 qm |
| **Bewaffnung:** | ein oder zwei 7,7-mm-Lewis-MG; externe Bombenlast bis zu 159 kg |

# Royal Aircraft Factory R.E.8

Die „Harry Tate", wie sie in der Fliegerabteilung der britischen Armee genannt wurde, verdankte ihre Entstehung dem Bedarf nach einem zweisitzigen Aufklärungs- und Artilleriebeobachtungsflugzeug. Der Typ erinnerte an eine vergrößerte B.E.2 und hatte wie diese gestaffelte Doppeldeckertragflächen, jedoch einen robusteren Rumpf und eine bessere Bewaffnung. Erste Testflüge zeigten, dass die Maschine gut zu fliegen war, und ermutigten die Armee, einen großen Auftrag zu erteilen. Die ersten Flugzeuge wurden im Herbst 1916 geliefert, doch erhielten sie nach einer Reihe von Unfällen Startverbot. Daraufhin wurde das Heck überarbeitet und schließlich die Produktion von insgesamt 4.077 R.E.8 wieder aufgenommen. Doch wie auch bei der B.E.2 erwies sich die Instabilität des Typs als großer Nachteil im Luftkampf.

| | |
|---|---|
| **Herkunftsland:** | Großbritannien |
| **Typ:** | zweisitziges Aufklärungs- und Artilleriebeobachtungsflugzeug |
| **Triebwerk:** | ein 12-Zylinder-V-Motor RAF 4a mit 150 PS (112 kW) |
| **Leistung:** | Höchstgeschwindigkeit 164 km/h; Dienstgipfelhöhe 4.115 m; Flugdauer 4 h 15 min |
| **Gewicht:** | Leergewicht 717 kg; max. Startgewicht 1.301 kg |
| **Abmessungen:** | Spannweite 12,98 m; Länge 6,38 m; Höhe 2,9 m; Flügelfläche 22,67 qm |
| **Bewaffnung:** | ein fest eingebautes, vorwärts gerichtetes 7,7-mm-Vickers-MG; ein bewegliches 7,7-mm-Lewis-MG im hinteren Cockpit; externe Bombenlast bis zu 102 kg |

# Royal Aircraft Factory S.E.5a

**Ohne Zweifel das beste Flugzeug von Royal Aircraft in Farnborough war die S.E.5 (Scout Experimental). Der Typ war von H. P. Folland und J. Kenworthy um einen neuen Hispano-Suiza-Motor (der sich jedoch als dauerhafter Schwachpunkt erwies) herum entworfen worden. Der erste von drei Prototypen flog im November 1916 und stürzte ebenso wie der zweite bei Testflügen ab. Der dritte verfügte über einen geänderten Kühler, einen Ausschnitt im oberen Flügel, einen Kraftstofftank in der mittleren oberen Tragfläche, Bewaffnung sowie eine Windschutzscheibe, die aber die Sicht des Piloten störte. Als die ersten S.E.5 im März 1917 an die 56. Staffel ausgeliefert wurden, waren die Piloten enttäuscht, dass eine noch größere Windschutzscheibe eingebaut worden war, woraufhin vor dem Einsatz alle Scheiben entfernt wurden. Hier abgebildet ist eine S.E.5a dieser Staffel, gebaut durch Austin Motors.**

| | |
|---|---|
| **Herkunftsland:** | Großbritannien |
| **Typ:** | einsitziges Jagdflugzeug |
| **Triebwerk:** | ein 8-Zylinder Motor Hispano-Suiza 8a mit 150 PS (112 kW) |
| **Leistung:** | Höchstgeschwindigkeit 177 km/h; Dienstgipfelhöhe 5.185 m; Reichweite 483 km |
| **Gewicht:** | Leergewicht 639 kg; max. Startgewicht 902 kg |
| **Abmessungen:** | Spannweite 8,11 m; Länge 6,38 m; Höhe 2,89 m; Flügelfläche 22,67 qm |
| **Bewaffnung:** | ein fest eingebautes, vorwärts gerichtetes 7,7-mm-Vickers-MG; ein 7,7-mm-Lewis-MG auf einer Fosterlafette auf der oberen Tragfläche |

# Royal Aircraft Factory S.E.5a

**Weniger als 60 S.E.5 mit dem 150 PS (112 kW) starken Triebwerk wurden gebaut, da sich der Hispano-Suiza-Motor als chronisch unzuverlässig herausgestellt hatte. Im S.E.5a-Prototypen wurde er durch einen 200 PS (150 kW) starken Hispano-Suiza ersetzt, weitere Änderungen betrafen eine Kopfverkleidung hinter dem Cockpit, Falltanks für Wasser und Kraftstoff im Mittelteil der oberen Tragfläche und eine geringere Spannweite. Der Auftrag für die neue Maschine erging im Februar 1917, und die Mehrzahl der folgenden Flugzeuge wurde bei Vickers und Martinsyde gefertigt. Einige der ersten S.E.5a waren (trotz vorhergehender Probleme) mit von Wolseley in Lizenz gebauten Hispano-Motoren ausgerüstet, mit denen es im Einsatz wiederum Probleme gab. Am Ende des Jahres war von den bestellten Maschinen kaum ein Viertel ausgeliefert, vor allem wegen der Knappheit an Motoren und schlechter Qualität der Lieferungen von beiden Herstellern.**

| | |
|---|---|
| **Herkunftsland:** | Großbritannien |
| **Typ:** | einsitziges Jagdflugzeug |
| **Triebwerk:** | ein von Wolseley in Lizenz gebauter 8-Zylinder-V-Motor Hispano-Suiza 8a mit 200 PS (149 kW) |
| **Leistung:** | Höchstgeschwindigkeit 222 km/h; Dienstgipfelhöhe 5.185 m; Reichweite 483 km |
| **Gewicht:** | Leergewicht 639 kg; max. Startgewicht 902 kg |
| **Abmessungen:** | Spannweite 8,11 m; Länge 6,38 m; Höhe 2,89 m; Flügelfläche 22,67 qm |
| **Bewaffnung:** | ein fest eingebautes, vorwärts gerichtetes 7,7-mm-Vickers-MG; ein 7,7-mm-Lewis-MG auf einer Fosterlafette auf der oberen Tragfläche |

# Royal Aircraft Factory S.E.5a

Die Triebwerksprobleme der S.E.5a wurden erst wirklich gelöst, als Wolseley den Viper entwickelte, eine hochverdichtende Variante des Hispano-Suiza, die direkt auf den Propeller wirkte. Zwar gab es weiterhin Probleme mit dem Constantinescu-Unterbrechergetriebe für das MG, doch als alle Mängel beseitigt waren, zeigte sich das wahre Potential der Maschine. Die S.E.5a wurde bei den Piloten zunehmend beliebt. Ball, der den Typ zuerst kritisiert hatte, erzielte seine meisten Abschüsse auf der S.E.5a, ebenso Beauchamp-Proctor, „Billy" Bishop, Edward Mancock und James McCudden. 5.205 Flugzeuge wurden produziert, inklusive einer kleinen Zahl zweisitziger Trainer. Curtiss in den USA plante, 1.000 Stück in Lizenz zu fertigen, weshalb Einzelteile für 56 S.E.5a als Muster dorthin gingen. Das Kriegsende kam dem jedoch zuvor, und nur ein 180 PS (134 kW) starker Wright-Martin-Motor wurde gebaut. Abgebildet ist eine S.E.5a der 25. Staffel der amerikanischen Expeditionsstreitkräfte.

| | |
|---|---|
| **Herkunftsland:** | Großbritannien |
| **Typ:** | einsitziges Jagdflugzeug |
| **Triebwerk:** | ein 8-Zylinder-V-Motor Wolseley W.4a mit 200 PS (149 kW) |
| **Leistung:** | Höchstgeschwindigkeit 222 km/h; Dienstgipfelhöhe 5.185 m; Reichweite 483 km |
| **Gewicht:** | Leergewicht 639 kg; max. Startgewicht 902 kg |
| **Abmessungen:** | Spannweite 8,11 m; Länge 6,38 m; Höhe 2,89 m; Flügelfläche 22,67 qm |
| **Bewaffnung:** | ein fest eingebautes, vorwärts gerichtetes 7,7-mm-Vickers-MG; ein 7,7-mm-Lewis-MG auf einer Fosterlafette auf der oberen Tragfläche |

# Royal Aircraft Factory S.E.5a

**Nach Kriegsende verschwand die S.E.5a recht schnell aus den Jagdstaffeln, wenn auch einige in Australien, Kanada und Südafrika weiterflogen. Als jedoch überschüssige Jäger auf dem zivilen Markt verfügbar wurden, kauften Privatleute sie rasch auf, und der Typ wurde in einigen ungewöhnlichen Rollen eingesetzt. Einige der bekanntesten Flugzeuge waren im Besitz des ehemaligen Majors Jack Savage, der seine kleine Flotte von S.E.5a in den frühen 20er Jahren für die noch junge Kunst des Himmelschreibens einsetzte. Dazu hatten die Flugzeuge speziell modifizierte Auspuffrohre, die den gesamten Rumpf entlangliefen und erst an der Heckflosse in einem Y-förmigen Schlussstück endeten. Die Rauch erzeugende Substanz wurde aus einem Rumpftank in den Auspuff geleitet, und die Menge konnte über einen kleinen Hahn im Cockpit kontrolliert werden. Die Chemikalie reagierte dann durch die Hitze der Abgase und produzierte weißen Rauch.**

| | |
|---|---|
| **Herkunftsland:** | Großbritannien |
| **Typ:** | einsitziger Doppeldecker |
| **Triebwerk:** | ein 8-Zylinder-V-Motor Wolseley W.4a mit 200 PS (149 kW) |
| **Leistung:** | Höchstgeschwindigkeit 222 km/h; Dienstgipfelhöhe 5185 m; Reichweite 483 km |
| **Gewicht:** | Leergewicht 639 kg; max. Startgewicht 902 kg |
| **Abmessungen:** | Spannweite 8,11 m; Länge 6,38 m; Höhe 2,89 m; Flügelfläche 22,67 qm |

# SPAD S.VII

Kurz vor dem 1. Weltkrieg wurde die „Société Pour les Appareils Deperdussin“ (SPAD) durch den französischen Flieger Louis Blériot vor dem Bankrott gerettet, der die Gesellschaft in „Société Pour l’Aviation et ses Dérivés“ umbenannte und so die Initialen SPAD beibehielt. Die neue SPAD entwarf und baute zunächst die nicht besonders auffällige A-Reihe zweisitziger Jagdflugzeuge, bevor ab Anfang 1915 die Entwicklung des Zugschrauben-Doppeldeckers SPAD S.V begann. Dies war das erste wirklich erfolgreiche Militärflugzeug des Unternehmens und ohne Zweifel einer der besten einsitzigen Jäger des Krieges. Der Schlüssel zum Erfolg der Konstruktion war ein neuer, vom Hispano-Suiza-Chefkonstrukteur Marc Birkgitt entworfener V-Motor. Dieser trieb den Prototyp bei seinem Erstflug im April 1916 an und veranlasste die französischen Behörden, 268 Maschinen in Auftrag zu geben, die ab September 1916 den Staffeln unter dem Namen SPAD S.VII zuliefen.

| | |
|---|---|
| **Herkunftsland:** | Frankreich |
| **Typ:** | einsitziges Jagdflugzeug |
| **Triebwerk:** | ein 8-Zylinder-V-Motor Hispano-Suiza 8Aa mit 150 PS (112 kW) |
| **Leistung:** | Höchstgeschwindigkeit 192 km/h; Dienstgipfelhöhe 5.334 m; Reichweite 360 km |
| **Gewicht:** | Leergewicht 510 kg; max. Startgewicht 740 kg |
| **Abmessungen:** | Spannweite 7,81 m; Länge 6,08 m; Höhe 2,20 m; Flügelfläche 17,85 qm |
| **Bewaffnung:** | ein fest eingebautes, vorwärts gerichtetes 7,7-mm-Vickers-MG |

# SPAD S.VII

**In französischen Diensten erwies sich die SPAD S.VII als flinkes und robustes Jagdflugzeug, das über eine gute Steigrate und einen engen Wendekreis verfügte sowie eine stabile Waffenplattform abgab. Den ersten Kampferfolg mit dem neuen Modell erzielte Leutnant Armand Pinsard der 26. Staffel am 23. August 1916. Im Sommer 1917 stand die S.VII bei 50 Jagdstaffeln an der Westfront im Dienst. Die französischen Fliegerasse Georges Félix Madon, Marcel Nogués, Armand de Turenee sowie Georges Guynemer flogen diesen Typ mit Geschick und Elan. Die Mehrzahl der 6.000 gebauten Maschinen wurde von Subunternehmen gefertigt, darunter Blériot, Janoir, Kellner, de Marçay, Regy, Freres und Sommer. Auch die Fliegerabteilung der britischen Armee und die britische Marineluftwaffe erhielten eine große Anzahl von S.VII. Abgebildet ist eine S.VII der 23. Staffel der britischen Armee, die im Sommer 1917 von La Lovie aus flog.**

| | |
|---|---|
| **Herkunftsland:** | Frankreich |
| **Typ:** | einsitziges Jagdflugzeug |
| **Triebwerk:** | ein 8-Zylinder-V-Motor Hispano-Suiza 8Aa mit 150 PS (112 kW) |
| **Leistung:** | Höchstgeschwindigkeit 192 km/h; Dienstgipfelhöhe 5.334 m; Reichweite 360 km |
| **Gewicht:** | Leergewicht 510 kg; max. Startgewicht 740 kg |
| **Abmessungen:** | Spannweite 7,81 m; Länge 6,08 m; Höhe 2,20 m; Flügelfläche 17,85 qm |
| **Bewaffnung:** | ein fest eingebautes, vorwärts gerichtetes 7,7-mm-Vickers-MG |

# SPAD S.VII

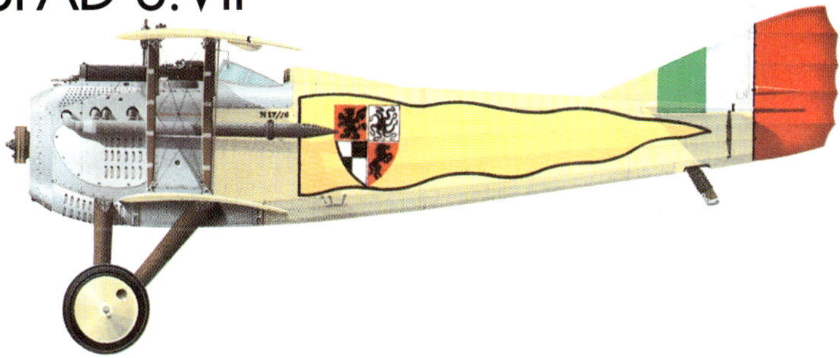

Während des 1. Weltkriegs wurde die SPAD S.VII in großen Stückzahlen an die alliierten Streitkräfte geliefert. Italien erhielt 214, die USA 189, Russland 43 und Belgien 15 Maschinen. Nach Ende des Krieges wurden überschüssige Flugzeuge an Brasilien, die Tschechoslowakei, Griechenland, Peru, Polen, Portugal, Rumänien, Thailand und Jugoslawien verkauft, was die S.VII zum meistexportierten französischen Flugzeug jener Zeit machte. Auf der Abbildung ist die persönliche Maschine des kommandierenden Offiziers der 23. Gruppe der italienischen Luftwaffe zu sehen, die 1924 in Lonade Pozzolo stationiert war. Das wimpelartige Abzeichen sollte das Erscheinungsbild italienischer Flugzeuge verbessern, nachdem Mussolini 1923 eine unabhängige Luftwaffe aufgestellt hatte. Der Schild auf der Rumpfseite setzt sich aus den Zeichen der Staffeln 74a, 75a, 76a und 91a der Gruppe zusammen.

| | |
|---|---|
| **Herkunftsland:** | Frankreich |
| **Typ:** | einsitziges Jagdflugzeug |
| **Triebwerk:** | ein 8-Zylinder-V-Motor Hispano-Suiza 8Ac mit 180 PS (112 kW) |
| **Leistung:** | Höchstgeschwindigkeit 192 km/h; Dienstgipfelhöhe 5.334 m; Reichweite 360 km |
| **Gewicht:** | Leergewicht 510 kg, max. Startgewicht 740 kg |
| **Abmessungen:** | Spannweite 7,81 m; Länge 6,08 m; Höhe 2,20 m; Flügelfläche 17,85 qm |
| **Bewaffnung:** | ein fest eingebautes, vorwärts gerichtetes 7,7-mm-Vickers-MG |

# SPAD S.XIII

**Auf Betreiben Georges Guynemers hin und durch die Entwicklung neuer deutscher Jäger angeregt, unternahm Louis Béchereau große Anstrengungen, die Leistung der SPAD S.VII zu verbessern. Die so entstandene SPAD S.XII Ca.1 wurde von einem 200 PS (134 kW) starken Hispano-Suiza-8c-Motor angetrieben und war mit einer 37-mm-Hotchkiss-Kanone ausgerüstet, die zwischen den Zylinderblöcken des Motors installiert war und durch die hohle Propellerwelle feuerte. Weniger als 100 Stück dieses Typs wurden gebaut, bevor die Produktion auf die populäre S.XIII umgestellt wurde, die einen 220 PS (165 kW) starken Hispano-Suiza-8Ba-Motor, zwei Vickers-MG, etwas größere Tragflächen, verbesserte Querruder und ein vergrößertes Seitenruder besaß. Der Prototyp flog erstmals im April 1917, und ab Mai wurden die ersten Serienmaschinen in Dienst gestellt. Die S.XIII ersetzte bald die S.VII in den Frontverbänden. Bei Kriegsende wurden über 10.000 Maschinen storniert.**

| | |
|---|---|
| **Herkunftsland:** | Frankreich |
| **Typ:** | einsitziges Jagdflugzeug |
| **Triebwerk:** | ein 8-Zylinder-V-Motor Hispano-Suiza 8BEc mit 220 PS (164 kW) |
| **Leistung:** | Höchstgeschwindigkeit 224 km/h; Dienstgipfelhöhe 6.650 m; Flugdauer 2 h |
| **Gewicht:** | max. Startgewicht 845 kg |
| **Abmessungen:** | Spannweite 8,1 m; Länge 6,3 m; Höhe 2,35 m |
| **Bewaffnung:** | zwei fest eingebaute, vorwärts gerichtete 7,7-mm-Vickers-MG |

# Saro London Mk II

m Jahr 1928 kaufte A. V. Roe einen großen Teil von S. E. Saunders, und das Unternehmen baute anschließend Flugzeuge unter dem Namen Saunders-Roe, bekannter unter der abgekürzten Form Saro. Das Seeaufklärungsflugboot A.27 London entstand auf die Ausschreibung R.24/31 des britischen Luftfahrtministeriums und war ine Entwicklung aus der früheren A.7 Severn. Die A.27 mit zwei 875 PS (652 kW) tarken Bristol-Pegasus-III-Sternmotoren war etwas kleiner, doch im Allgemeinen ler A.7 sehr ähnlich. Zehn Maschinen mit der Bezeichnung Saro London Mk I wurlen für das Küstenkommando der britischen Luftwaffe gebaut und die ersten 1936 n Dienst gestellt. Die folgenden 20 Mk II hatten aufgewertete Triebwerke mit Vierlattpropellern, und alle Mk I wurden schließlich ebenfalls auf diesen Standard ımgebaut. Auf der Abbildung ist eine Mk II des 240. Geschwaders der 15. Staffel zu ehen, die 1940 von Stranraer aus operierte.

| | |
|---|---|
| **Herkunftsland:** | Großbritannien |
| **Typ:** | Seeaufklärungs- und Patrouillenflugboot |
| **Triebwerk:** | zwei Sternmotoren Bristol Pegasus X mit 1.055 PS (787 kW) |
| **Leistung:** | Höchstgeschwindigkeit 249 km/h; Dienstgipfelhöhe 6.065 m; Reichweite 1.770 km |
| **Gewicht:** | Leergewicht 5.035 kg; max. Startgewicht 8.346 kg |
| **Abmessungen:** | Spannweite 24,38 m; Länge 17,31 m; Höhe 5,72 m; Flügelfläche 132,38 qm |
| **Bewaffnung:** | ein bewegliches 7,7-mm-Lewis-MG im Bugstand; je ein 7,7-mm-Lewis-MG in zwei seitlichen Positionen mittschiffs; Unterflügelhalterungen für bis zu 907 kg Bomben oder Wasserbomben |

# Saro Princess

Nach Ende des 2. Weltkriegs hatten die meisten großen Luftfahrtnationen Pläne für riesige Flugzeuge, welche die kommerzielle Luftfahrt revolutionieren sollten. Jedoch kam keines dieser Projekte über das Experimentalstadium hinaus, denn obwohl alle modernste Technologien verwendeten, hatte doch keines kommerzielles Potenzial. Die Saro Princess ist eines der besten Beispiele dafür. Entwurf und Konstruktion der Princess begannen noch im Krieg unter der irrigen Annahme, dass nach einem Friedensschluss erneut Flugboote auf den Atlantikrouten fliegen würden. Nachdem BOAC (Britisch Overseas Airways Corporation) im Mai 1946 drei Prototypen bestellt hatte, geriet das Entwicklungsprogramm in ernsthafte Schwierigkeiten, vor allem wegen Problemen mit dem Getriebe der Propellerturbinen. 1951 stornierte BOAC das Programm, nachdem man erkannt hatte, dass Landflugzeuge genauso sicher und zudem wirtschaftlicher eingesetzt werden konnten.

| | |
|---|---|
| **Herkunftsland:** | Großbritannien |
| **Typ:** | 220-sitziges Transatlantik-Flugboot |
| **Triebwerk:** | zehn Propellerturbinen Bristol Proteus 600 mit 2.500 PS (1.864 kW) |
| **Leistung:** | Höchstgeschwindigkeit 576 km/h; Reichweite 9.720 km |
| **Gewicht:** | beladen 156.492 kg |
| **Abmessungen:** | Spannweite 66,9 m; Länge 45,11 m; Höhe 16,99 m |

# Savoia-Marchetti S.55SA

Trotz ihres plumpen Äußeren, hervorgerufen durch ihre beiden Katamaran-Rümpfe, war die Savoia-Marchetti S.55 doch eines der modernsten Flugboote er Zwischenkriegsjahre und für die Marineluftwaffe während der 30er Jahre nentbehrlich. Die S.55 entstand auf eine Anforderung für ein neues, mehrmotori-es Torpedo-Flugboot. Die Triebwerke saßen auf Streben über dem Mittelteil der eitragenden Tragflächen mit großer Profiltiefe, die hoch an den beiden Rümpfen efestigt waren. Im Mittelflügel befand sich die Kabine der Piloten, und am Ende je-es Rumpfes war ein Leitwerksausleger befestigt. Der Prototyp machte im Sommer 924 seinen Erstflug, doch waren die verantwortlichen Militärs zunächst kritisch egenüber dem unkonventionellen Design und der beschränkten Leistung. Savoia-Iarchetti entwickelte dann eine Zivilversion als S.55C. Danach gab auch das Militär ine Bestellung über 14 S.55A auf, gefolgt von weiteren S.55M, S.55SA und S.55X.

| | |
|---|---|
| **Herkunftsland:** | Italien |
| **Typ:** | (S.55X) Fernbomber und Seeaufklärungsflugboot |
| **Triebwerk:** | zwei V-Motoren Isotta-Fraschini Asso 750 mit 880 PS (656 kW) |
| **Leistung:** | Höchstgeschwindigkeit 279 km/h; Dienstgipfelhöhe 5.000 m; Reichweite 3.500 km |
| **Gewicht:** | Rüstgewicht 5.750 kg; max. Startgewicht 8.260 kg |
| **Abmessungen:** | Spannweite 24 m; Länge 16,75 m; Höhe 5 m; Flügelfläche 93 qm |
| **Bewaffnung:** | zwei 7,7-mm-MG im Bugstand jedes Rumpfes; ein Torpedo oder bis zu 2.000 kg Bomben |

# Short 184

**Eustace und Oswald Short erhielten 1908 eine Lizenz zum Nachbau des Wright-Flyers und gründeten in Leysdown auf der Isle of Wight das erste Werk zum Bau von Flugzeugen. Der Typ 184 entstand als Beitrag auf eine Ausschreibung der britischen Admiralität für ein torpedotragendes Seeflugzeug und zeigte im 1. Weltkrieg gute Leistungen. Rund 900 Maschinen mit verschiedenen Triebwerken wurden gebaut. Nach einigen spektakulären Anfangserfolgen in der Rolle als Torpedobomber wurde der Typ 184 zunehmend als Aufklärer eingesetzt und diente auf zahlreichen Kriegsschauplätzen, vom Polarkreis bis zum Indischen Ozean. 1916 startete eine mit provisorischem Radfahrgestell ausgestattete Short 184 erfolgreich vom Seeflugzeugträger *Campania*. Abgebildet ist eine der drei Flugzeuge des Seeflugzeugträgers HMS *Vindex*. Am 25. März 1916 griff diese Short mit Bomben erfolglos die Zeppelinhallen in Tondern an.**

| | |
|---|---|
| **Herkunftsland:** | Großbritannien |
| **Typ:** | zweisitziges Torpedobomber- und Aufklärungsschwimmerflugzeug |
| **Triebwerk:** | ein V-Motor Sunbeam Maori mit 260 PS (194 kW) |
| **Leistung:** | Höchstgeschwindigkeit 142 km/h; Dienstgipfelhöhe 2.745 m; Flugdauer 2 h 45 min |
| **Gewicht:** | Leergewicht 1.680 kg; max. Startgewicht 2.433 kg |
| **Abmessungen:** | Spannweite 19,36 m; Länge 12,38 m; Höhe 4,11 m; Flügelfläche 63,92 qm |
| **Bewaffnung:** | ein bewegliches 7,7-mm-Lewis-MG im hinteren Cockpit; ein 45,7-cm-Torpedo oder bis zu 236 kg Bomben |

# Short S.23 C-Klasse-Flugboot

Die S.23 von 1936 bedeutete für Short die Abkehr von Doppeldecker-Flugbooten. Mit vier 920 PS (686 kW) starken Bristol-Pegasus-XC-Motoren, einem stromlinienförmigen Rumpf und freitragenden Schulterdeckerflügeln war die Ganzmetallkonstruktion S.23 37km/h schneller als die Bristol-Bulldog-Jäger der Luftwaffe. Die vielversprechenden Leistungen während der Testflüge veranlassten Imperial Airways, 28 Flugzeuge für den Einsatz auf Postlinien in Auftrag zu geben. Die ersten Maschinen wurden im September 1936 in Dienst gestellt, und bald flog die S.23 bis nach Australien, Bermuda, Ägypten, Malaysia, New York, Ost- und Südafrika. Der S.23 fehlte die nötige Reichweite für Nonstopflüge nach New York, weshalb die S.30 entwickelt wurde. Der Krieg brachte die Weiterentwicklung der S.23 zum Erliegen. Einige S.23 wurden bei der britischen Luftwaffe in Dienst gestellt. Von 42 gebauten Flugbooten der Empireklasse überstanden nur 13 den 2. Weltkrieg.

| | |
|---|---|
| **Herkunftsland:** | Großbritannien |
| **Typ:** | Passagier- und Postflugboot |
| **Triebwerk:** | vier Sternmotoren Bristol Pegasus XC mit 920 PS (686 kW) |
| **Leistung:** | Höchstgeschwindigkeit 322 km/h; Dienstgipfelhöhe 6.095 m; Reichweite 1.223 km |
| **Gewicht:** | Leergewicht 10.659 kg; max. Startgewicht 18.370 kg |
| **Abmessungen:** | Spannweite 34,75 m; Länge 26,82 m; Höhe 9,7 m; Flügelfläche 139,35 qm |

# Short Singapore Mk III

**Das erste Short-Flugboot mit dem Namen Singapore war die S.5, doch war es nur insofern bemerkenswert, als es von Sir Alan Cobham und seiner Mannschaft auf dem Flug rund um Afrika geflogen wurde. Der vom 17. November 1927 bis zum 31. Mai 1928 dauernde Flug über 32.000 km stellte zugleich die erste Luftvermessung Afrikas dar. Die S.12 Singapore von 1932 kam nicht über das Prototypenstadium hinaus, doch die am Wettbewerb für die Ausschreibung R.3/33 teilnehmende S.19 rief größeres Interesse hervor, weshalb vier Vorserienmaschinen geordert wurden. Die erste flog im Juli 1934, und nach einer Reihe erfolgreicher Tests in Felixstowe ging der Typ ab März 1935 als Singapore Mk III in Serie. 14 Maschinen fielen Verschleiß und Abnutzung zum Opfer, die restlichen flogen weiter im Mittleren und Fernen Osten, bevor sie ab Mitte 1941 von der Short Sunderland abgelöst wurden.**

| | |
|---|---|
| **Herkunftsland:** | Großbritannien |
| **Typ:** | sechssitziges Seeaufklärungsflugboot |
| **Triebwerk:** | vier 12-Zylinder-V-Motoren Rolls-Royce Kestrel VIII/IX mit 560 PS (418 kW) |
| **Leistung:** | Höchstgeschwindigkeit 233 km/h; Dienstgipfelhöhe 4.570 m; Reichweite 1.609 km |
| **Gewicht:** | Leergewicht 8.355 kg; max. Startgewicht 12.474 kg |
| **Abmessungen:** | Spannweite 27,43 m; Länge 23,16 m; Höhe 7,19 m; Flügelfläche 170,38 qm |
| **Bewaffnung:** | ein bewegliches 7,7-mm-Lewis-MG im Bugstand; ein bewegliches 7,7-mm-Lewis-MG im Stand auf dem Rumpfrücken; ein bewegliches 7,7-mm-Lewis-MG im Heckstand; bis zu 907 kg Bomben |

# Short Sunderland Mk I

Short war einer von zwei Flugzeugbauern, die sich an der Ausschreibung R.2/33 des Luftfahrtministeriums für ein modernes, viermotoriges Eindecker-Flugboot beteiligten. Die S.23-„Empire"-Serie von Flugbooten bot Short den idealen Ausgangspunkt für diesen Entwurf, und die Abstammung von einem bewährten Modell trug dazu bei, dass das Luftfahrtministerium schon im März 1936 21 Stück der S.25 bestellte, gut 18 Monate vor dem Erstflug des Prototypen im Oktober 1937. Das erste Serienmodell war die Sunderland Mk I, die ab Sommer 1938 bei zwei Staffeln in Dienst gestellt wurde. Bis zum September 1939 hatten zwei weitere Staffeln die Sunderland erhalten, und die steigende Produktionsrate erlaubte es, in den ersten Kriegsmonaten drei weitere Staffeln umzurüsten. Ingesamt wurden 90 Sunderland Mk I gefertigt, 15 davon durch Blackburn Aircraft. Allen gemeinsam war der 1.010 PS (753 kW) starke Bristol-Pegasus-Motor.

| | |
|---|---|
| **Herkunftsland:** | Großbritannien |
| **Typ:** | zehnsitziges Seeaufklärungsflugboot |
| **Triebwerk:** | vier 9-Zylinder-Sternmotoren Bristol Pegasus XXII mit 1.010 PS (753 kW) |
| **Leistung:** | Höchstgeschwindigkeit 336 km/h; Dienstgipfelhöhe 4.570 m; Reichweite 4.023 km |
| **Gewicht:** | Leergewicht 13.875 kg; max. Startgewicht 22.226 kg |
| **Abmessungen:** | Spannweite 34,38 m; Länge 26 m; Höhe 10,52 m |
| **Bewaffnung:** | ein 7,7-mm-MG im Bugdrehturm; zwei 7,7-mm-MG im Heckdrehturm; je ein bewegliches 7,7-mm-MG in zwei seitlichen Positionen; interne Bomben-, Wasserbomben- oder Minenlast bis zu 907 kg |

# Short Sunderland Mk II

**Die Sunderland Mk II flog erstmals im August 1941 mit vier 1.050 PS (783 kW) starken Bristol-Pegasus-XVIII-Motoren als eine Entwicklung aus der Mk I. Spätere Serienmodelle der insgesamt 58 Maschinen hatten eine verstärkte Bewaffnung: zwei MG im Bugdrehturm, einen mit zwei MG ausgerüsteten, leicht nach rechts versetzten FN.7-Rückenturm (der die handbedienten MG in den seitlichen Positionen ersetzte) und vier MG im Heckturm, deren Munitionsvorrat auf 1.000 Schuss pro MG verdoppelt wurde. Zusätzlich kam ein ASV-Radar (Schiffssuchradar) zum Einbau. 43 Maschinen dieser Variante wurden gebaut, 15 davon bei Short & Harland in Belfast. Abgebildet ist eine Mk II der 210. Staffel. Man beachte die Propellerhauben und die Flammendämpfer an den Abgasrohren. Die Flammendämpfer sollten es U-Booten erschweren, die Maschine bei Nacht auszumachen.**

| | |
|---|---|
| **Herkunftsland:** | Großbritannien |
| **Typ:** | zehnsitziges Seeaufklärungsflugboot |
| **Triebwerk:** | vier 9-Zylinder-Sternmotoren Bristol Pegasus XVII mit 1.065 PS (794 kW) |
| **Leistung:** | Höchstgeschwindigkeit 336 km/h; Dienstgipfelhöhe 4.570 m; Reichweite 4.023 km |
| **Gewicht:** | Leergewicht 13.875 kg; max. Startgewicht 22.226 kg |
| **Abmessungen:** | Spannweite 34,38 m; Länge 26 m; Höhe 10,52 m |
| **Bewaffnung:** | zwei 7,7-mm-MG im Bugdrehturm; zwei 7,7-mm-MG im Rückendrehturm; vier 7,7-mm-MG im Heckdrehturm; interne Bomben-, Wasserbomben- oder Minenlast bis zu 907 kg |

# Short Sunderland Mk III

Die erstmals im Juni 1942 geflogene Sunderland Mk III war das erste Hauptserienmodell der Reihe und im Grunde eine Mk II der letzten Produktionslose mit einem verbesserten Rumpfboden. Die Produktion der insgesamt 407 Mk III dauerte bis Ende 1943 an. Die Mk III wurde auch zu einem Langstrecken-Passagierflugboot umgerüstet und von BOAC ab März 1943 auf sich kontinuierlich ausweitenden Strecken eingesetzt. Zusammen mit radarbestückten Catalinas waren die Sunderlands aktiv an der Jagd auf deutsche U-Boote im Nordatlantik beteiligt. Als die U-Boote passive Radarwarnempfänger erhielten, die auf das ASV-Mk-II-Radar eingestellt waren und sie vor der Gegenwart britischer Maschinen warnten, sanken die Versenkungszahlen dramatisch. Daraufhin führte die britische Luftwaffe das im Frequenzbereich unter 50 cm arbeitende ASV-Mk-III-Radar ein, dessen Antennen in Kuppeln unter den äußeren Tragflächen passten (Sunderland Mk IIIa, 54 gebaut).

| | |
|---|---|
| **Herkunftsland:** | Großbritannien |
| **Typ:** | zehnsitziges Seeaufklärungsflugboot |
| **Triebwerk:** | vier 9-Zylinder-Sternmotoren Bristol Pegasus XVII mit 1.065 PS (794 kW) |
| **Leistung:** | Höchstgeschwindigkeit 336 km/h; Dienstgipfelhöhe 4.570 m; Reichweite 4.023 km |
| **Gewicht:** | Leergewicht 13.875 kg; max. Startgewicht 22.226 kg |
| **Abmessungen:** | Spannweite 34,38 m; Länge 26 m; Höhe 10,52 m |
| **Bewaffnung:** | zwei 7,7-mm-MG im Bugdrehturm; zwei 7,7-mm-MG im Rückendrehturm; vier 7,7-mm-MG im Heckdrehturm; interne Bomben-, Wasserbomben- oder Minenlast bis zu 907 kg (einige Maschinen erhielten zum Kampf gegen aufgetauchte U-Boote vier 7,7-mm- oder 12,7-mm-MG starr im Bug) |

# Short Sunderland GR.V

Als der Krieg im Pazifik an Intensität zunahm, entdeckte das britische Küstenkommando die Grenzen der Leistungsfähigkeit seiner Sunderland-Flugboote, was die Notwendigkeit für einen leistungsfähigeren Seefernaufklärer unterstrich. Daraus erwuchs die Ausschreibung R.8/42, an der sich Short mit einem Vorschlag für eine von Bristol Hercules angetriebene Sunderland beteiligte, der Sunderland Mk IV. Doch schließlich entwickelte sich daraus ein ganz anderes Flugzeug, sodass man beschloss, die Sunderland Mk III einfach mit Pratt & Whitney-Twin-Wasp-Motoren auszurüsten, die auch schon bei den Catalinas und Dakotas der britischen Luftwaffe verwendet wurden. Nach Versuchen mit dem neuen Triebwerk installierte Short eine verstärkte Bewaffnung und führte weitere Detailänderungen aus. Diese Variante wurde als Sunderland GR.MkV eingeführt und in 143 Exemplaren bis Juni 1946 gebaut. Abgebildet ist eine GR.MkV der südafrikanischen Luftwaffe.

| | |
|---|---|
| **Herkunftsland:** | Großbritannien |
| **Typ:** | zehnsitziges Seeaufklärungsflugboot |
| **Triebwerk:** | vier 14-Zylinder-Sternmotoren Pratt & Whitney R-1830-90B Twin Wasp mit 1.200 PS (895 kW) |
| **Leistung:** | Höchstgeschwindigkeit 343 km/h; Dienstgipfelhöhe 5.455 m; Reichweite 4.796 km |
| **Gewicht:** | Leergewicht 16.738 kg; max. Startgewicht 27.216 kg |
| **Abmessungen:** | Spannweite 34,38 m; Länge 26 m; Höhe 10,52 m |
| **Bewaffnung:** | zwei 7,7-mm-MG im Bugdrehturm; zwei 7,7-mm-MG im Rückendrehturm; vier 7,7-mm-MG im Heckdrehturm; vier 7,7-mm-MG starr im Bug; je ein handbedientes 12,7-mm-MG in zwei seitlichen Positionen; interne Bomben-, Wasserbomben- oder Minenlast bis zu 2.250 kg |

# Siemens-Schuckert D.III

Die Siemens-Schuckert-Werke, ein Tochterunternehmen von Siemens, begannen schon um 1900 mit dem Bau von experimentellen Flugmaschinen und stellten 1916 eine kleine Anzahl von D.1 her, die eine Kopie der französischen Nieuport 17 waren. 1917 entwarf Siemens-Halske den bemerkenswerten Sh.III-Motor, der in verschiedene D.II-Prototypen mit unterschiedlicher Spannweite eingebaut wurde. Die D.II war von Siemens -Schuckerts Chefkonstrukteur Harald Wolff entworfen worden. Das Triebwerk war vielversprechend, litt jedoch unter der noch nicht abgeschlossenen Entwicklung. Der Prototyp mit der mittleren Spannweite ging als D.III in Produktion und bewies eine hervorragende Geschwindigkeit, Steigrate und Wendigkeit. Die Auslieferung begann im Januar 1918, doch es traten Motorprobleme auf, sodass die gesamte Flotte auf den Sh.IIIa umgerüstet werden musste, bei dem zur besseren Kühlung die untere Motorverkleidung weggelassen wurde.

| | |
|---|---|
| **Herkunftsland:** | Deutschland |
| **Typ:** | einsitziges Jagdflugzeug |
| **Triebwerk:** | ein Umlaufmotor Siemens-Halske Sh.IIIa mit 200 PS (150 kW) |
| **Leistung:** | Höchstgeschwindigkeit 180 km/h; Dienstgipfelhöhe 8.000 m; Flugdauer 2 h |
| **Gewicht:** | Leergewicht 534 kg; max. Startgewicht 725 kg |
| **Abmessungen:** | Spannweite 8,43 m; Länge 6,7 m; Höhe 2,8 m; Flügelfläche 19 qm |
| **Bewaffnung:** | zwei fest eingebaute, vorwärts gerichtete 7,92-mm-LMG-08/15-MG |

# Sikorskj S-42

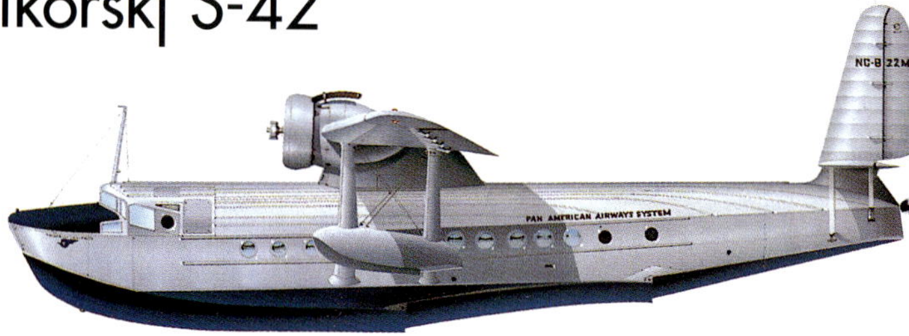


Igor Sikorskj verließ Russland nach der Oktoberrevolution von 1917 und gründete im März 1923 Sikorskj Aircraft in den USA. Das erste Produkt war der zweimotorige Transporter S.29A. Sein erster wirklich erfolgreicher Entwurf war die S.30, von der Pan American einige Exemplare beschaffte. Pan American blieb Sikorskj treu und gab im August 1931 eine Anforderung für ein Langstreckenflugboot heraus, das in der Lage sein sollte, mit vier Besatzungsmitgliedern und 12 Passagieren bei einer Reisegeschwindigkeit von 233 km/h eine Strecke von 4.023 km zurückzulegen. Martin und Sikorsky reichten Entwürfe ein, und beide erhielten Ende 1931 Produktionsaufträge. Die erste S-42 wurde im August 1934 auf Pan Americans Diner Key Flugfeld übergeben und eröffnete im selben Monat die Route Miami–Rio. Ende 1935 führten die S-42 Tarnflüge über dem Pazifik von Kalifornien nach Manila auf den Philippinen durch. Insgesamt wurden elf S-42, S-42A und S-42B gebaut.

| | |
|---|---|
| **Herkunftsland:** | USA |
| **Typ:** | Passagierflugboot |
| **Triebwerk:** | vier 9-Zylinder-Sternmotoren Pratt & Whitney Hornet S51DG mit 700 PS (522 kW) |
| **Leistung:** | Reisegeschwindigkeit 267 km/h; Dienstgipfelhöhe 5.790 m; Reichweite 1.250 km |
| **Gewicht:** | Rüstgewicht 17.237 kg |
| **Abmessungen:** | Spannweite 34,79 m; Länge 21,08 m; Höhe 5,28 m |

# Sopwith Camel F.1

Der Sopwith-Dreidecker war erst sechs Monate im Dienst, als die Auslieferung des Nachfolgers, der Sopwith Camel, begann. Die Camel (Kamel) wurde so genannt, weil sie einen charakteristischen Buckel auf dem vorderen Rumpf hatte. Zwischen Juni 1917 und November 1918 schossen Camels mindestens 3.000 gegnerische Maschinen ab, mehr als jeder andere britische Flugzeugtyp. Die Camel konnte ihre Abstammung von der Pup und dem Triplane (Dreidecker) nicht verleugnen, doch die gute Leistung wurde nur auf Kosten der guten Handhabung der Vorgängermodelle erreicht. In unerfahrenen Händen war die Camel nur schwer zu bändigen, und das Drehmoment des Umlaufmotors war so stark, dass Maschinen sich beim Start mitunter nach links überschlugen. Hatte der Pilot sie einmal im Griff, war sie ein extrem wendiger Jäger. 5.490 Camel wurden gebaut.

| | |
|---|---|
| **Herkunftsland:** | Großbritannien |
| **Typ:** | einsitziges Jagdflugzeug |
| **Triebwerk:** | ein Umlaufmotor Clerget mit 130 PS (97 kW) |
| **Leistung:** | Höchstgeschwindigkeit 185 km/h; Dienstgipfelhöhe 5.790 m; Flugdauer 2 h 30 min |
| **Gewicht:** | Leergewicht 421 kg; max. Startgewicht 659 kg |
| **Abmessungen:** | Spannweite 8,53 m; Länge 5,72 m; Höhe 2,59 m; Flügelfläche 21,46 qm |
| **Bewaffnung:** | zwei fest eingebaute, vorwärts gerichtete 7,7-mm-Vickers-MG; plus bis zu vier 11,3-kg-Bomben, die an den Rumpfseiten mitgeführt wurden |

# Sopwith Camel F.1

Unter der Bezeichnung F.1 wurden Camel-Maschinen mit unterschiedlichen Motoren und Bewaffnungen gebaut. Triebwerke von 100–150 PS (75–112 kW) von Bentley, Clerget, Gnome und Le Rhône wurden in Serienmaschinen installiert, und es gab auch Camels mit 150 PS (112 kW) starken Le-Rhône- und 180 PS (134 kW) starken Gnome-Monosoupape-Motoren. Die Nachtjägerversion hatte ein Lewis-Zwillings-MG auf einer Fosterlafette auf dem Mittelteil des oberen Flügels sowie ein um ca. 30 cm zurückversetztes Cockpit für die bessere Bedienung der MG. Zudem hatte diese Version Flammendämpfer und Navigationslichter. Vor allem bei der Heimatverteidigung eingesetzt, half diese Variante bei der Abwehr der deutschen Gotha-Bomber. Eine experimentelle Version für den Angriff auf Schützengräben mit zwei nach unten feuernden MG und einem auf dem oberen Mittelflügel wurde bei Nieuport & General entwickelt. Hier ist eine Nachkriegs-Camel abgebildet.

| | |
|---|---|
| **Herkunftsland:** | Großbritannien |
| **Typ:** | einsitziges Jagdflugzeug |
| **Triebwerk:** | ein Umlaufmotor Clerget mit 130 PS (97 kW) |
| **Leistung:** | Höchstgeschwindigkeit 185 km/h; Dienstgipfelhöhe 5.790 m; Flugdauer 2 h 30 min |
| **Gewicht:** | Leergewicht 421 kg; max. Startgewicht 659 kg |
| **Abmessungen:** | Spannweite 8,53 m; Länge 5,72 m; Höhe 2,59 m; Flügelfläche 21,46 qm |
| **Bewaffnung:** | zwei fest eingebaute, vorwärts gerichtete 7,7-mm-Vickers-MG; plus bis zu vier 11,3-kg-Bomben, die an den Rumpfseiten mitgeführt wurden |

# Sopwith Camel 2F.1

**Letztes Produktionsmodell der Camel war die 2F.1, ein schiffsgestützter Jäger mit reduzierter Spannweite, abwerfbarem Stahlrohrfahrgestell und abnehmbaren Heck für die platzsparende Unterbringung an Bord eines Trägers. Zum Zeitpunkt des Waffenstillstands besaß die britische Luftwaffe (neu gegründet aus der Fliegerabteilung der Armee und der Marineluftwaffe) 129 Camel 2F.1, 112 davon bei der Flotte im Dienst. Neben ihrem Einsatz an Bord der Träger HMS *Furious* und HMS *Pegasus* wurden Camels auch von Plattformen auf den Türmen und Vorschiffen anderer Kriegsschiffe aus eingesetzt. Einige Maschinen blieben auch nach Kriegsende noch auf See im Einsatz. Hier ist eine Camel 2F.1 der „A"-Gruppe der 10. Staffel der Marineluftwaffe zu sehen, die von Treizennes aus operierte. Diese Maschine wurde vom kanadischen Fliegerass Bill Alexander geflogen. Diese Einheit wurde am 1. April 1918 zur 210. Staffel der britischen Luftwaffe.**

| | |
|---|---|
| **Herkunftsland:** | Großbritannien |
| **Typ:** | einsitziges Jagdflugzeug |
| **Triebwerk:** | ein Umlaufmotor Clerget mit 130 PS (97 kW) |
| **Leistung:** | Höchstgeschwindigkeit 185 km/h; Dienstgipfelhöhe 5.790 m; Flugdauer 2 h 30 min |
| **Gewicht:** | Leergewicht 421 kg; max. Startgewicht 659 kg |
| **Abmessungen:** | Spannweite 8,53 m; Länge 5,72 m; Höhe 2,59 m; Flügelfläche 21,46 qm |
| **Bewaffnung:** | ein fest eingebautes, vorwärts gerichtetes 7,7-mm-Vickers-MG; ein 7,7-mm-Lewis-MG; plus bis zu vier 11,3-kg-Bomben, die an den Rumpfseiten mitgeführt wurden |

# Sopwith Pup

Die Pup erhielt ihren Spitznamen von ihrer Ähnlichkeit mit einer verkleinerten 1½-Strutter (Pup = Junges, Kleines). Der Erstflug im Februar 1916 fand mit einem 80 PS (60 kW) starken Le-Rhône-Umlaufmotor statt. Trotz der geringen Leistung des Triebwerks hatte die Pup einen guten Entwurf und eine solide Konstruktion vorzuweisen. Die Pup war sehr klein, einfach gebaut, verlässlich, und ihre große Flügelfläche gab ihr eine gute Höhenleistung. Mit nur 80 PS (60 kW) war sie jedoch im Vergleich zu den stärkeren Halberstadt- und Albatros-Jägern bald untermotorisiert, obwohl ihr Wendekreis nur die Hälfte betrug. Sopwith baute 170 Pup für die Marineluftwaffe, und weitere 1.600 wurden für die Fliegerabteilung der Armee gefertigt. Wegen ihrer außergewöhnlichen Steig- und Höhenleistung wurden viele Pups bei der Heimatverteidigung zur Abwehr deutscher Bomber und Luftschiffangriffe eingesetzt.

| | |
|---|---|
| **Herkunftsland:** | Großbritannien |
| **Typ:** | einsitziges Jagdflugzeug |
| **Triebwerk:** | ein Umlaufmotor Le Rhône mit 80 PS (60 kW) |
| **Leistung:** | Höchstgeschwindigkeit 179 km/h; Dienstgipfelhöhe 5.334 m; Reichweite 500 km |
| **Gewicht:** | Leergewicht 358 kg; max. Startgewicht 556 kg |
| **Abmessungen:** | Spannweite 8,08 m; Länge 5,89 m; Höhe 2,87 m; Flügelfläche 23,60 qm |
| **Bewaffnung:** | ein fest eingebautes, vorwärts gerichtetes 7,7-mm-Vickers-MG oder ein 7,7-mm-Lewis-MG, das schräg nach oben durch einen Ausschnitt im oberen Flügel schoss; gegen Luftschiffe wurden gewöhnlich Le-Prieur-Raketen eingesetzt, die von den Streben zwischen den Tragflächen abgefeuert wurden |

# Sopwith Snipe

Als geplanter Nachfolger der Camel hatte die Snipe eine langwierige Entwicklungsphase, die sich über sechs Prototypen erstreckte und in der sie in sorgfältigen Tests mit Maschinen wie der Bobolink und Nieuport B.N.1 verglichen wurde, bevor das Luftfahrtministerium entschied, einen Produktionsauftrag zu vergeben. Die Entwicklung verlief anders als bei der Tabloid (siehe S. 291), doch in diesen vier Jahren hatte man viel gelernt, und die Snipe sah sich einer Masse von Mitbewerbern gegenüber. Die Mk I war mit zwei Vickers-MG bewaffnet, das Lewis-MG auf dem Oberflügel stellte sich als unhandhabbar zum Zielen heraus. Die Snipe hatte eine elektrische Heizung sowie eine Sauerstoffversorgung für den Piloten bei Operationen in großer Höhe. Die Auslieferung an die Verbände in Frankreich begann erst sechs Wochen vor Kriegsende, doch in einigen Luftkämpfen konnte die Snipe noch ihre Qualitäten beweisen. Insgesamt wurden 497 Snipe gebaut.

| | |
|---|---|
| **Herkunftsland:** | Großbritannien |
| **Typ:** | einsitziges Jagdflugzeug |
| **Triebwerk:** | ein Umlaufmotor Bentley B.R.2 mit 230 PS (172 kW) |
| **Leistung:** | Höchstgeschwindigkeit 195 km/h; Dienstgipfelhöhe 5.945 m; Flugdauer 3 h |
| **Gewicht:** | Leergewicht 595 kg; max. Startgewicht 916 kg |
| **Abmessungen:** | Spannweite 9,17 m; Länge 6,02 m; Höhe 2,67 m; Flügelfläche 25,08 qm |
| **Bewaffnung:** | zwei fest eingebaute, vorwärts gerichtete 7,7-mm-Vickers-MG; plus bis zu vier 11,3-kg-Bomben an externen Halterungen |

# Sopwith 1½-Strutter

Der Spitzname dieses Flugzeugs leitet sich von den 1½ Paar Streben ab, die die oberen Tragflächen trugen. Die 1½-Strutter war das erste von Anfang an mit einem synchronisierten MG entworfene Flugzeug und die erste Maschine (abgesehen von der russischen Sikorskj-IM-Reihe), die einen strategischen Bomberverband ausrüstete. Der Typ verfügte über so unerwartete Einrichtungen wie ein verstellbares Leitwerk und Luftbremsen an den unteren Tragflächen. Der zweisitzige Prototyp flog erstmals im Dezember 1915, und die ersten von insgesamt 1.513 Exemplaren wurden ab April 1916 ausgeliefert. Die meisten der späten Modelle waren einsitzige Bomber und „Ship Strutters" für den Einsatz an Bord der neuen Flugzeugträger der britischen Marine. Rund 4.000 Maschinen wurden in Frankreich gebaut, und neben Großbritannien setzten die Armeen Belgiens, Frankreichs, Japans, Litauens, Rumäniens, Russlands und der USA den Typ ein.

| | |
|---|---|
| **Herkunftsland:** | Großbritannien |
| **Typ:** | zweisitziges, militärisches Mehrzweckflugzeug |
| **Triebwerk:** | ein Umlaufmotor Clerget mit 130 PS (97 kW) |
| **Leistung:** | Höchstgeschwindigkeit 164 km/h; Dienstgipfelhöhe 3.960 m; Reichweite 565 km |
| **Gewicht:** | Leergewicht 570 kg; max. Startgewicht 975 kg |
| **Abmessungen:** | Spannweite 10,21 m; Länge 7,7 m; Höhe 3,12 m; Flügelfläche 32,14 qm |
| **Bewaffnung:** | ein fest eingebautes, vorwärts gerichtetes 7,7-mm-Vickers-MG; bei zweisitzigen Maschinen ein bewegliches 7,7-mm-Vickers-MG im hinteren Cockpit; plus bis zu vier 25-kg-Bomben oder ein Äquivalent an kleineren Bomben |

# Sopwith Tabloid

Im Sommer 1913 pachtete der junge T. O. M. (Tommy) Sopwith eine ehemalige Eisbahn in Kingston-upon-Thames und eröffnete dort Sopwith Aviation & Engineering. Sopwith stellte Fred Sigrist für den Entwurf und Harry Hawker als Pilot und Manager der wachsenden Belegschaft an. Bei Sopwith entstanden Tausende der besten Flugzeuge des 1. Weltkriegs. Eine der ersten dort gebauten Maschinen war ein kleiner Renn-Doppeldecker, die Tabloid. Nachdem Hawker die ersten Testflüge durchgeführt hatte, flog man die Maschine nach Farnborough, wo sie durch ihre Höchstgeschwindigkeit von 148 km/h und das Erreichen einer Höhe von 647 m mit einem Passagier in nur einer Minute verblüffte. 36 Stück wurden für die britischen Streitkräfte gebaut, die Maschinen der Marineluftwaffe führten im Winter 1914 eine Reihe von Angriffen auf Zeppelinhallen durch.

| | |
|---|---|
| **Herkunftsland:** | Großbritannien |
| **Typ:** | einsitziges Seepatrouillen- und Angriffsflugzeug |
| **Triebwerk:** | ein 9-Zylinder-Umlaufmotor Gnome Monosoupape mit 100 PS (74,5 kW) |
| **Leistung:** | Höchstgeschwindigkeit 148 km/h; Dienstgipfelhöhe 4.600 m; Reichweite 510 km |
| **Gewicht:** | Leergewicht 545 kg; max. Startgewicht 717 kg |
| **Abmessungen:** | Spannweite 7,77 m; Länge 7,02 m; Höhe 3,05 m |
| **Bewaffnung:** | Schwimmerflugzeuge der Marineluftwaffe waren mit einem 7,7-mm-Lewis-MG ausgerüstet |

# Sopwith Triplane

**Die Erfahrungen früherer Luftkämpfe zeigten, dass es bei einem Jäger vor allem auf die größtmögliche Steiggeschwindigkeit und Wendigkeit ankam. Indem er drei schmale Paar Tragflächen mit einem von der Pup abgeleiteten Rumpf verband, hoffte Sopwith-Chefkonstrukteur Herbert Smith, dieses Muster in den genannten Parametern noch zu übertreffen. Der Prototyp flog erstmals im Mai 1916 und demonstrierte eine überragende Steiggeschwindigkeit, die nur wenig zu Kosten der Manövrierfähigkeit ging. Die ersten Maschinen wurden ab November 1916 in Dienst gestellt, und im folgenden halben Jahr errang die Triplane eine fast totale Überlegenheit über die gegnerischen Jäger. Dies ließ die deutschen Flugzeughersteller in hektische Aktivität ausbrechen, und Anfang 1917 hatte fast jedes Werk einen Dreidecker in der Entwicklung, der der Triplane Paroli bieten sollte. Hier abgebildet ist eine Triplane des 8. Geschwaders der Marineluftwaffe, 1917.**

| | |
|---|---|
| **Herkunftsland:** | Großbritannien |
| **Typ:** | einsitziges Jagdflugzeug |
| **Triebwerk:** | ein 9-Zylinder-Umlaufmotor Clerget 9B mit 130 PS (97 kW) |
| **Leistung:** | Höchstgeschwindigkeit 188 km/h; Dienstgipfelhöhe 6.250 m; Flugdauer 2 h 45 min |
| **Gewicht:** | Leergewicht 499 kg; max. Startgewicht 699 kg |
| **Abmessungen:** | Spannweite 8,08 m; Länge 5,74 m; Höhe 3,2 m; Flügelfläche 21,46 qm |
| **Bewaffnung:** | ein oder zwei fest eingebaute, vorwärts gerichtete 7,7-mm-Vickers-MG |

# Supermarine S.5

Noel Pemberton-Billing gründete Supermarine Aviation Works 1916. Die ersten Konstruktionen waren Flugboote, und 1919 nahm die Firma ohne Erfolg am Rennen um den Schneider-Pokal teil. Man kehrte nicht vor 1922 in den Wettbewerb zurück, als die Supermarine Sea Lion in Neapel den ersten Platz erflog. 1927 nahmen zwei neue S.5-Schwimmerflugzeuge am Rennen in Venedig teil, wobei die stromlinienförmigen Ganzmetallmaschinen für den ersten und den zweiten Platz sorgten. Beim vorletzten Wettbewerb 1929 gewann die von einem 1.900 PS (1.417 kW) starkem Rolls-Royce-„R"-Motor angetriebene S.6. Nur die rechtzeitige Intervention Lady Houstons, die das Projekt nach der Einstellung der Regierungsunterstützung finanziell unterstützte, erlaubte es Großbritannien, am letzten Schneider-Rennen 1931 teilzunehmen. Dank einer mit einem 2.350 PS (1.752 kW) starken Rolls-Royce-Motor ausgerüsteten S.6B ging der Pokal dann für immer nach Großbritannien.

| | |
|---|---|
| Herkunftsland: | Großbritannien |
| Typ: | Renn-Schwimmerflugzeug |
| Triebwerk: | ein 12-Zylinder-V-Motor Napier-Lion VIIB 875 PS (652 kW) |
| Leistung: | Höchstgeschwindigkeit 514,29 km/h |
| Gewicht: | beladen 1.470 kg |
| Abmessungen: | Spannweite 8,15 m; Länge 7,4 m; Höhe 3,38 m |

# Supermarine Southampton Mk I

**Neben Entwürfen für Kampfflugzeuge baute Supermarine auch eine kleine Anzahl von amphibischen Passagierflugbooten. Das erfolgreichste war der einmotorige Sea-Eagle-Doppeldecker von 1923, von dem drei für British Marine Air Navigation gebaut wurden, die sie auf den Strecken von Southampton zu den Kanalinseln einsetzte. Diese wurden durch eine einzelne Supermarine Swan ergänzt, aus der die elegante von R. J. Mitchell entworfene Southampton entstand. Dieses fünfsitzige Flugboot flog erstmals im März 1925, und wenige Monate später begann die Auslieferung an die britische Luftwaffe. Die Ausführung Mk II hatte einen Rumpf aus Duralaluminium, der gegenüber der Mk I mit Holzrumpf eine erhebliche Gewichtseinsparung brachte. Insgesamt wurden 68 Flugzeuge gebaut. Die abgebildete Maschine ist eine Mk I der 480. Gruppe der Küstenaufklärung der britischen Luftwaffe, die in der Mitte der 20er Jahre in Calshot stationiert war.**

| | |
|---|---|
| **Herkunftsland:** | Großbritannien |
| **Typ:** | (Mk II) Seeaufklärungsflugboot |
| **Triebwerk:** | zwei W-12-Motoren Napier-Lion VA mit 500 PS (373 kW) |
| **Leistung:** | Höchstgeschwindigkeit 174 km/h; Dienstgipfelhöhe 4.265 m; Reichweite 1.497 km |
| **Gewicht:** | Leergewicht 4.082 kg; max. Startgewicht 6.895 kg |
| **Abmessungen:** | Spannweite 22,86 m; Länge 15,58 m; Höhe 6,82 m; Flügelfläche 134,61 qm |
| **Bewaffnung:** | ein bewegliches 7,7-mm-Lewis-MG im Bugstand; je ein bewegliches 7,7-mm-Lewis-MG in zwei Seitenpositionen; bis zu 499 kg Bomben |

# Supermarine Walrus Mk I

Die Walrus entstand aus der Supermarine Seagull, einem dreisitzigen Amphibienflugzeug für die britische Luftwaffe, das von Trägern der Marine als Borderkunder verwendet werden sollte und 1921 in Dienst gestellt wurde. Der Prototyp der Seagull Mk V hatte einen Bristol-Pegasus-Motor, der eine Druckschraube antrieb. Nach Tests wurde diese Maschine von der Marineluftwaffe als Walrus Mk I übernommen. Die Fertigung begann 1936, und insgesamt 746 Flugzeuge wurden gebaut, einschließlich 191 Mk II mit Saro-Holzrümpfen und Pegasus-VI-Motoren. Die Walrus war für Katapultstarts verstärkt und wurde bei der britischen, australischen und neuseeländischen Marine auf praktisch jedem Kriegsschauplatz des 2. Weltkriegs eingesetzt. Die Walrus operierte auch in der Seenotrolle. Hier abgebildet ist eine Mk I, die Anfang der 40er Jahre an Bord des Kreuzers HMS *Belfast* stationiert war.

| | |
|---|---|
| **Herkunftsland:** | Großbritannien |
| **Typ:** | viersitziger, amphibischer Borderkunder und Seeaufklärer |
| **Triebwerk:** | ein Sternmotor Bristol Pegasus VI mit 750 PS (559 kW) |
| **Leistung:** | Höchstgeschwindigkeit 217 km/h; Dienstgipfelhöhe 5.210 m; Reichweite 966 km |
| **Gewicht:** | Leergewicht 2.223 kg; max. Startgewicht 3.266 kg |
| **Abmessungen:** | Spannweite 13,97 m; Länge 11,35 m; Höhe 4,65 m; Flügelfläche 56,67 qm |
| **Bewaffnung:** | ein 7,7-mm-Vickers-K-MG im Bug; ein oder zwei 7,7-mm-Vickers-K-MG mittschiffs; Unterflügelhalterungen für bis zu 272 kg Bomben oder Wasserbomben |

# Vickers Valentia

Vickers entwickelt für die britische Luftwaffe aus dem Virginia-Bomber ein militärisches Transportflugzeug. Diese Maschine hatte 1922 ihren Erstflug und besaß die gleichen Doppeldeckertragflächen und das Leitwerk wie ihre Vorgängerin, doch hatte sie einen neuen, geräumigen Rumpf, der Platz für zwei Besatzungsmitglieder im offenen Cockpit und bis zu 23 voll ausgerüstete Soldaten in der geschlossenen Kabine bot. Weitere drei Prototypen wurde gebaut, gefolgt von der ersten Serienversion, der Type 169 Victoria, die leicht gepfeilte äußere Tragflächen, Napier-Lion-VIIIB-Motoren und voll bewegliche Ruder besaß. Die Victoria Mk IV brachte die Type 264 Valentia hervor, welche Bristol-Pegasus-IIL3-Triebwerke hatte. Neben 97 Victorias wurden 28 Valentias gefertigt, und 54 Victorias wurden später auf den Valentia-Standard umgerüstet. Bei der britischen Luftwaffe wurde die Valentia im Mittleren Osten bis 1944 verwendet.

| | |
|---|---|
| **Herkunftsland:** | Großbritannien |
| **Typ:** | militärisches Transportflugzeug |
| **Triebwerk:** | zwei Sternmotoren Bristol Pegasus IIL3 mit 622 PS (464 kW) |
| **Leistung:** | Höchstgeschwindigkeit 193 km/h; Dienstgipfelhöhe 4.955 m; Reichweite 1.287 km |
| **Gewicht:** | Leergewicht 4.964 kg; max. Startgewicht 8.845 kg |
| **Abmessungen:** | Spannweite 26,62 m; Länge 18,14 m; Höhe 5,41m; Flügelfläche 202,34 qm |
| **Bewaffnung:** | Möglichkeit für bis zu 998 kg Bomben an Unterflügelhalterungen |

# Vickers Vildebeest Mk III

Schon 1927 begann das britische Luftfahrtministerium mit der Suche nach einem Nachfolger für den Hawker-Horsley-Torpedo- und Tagbomber, der in jenem Jahr gerade in Dienst gestellt wurde. Die Vickers Vildebeest wurde auf diese Vorgaben hin entworfen und flog als Typ 132 erstmals im April 1928. Nachdem verschiedene Triebwerke erprobt worden waren, ging das erste Serienmodell mit Bristol-Pegasus-I-Motor als Mk I ab April 1933 in Serie. Die Mk II hatte einen Pegasus IIM3, die Mk III ein geändertes hinteres Cockpit für einen Beobachter. Von den ersten drei Versionen wurden insgesamt 152 Maschinen gebaut. Schließlich wurden im Dezember 1937 die letzten Flugzeuge der Mk IV (des letzten Serienmodells) ausgeliefert. Rund 100 Vildebeest dienten bei Ausbruch des 2. Weltkriegs noch bei der Luftwaffe und wurden im Fernen Osten bis 1942 eingesetzt. Abgebildet ist eine Mk III der 273. Staffel der britischen Luftwaffe, stationiert in China Bay, Ceylon, 1939.

| | |
|---|---|
| **Herkunftsland:** | Großbritannien |
| **Typ:** | dreisitziger Bomber und Torpedobomber |
| **Triebwerk:** | ein Sternmotor Bristol Pegasus IIM3 mit 660 PS (492 kW) |
| **Leistung:** | Höchstgeschwindigkeit 230 km/h; Dienstgipfelhöhe 5.182 m; Reichweite (mit max. Nutzlast) 1.408 km |
| **Gewicht:** | Leergewicht 1.918 kg; max. Startgewicht 3.674 kg |
| **Abmessungen:** | Spannweite 14,94 m; Länge 11,17 m; Höhe 4,47 m |
| **Bewaffnung:** | ein fest eingebautes, vorwärts gerichtetes 7,7-mm-Vickers-MG; ein bewegliches 7,7-mm-Lewis-MG im hinteren Cockpit; bis zu 454 kg Bomben oder ein 45,7-cm-Torpedo |

# Vickers Vimy Mk I

Vickers war schon ein etabliertes Unternehmen, als es 1911 mit dem Bau von Flugzeugen begann. Die zweisitzigen F.B-Jagdaufklärer wurden im 1.Weltkrieg in großen Stückzahlen eingesetzt, und kurz vor Kriegsende baute Vickers einen großen Doppeldecker, der mit dem ausdrücklichen Ziel entworfen worden war, Berlin anzugreifen. Die F.B27 Vimy wurde von Rex Pierson nach den gleichen Vorgaben wie die Handley Page V/1500 und die de Havilland D.H.10 Amiens konstruiert und wie die beiden anderen Modelle zur Serienproduktion für den neuen, unabhängigen Bomberverband ausgewählt. Im Vergleich zu diesen beiden Flugzeugen war die Vimy recht kompakt und zeigte bei Flugtests 1918 außerordentliche Flugeigenschaften (so beförderte sie eine doppelt so schwere Last wie eine HP O/400 bei nur halber Motorleistung). Obwohl der Serienbau noch anlief, hatte die britische Luftwaffe bei Kriegsende erst drei Vimy im Dienst. Abgebildet ist eine 1921 in Helipolis stationierte Mk I.

| | |
|---|---|
| Herkunftsland: | Großbritannien |
| Typ: | (Mk I) schwerer Bomber |
| Triebwerk: | zwei 12-Zylinder-V-Motoren Rolls-Royce Eagle VIII mit 360 PS (269 kW) |
| Leistung: | Höchstgeschwindigkeit 166 km/h; Dienstgipfelhöhe 2.135 m; Reichweite 1.464 km |
| Gewicht: | Leergewicht 3.221 kg; max. Startgewicht 5.670 kg |
| Abmessungen: | Spannweite 20,75 m; Länge 13,27 m; Höhe 4,76 m; Flügelfläche 123,56 qm |
| Bewaffnung: | ein bewegliches 7,7-mm-Lewis-MkIII-MG im Bugstand; ein bewegliches 7,7-mm-Lewis-MkIII-MG im Stand auf dem Rumpfrücken; ein bewegliches 7,7-mm-Lewis-MkIII-MG im Unterrumpfstand oder auf zwei seitlichen Positionen; interner Bombenschacht und Unterflügelhalterungen für bis zu max. 2.179 kg Bomben |

# Vickers Vimy Mk I

Die Produktion der Vimy lief erst nach Kriegsende richtig an, und ab Juni 1919 wurde der Typ voll von der britischen Luftwaffe eingesetzt. Die Flugzeuge wurden durch zwei Rekordflüge der Zwischenkriegszeit berühmt. Der erste davon wurde in einer werkseigenen Vimy Mk I unternommen, bei der die militärische Ausrüstung zu Gunsten zusätzlicher Treibstofftanks entfernt worden war, sodass die Kraftstoffkapazität auf 3.932 Liter stieg. Am 14. Juni 1919 starteten Alcock und Brown in Neufundland und landeten am nächsten Morgen um 8.40 Uhr in einem Torfmoor in Irland, was den ersten Nonstopflug über den Atlantik mit einem Flugzeug darstellte. Vom 12. November bis zum 10. Dezember 1919 flogen zwei australische Brüder, Ross und Keith Smith, sowie W. H. Shiers und J. M. Bennet eine Vimy mit der Registrierung G-EAOU die 17.912 km lange Strecke von England nach Darwin in Nordaustralien.

| | |
|---|---|
| **Herkunftsland:** | Großbritannien |
| **Typ:** | schwerer Bomber |
| **Triebwerk:** | zwei 12-Zylinder-V-Motoren Rolls-Royce Eagle VIII mit 360 PS (269 kW) |
| **Leistung:** | Höchstgeschwindigkeit 166 km/h; Dienstgipfelhöhe 2.135 m; Reichweite 1.464 km |
| **Gewicht:** | Leergewicht 3.221 kg; max. Startgewicht 5.670 kg |
| **Abmessungen:** | Spannweite 20,75 m; Länge 13,27 m; Höhe 4,76 m; Flügelfläche 123,56 qm |

# Vickers Vimy Mk I

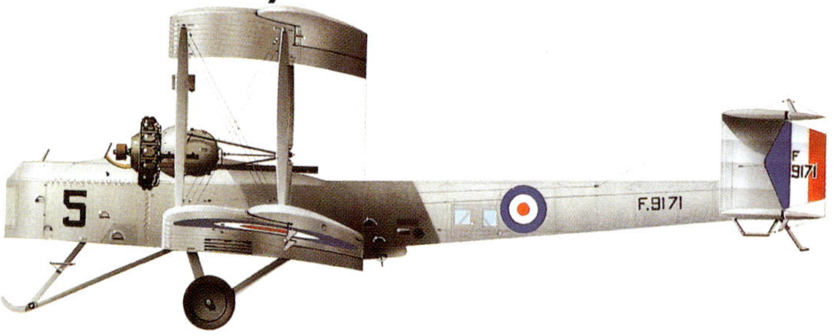


Der Einsatz im heißen Klima des Mittleren Ostens forderte sowohl von den Besatzungen als auch von den Maschinen seinen Tribut. Ende der 20er Jahre wurde es zunehmend schwieriger, ausreichende Einsatzbereitschaft bei mit wassergekühlten Rolls-Royce-Eagle-Motoren ausgerüsteten Vimys zu erreichen, die noch bei den Flug- und Fallschirmschulen der britischen Luftwaffe verwendet wurden. So wurden die Flugzeuge auf 420 PS (313 kW) starke Armstrong- Siddeley-Jupiter- oder 460 PS (343 kW) starke Bristol-Jupiter-Sternmotoren umgerüstet. Die abgebildete Maschine wurde von Vickers in Weybridge, Surrey, als Mk-I-Bomber gebaut, bevor sie auf Doppelsteuerung umgerüstet wurde. Sie wurde, während sie Ende der 20er Jahre bei der Flugschule Nr. 4 in Abu Seir in Ägypten flog, auf ein Bristol-Jupiter-IV-Triebwerk umgerüstet. Die letzte militärisch genutzte Vimy wurde 1933 bei dieser Einheit außer Dienst gestellt.

| | |
|---|---|
| **Herkunftsland:** | Großbritannien |
| **Typ:** | zweimotoriges Schulflugzeug |
| **Triebwerk:** | zwei 9-Zylinder-Sternmotoren Bristol Jupiter IV mit 420 PS (313 kW) |
| **Leistung:** | Höchstgeschwindigkeit 166 km/h; Dienstgipfelhöhe 2.135 m; Reichweite 1.464 km |
| **Gewicht:** | Leergewicht 3.221 kg; max, Startgewicht 5.670 kg |
| **Abmessungen:** | Spannweite 20,75 m; Länge 13,27 m; Höhe 4,76 m; Flügelfläche 123,56 qm |

# Vickers Vimy Mk II

**Von der Vimy Mk I wurden 158 Einheiten produziert, gefolgt von 74 Exemplaren anderer Varianten und 55 Flugzeugen verschiedener Versionen der Vickers Vernon. Die Vimy Mk III (10 von RAE in Farnboruogh gebaut) und Mk IV (25 von Westland gefertigt) hatten Rolls-Royce-Eagle-Motoren und Detailänderungen. Die Bezeichnung Mk II ist verwirrend, da sie scheinbar an viele verschiedene Varianten vergeben wurde. Um die Sache noch komplizierter zu machen, wurden die Mk III und IV der britischen Luftwaffe 1923 in Mk II unbenannt, um die Bezeichnungen zu vereinfachen! Sicher ist jedoch, dass die Vimy 1919–1930 der schwere Standardbomber der britischen Luftwaffe war. Die meisten der Maschinen dienten im mittleren Osten bei Polizei- und Befriedungsaktionen. Dort waren sie bei den 45., 58., 70. und 216. Staffeln und der Flugschule Nr. 4 eingesetzt. Die abgebildete Maschine war bei der 70. Staffel in Ägypten im Einsatz.**

| | |
|---|---|
| **Herkunftsland:** | Großbritannien |
| **Typ:** | schwerer Bomber |
| **Triebwerk:** | zwei 12-Zylinder-V-Motoren Rolls-Royce Eagle VIII mit 360 PS (269 kW) |
| **Leistung:** | Höchstgeschwindigkeit 166 km/h; Dienstgipfelhöhe 2.135 m; Reichweite 1.464 km |
| **Gewicht:** | Leergewicht 3.221 kg; max. Startgewicht 5.670 kg |
| **Abmessungen:** | Spannweite 20,75 m; Länge 13,27 m; Höhe 4,76 m; Flügelfläche 123,56 qm |
| **Bewaffnung:** | ein bewegliches 7,7-mm-Lewis-MkIII-MG im Bugstand; ein bewegliches 7,7-mm-Lewis-MkIII-MG im Stand auf dem Rumpfrücken; ein bewegliches 7,7-mm-Lewis-MkIII-MG im Unterrumpfstand oder auf zwei seitlichen Positionen; interner Bombenschacht und Unterflügelhalterungen für bis zu max. 2.179 kg Bomben |

# Vickers Vimy Mk IV

Vickers baute noch während des 1. Weltkriegs einen Vimy-MkII-Prototypen, für den auch ein Auftrag über 75 Maschinen erging. Doch nach Kriegsende wurde dieser storniert, da sich die neue gegründete britische Luftwaffe starken Kürzungen ihres Budgets gegenübersah. 1923 bestellte die Luftwaffe dann erneut zehn Exemplare der Mk II, doch der Vereinfachung wegen wurden diese mitunter auch als Mk IV bezeichnet. Man hatte geplant, den Liberty-Motor für die Mk II zu verwenden, doch wurden alle bei Vickers mit Rolls-Royce-Eagle-Triebwerken fertig gestellt. Weitere 15 Maschinen nach dem Mk-II-Standard wurden 1923–1924 gebaut, einige erhielten später Jupiter- oder Jaguar-Sternmotoren. Die abgebildete Vimy ist eine von Westland gebaute Mk IV, das zweite Flugzeug von insgesamt 25 von Westland. Alle wurden später in Mk II umbenannt. Der olivfarbene Anstrich war für in Großbritannien stationierte Maschinen gedacht.

| | |
|---|---|
| **Herkunftsland:** | Großbritannien |
| **Typ:** | (Mk I) schwerer Bomber |
| **Triebwerk:** | zwei 12-Zylinder-V-Motoren Rolls-Royce Eagle VIII mit 360 PS (269 kW) |
| **Leistung:** | Höchstgeschwindigkeit 166 km/h; Dienstgipfelhöhe 2.135 m; Reichweite 1.464 km |
| **Gewicht:** | Leergewicht 3.221 kg; max. Startgewicht 5.670 kg |
| **Abmessungen:** | Spannweite 20,75 m; Länge 13,27 m; Höhe 4,76 m; Flügelfläche 123,56 qm |
| **Bewaffnung:** | ein bewegliches 7,7-mm-Lewis-MkIII-MG im Bugstand; ein bewegliches 7,7-mm-Lewis-MkIII-MG im Stand auf dem Rumpfrücken; ein bewegliches 7,7-mm-Lewis-MkIII-MG im Unterrumpfstand oder auf zwei seitlichen Positionen; interner Bombenschacht und Unterflügelhalterungen für bis zu max. 2.179 kg Bomben |

# Vickers Vimy Ambulance

**D**ie beiden letzten Versionen der Vimy-Familie waren die von einem Napier-Lion-Motor angetriebene Vimy Ambulance und die Vernom, ein Bomber und Transporter. Die Vimy Ambulance glich sehr der Commercial, hatte jedoch eine Ladeluke im Bug, die Zugang zur Kabine für vier liegende oder acht sitzende Verwundete und zwei medizinische Helfer ermöglichte. Die Vernom wurde 1921 intensiv bei den Einsätzen der britischen Luftwaffe im Irak verwendet. Von der Vimy Ambulance wurden vier Exemplare gebaut, von der Vernom existierten drei Varianten: Die 20 Mk I hatten Rolls-Royce-Eagle-VIII-Motoren, die 25 Mk II besaßen den Napier-Lion-Motor, und die 10 Vernom Mk III hatten hochverdichtende Lion-II-Triebwerke sowie zusätzliche Tanks in den Tragflächen. Alle Vernom waren zwischen März 1922 und Januar 1927 bei den 45. und 70. Staffeln der britischen Luftwaffe im Mittleren Osten eingesetzt.

| | |
|---|---|
| **Herkunftsland:** | Großbritannien |
| **Typ:** | Ambulanzflugzeug |
| **Triebwerk:** | zwei Napier-Lion-Motoren mit 450 PS (336 kW) |
| **Leistung:** | Reisegeschwindigkeit 135 km/h; Dienstgipfelhöhe 3.200 m; Reichweite 724 km |
| **Gewicht:** | Startgewicht 5.670 kg |
| **Abmessungen:** | Spannweite 20,47 m; Länge 13 m; Höhe 4,76 m; Flügelfläche 123,56 qm |

# Vickers Vimy Commercial

Im Januar 1919 begannVickers unter der Bezeichnung Vimy Commercial mit der Entwicklung einer zivilen Transportversion des Vimy-Bombers. Der erstmals im April 1919 geflogene Prototyp besaß das Leitwerk, die Tragflächen, das Fahrwerk und die Triebwerke der Bomberversion, hatte jedoch einen Rumpf mit großem Durchmesser und Platz für zehn Passagiere. Die Daily Mail hatte einen Preis von £ 10.000 für den ersten Nonstopflug von Kairo nach Kapstadt ausgesetzt, und der Prototyp der Vimy Commercial unternahm einen Versuch. Gesponsert wurde das Unternehmen von der Times, und am Knüppel saßen zwei Vickers-Testpiloten, S. Cockerell und F. C. G. Broome. Die als G-EEAR registrierte Maschine stürzte jedoch beim Start in Tangora, Tansania ab. Trotzdem bestellte die chinesische Regierung 40 Flugzeuge, zudem wurden drei weitere gebaut, die berühmteste sicherlich die G-EASI, die zwischen 1920 und 1934 von Croydon nach Brüssel flog.

| | |
|---|---|
| **Herkunftsland:** | Großbritannien |
| **Typ:** | Passagier- und Transportflugzeug |
| **Triebwerk:** | zwei 12-Zylinder-V-Motoren Rolls-Royce Eagle VIII mit 360 PS (269 kW) |
| **Leistung:** | Reisegeschwindigkeit 135 km/h; Dienstgipfelhöhe 3.200 m; Reichweite 724 km |
| **Gewicht:** | Startgewicht 5.670 kg |
| **Abmessungen:** | Spannweite 20,47 m; Länge 13 m; Höhe 4,76 m; Flügelfläche 123,56 qm |

# Vickers Vincent

Die britische Luftwaffe wählte eine modifizierte Version der Vickers Vildebeest unter der Bezeichnung Type 266 Vincent als Nachfolgemodell der Fairey IIIF und Westland Wapiti als Armeeverbindungsflugzeug aus. Der Prototyp dieser Maschine war eine umgerüstete Vildebeest Mk I, und obwohl die Vincent direkt von der Vildebeest Mk III abstammte, unterschied sie sich doch durch einen zusätzlichen Treibstofftank der anstelle eines Torpedos getragen wurde sowie durch einen Haken zur Aufnahme von Meldungen, um mit Bodentruppen kommunizieren zu können. Ende 1934 wurde die Vincent bei der Luftwaffe in Dienst gestellt und häufig in Aden, Ägypten, Indien, im Irak, in Kenia und im Sudan eingesetzt. Insgesamt wurden 197 Maschinen gebaut. Bei Ausbruch des 2. Weltkriegs stand rund die Hälfte davon noch im Dienst. Die letzten Vincent waren bis 1941 im Irak im Einsatz. Einige Vincent gingen auch an die neuseeländische Luftwaffe (siehe Abbildung).

| | |
|---|---|
| **Herkunftsland:** | Großbritannien |
| **Typ:** | dreisitziges, militärisches Mehrzweckflugzeug |
| **Triebwerk:** | ein Sternmotor Bristol Perseus VIII mit 825 PS (615 kW) |
| **Leistung:** | Höchstgeschwindigkeit 251 km/h; Dienstgipfelhöhe 5.182 m; Reichweite 2.500 km |
| **Gewicht:** | Leergewicht 2.143 kg; max. Startgewicht 3.856 kg |
| **Abmessungen:** | Spannweite 14,94 m; Länge 11,48 m; Höhe 4,47 m |
| **Bewaffnung:** | ein fest eingebautes, vorwärts gerichtetes 7,7-mm-Vickers-MG; ein bewegliches 7,7-mm-Lewis-MG im hinteren Cockpit |

# Vickers Virginia Mk VII

**Als Nachfolgerin der Vimy war die Virginia von 1924 bis Mitte der 30er Jahre in vorderster Linie im Einsatz und bildete viele Jahre das Rückgrat der schweren Nachtbombereinheiten der britischen Luftwaffe. Der Prototyp führte im November 1922 seinen Erstflug durch. Die Maschine war groß, schwer und unterschied sich in ihrer Bauweise nur wenig von ihrer Vorgängerin, doch erwies sich das in diesem Fall als Segen, da die Einsatzdauer des Typs schrittweise weit über das geplante Datum hinaus verlängert wurde. Nach einer verschlungenen Entwicklungsphase war die Mk V, die über 468 PS (349 kW) starke Napier-Lion-II-Motoren und ein drittes (mittleres) Seitenruder verfügte, das erste Hauptserienmodell. Weitere 114 neue Maschinen verschiedener Varianten folgten. Bei der Einführung einer neuen Variante wurden ältere Flugzeuge auf den neuen Standard hochgerüstet. Nach Ende ihrer Bomberkarriere diente die Virginia als Übungsflugzeug für Fallschirmjäger.**

| | |
|---|---|
| **Herkunftsland:** | Großbritannien |
| **Typ:** | schwerer Nachtbomber |
| **Triebwerk:** | zwei W-12-Motoren Napier-Lion VB mit 580 PS (433 kW) |
| **Leistung:** | Höchstgeschwindigkeit 174 km/h; Dienstgipfelhöhe 4.725 m; Reichweite 1.585 km |
| **Gewicht:** | Leergewicht 4.377 kg; max. Startgewicht 7.983 kg |
| **Abmessungen:** | Spannweite 26,72 m; Länge 18,97 m; Höhe 5,54 m; Flügelfläche 202,34 qm |
| **Bewaffnung:** | ein bewegliches 7,7-mm-Lewis-MG im Bugstand; ein bewegliches 7,7-mm-MG im Stand auf dem Rumpfrücken; bis zu 1.361 kg Bomben |

# Voisin-Farman I

**D**ie französischen Brüder Charles und Gabriel Voisin begannen zum Ende des 19. Jahrhunderts, mit Drachen zu experimentieren. 1906 gründeten sie Les Frères Voisin in Billancourt, wo sie zwei Druckschrauber-Doppeldecker mit kastendrachenartiger Heckstruktur, welche auch das Leitwerk umfasste, bauten. Obwohl beide Versuche nicht besonders erfolgreich waren, beauftragte Henry Farman sie, ein Flugzeug zu bauen. Die Voisin-Farman I war eine bessere Maschine, die von einem 50 PS (37 kW) starken Antoinette-Motor angetrieben wurde. Beim Erstflug im Oktober 1907 legte das Flugzeug 771 m zurück, und am 13. Januar 1908 flog Farman über einen Rundkurs von 1 km. Er war damit der erste Flieger in Europa, dem dies gelang. Dieser Erfolg ermutigte die Gebrüder Voisin zu einer Neuentwicklung mit gleicher Auslegung, die jedoch schnell veraltete. Henry Farman wurde, nachdem er weitere europäische Flugrekorde gebrochen hatte, später selbst Konstrukteur.

| | |
|---|---|
| **Herkunftsland:** | Frankreich |
| **Typ:** | einsitziger Doppeldecker |
| **Triebwerk:** | ein Antoinette-Motor mit 50 PS (37 kW) |
| **Leistung:** | geschätzte Höchstgeschwindigkeit 105 km/h; Reichweite und Dienstgipfelhöhe nicht bekannt |
| **Gewicht:** | max. Startgewicht 500 kg |
| **Abmessungen:** | Spannweite 10 m |

# Vought OS2U Kingfisher

Vought entwickelte und baute das VS-310-Kingfisher-Aufklärungsschwimmerflugzeug als Nachfolger der O3U Corsair für die US-Marine. Der Prototyp flog als Landflugzeug erstmals im März 1938 und wurde ab Mai mit Schwimmern auf See getestet. Ein Produktionsauftrag für die OS2U Kingfisher genannte Maschine folgte, und die ersten wurden im August 1940 in Dienst gestellt. Die Kingfisher war der erste katapultstartfähige Eindecker der US-Marine und erwies sich sowohl als Borderkunder als auch bei den Küstenpatrouilleneinheiten der Marine als wertvoll. Der Typ wurde als Kingfisher Mk I auch von der britischen Marine verwendet, die unter dem Lend-Lease-Abkommen 100 Stück erhielt. Von den 24 Flugzeugen, die 1942 auf dem Weg nach Niederländisch Ostindien waren, wurden 18 an die australische Luftwaffe umgeleitet. Abgebildet ist eine Mk I der australischen Luftwaffe, die 1947 in der Antarktis eingesetzt wurde.

| | |
|---|---|
| **Herkunftsland:** | USA |
| **Typ:** | zweisitziges Borderkundungs- und Aufklärungsschwimmerflugzeug |
| **Triebwerk:** | ein Sternmotor Pratt & Whitney R-985-4 mit 450 PS (336 kW) |
| **Leistung:** | Höchstgeschwindigkeit 264 km/h; Dienstgipfelhöhe 3.960 m; Reichweite 1.296 km |
| **Gewicht:** | Leergewicht 1870 kg; max. Startgewicht 2.722 kg |
| **Abmessungen:** | Spannweite 10,95 m; Länge 10,31 m; Höhe 4,61 m; Flügelfläche 24,34 qm |
| **Bewaffnung:** | ein fest eingebautes, vorwärts gerichtetes 7,62-mm-Browning-MG; ein bewegliches 7,62-mm-Browning-MG im hinteren Cockpit; Unterflügelhalterungen für zwei 45,4-kg- oder zwei 147-kg-Bomben |

# Vought-Sikorskj VS-44 Excalibur

**D**em Flugboot, das in den 30er Jahren ein erfolgreiches Transportmittel war, wurde unmittelbar nach dem 2. Weltkrieg eine kurze Verlängerung seiner Lebenszeit vergönnt, bevor eine neue Generation von Landflugzeugen, die über ausreichende Reichweite für Ozeanüberquerungen verfügte, es zur Geschichte werden ließ. Das letzte in den USA gebaute große Passagierflugboot war die Vought-Sikorskj VS-44A. Nur drei dieser viermotorigen Flugboote wurden produziert, das erste machte seinen Jungfernflug im Januar 1942. Während des Kriegs flogen sie auf der Strecke New York–Foynes und wurden auch für militärische Transportflüge des Naval Air Transport Service über den Atlantik benutzt. Hierbei flogen sie offiziell jedoch für American Export Airlines. Die Maschinen trugen die Namen Excalibur, Excambia und Exeter. Nur Excambia wurde nach dem Krieg noch als Linienmaschine eingesetzt, zunächst bei Avalon Air Transport, dann bei Antilles Air Boats.

| | |
|---|---|
| **Herkunftsland:** | USA |
| **Typ:** | Passagierflugboot |
| **Triebwerk:** | vier Sternmotoren Pratt & Whitney R-1830-S1C3-G mit 1.200 PS (895 kW) |
| **Leistung:** | Reisegeschwindigkeit 257 km/h; Reichweite 6.116 km |
| **Gewicht:** | max. Startgewicht 26.082 kg |
| **Abmessungen:** | Spannweite 37,79 m; Länge 24,15 m; Höhe 8,41 m |

# Westland Wapiti Mk IA

Während des 1. Weltkriegs baute Westland Aircraft Works in Yeovil 390 D.H.9A-Bomber, deren Überholung für beschwerliche Auslandseinsätze der britischen Luftwaffe auch im ersten Nachkriegsjahrzehnt die Haupteinnahmequelle des Unternehmens darstellte. 1926 suchte das Luftfahrtministerium einen Nachfolger für die D.H.9A, der eine größere Bombenlast tragen und zuverlässiger sein sollte, jedoch so viele Teile der D.H.9A verwenden sollte wie möglich. Der Gewinner des Wettbewerbs war die Wapiti, eines der beliebtesten und den härtesten Einsätzen unterworfenen Flugzeugen der Luftwaffe. Die Luftwaffe beschaffte 512 Maschinen, 500 wurden für ausländische Kunden gebaut, und in Südafrika wurden weitere gefertigt. Die Mk II war aus Metall gebaut, und die Armeeverbindungs-Version besaß einen Haken zur Aufnahme von Nachrichten, einen längeren Rumpf, Radbremsen und ein Heckrad. Noch 1942 dienten rund 80 Maschinen in Indien.

| | |
|---|---|
| **Herkunftsland:** | Großbritannien |
| **Typ:** | zweisitziges militärisches Mehrzweckflugzeug |
| **Triebwerk:** | ein Sternmotor Bristol Jupiter VIIIF mit 480 PS (358 kW) |
| **Leistung:** | Höchstgeschwindigkeit 225 km/h; Dienstgipfelhöhe 6.280 m; Reichweite 853 km |
| **Gewicht:** | Leergewicht 1.728 kg; max. Startgewicht 2.449 kg |
| **Abmessungen:** | Spannweite 14,15 m; Länge 9,65 m; Höhe 3,61 m; Flügelfläche 43,48 qm |
| **Bewaffnung:** | ein fest eingebautes, vorwärts gerichtetes 7,7-mm-Vickers-MG; ein bewegliches 7,7-mm-Lewis-MG im hinteren Cockpit; eine externe Bombenlast bis zu 263 kg |

# Wright Flyer III

Die Brüder Orville und Wilbur Wright begannen um die Jahrhundertwende, mit unbemannten Gleitern zu experimentieren und erwarben die Erfahrung zum Bau des Flyers, mit dem Orville den ersten bemannten kontrollierten Motorflug über eine weitere Strecke durchführte und zwar am Kill Devil Hill, Kitty Hawk, in North Carolina am 17. Dezember 1903. Aus diesem Flugzeug entwickelten sie den Flyer II mit modifizierten Flügeln und einem 15 PS (11 kW) starken Motor, doch war dieser Versuch erfolglos. Der Flyer III war die erste wirklich praktische Flugmaschine. Der erstmals am 23. Januar 1905 geflogene Flyer III übernahm Motor und Propeller vom Typ II, hatte aber ein komplexeres Steuerungssystem. Die ersten zehn Flüge dauerten alle nicht länger als zehn Sekunden, was die Brüder ihrer mangelnden Erfahrung mit dem Steuerungssystem zuschrieben, doch im Oktober machte Wilbur Wright einen Flug über 38,9 km, der 39 Minuten und 23 Sekunden dauerte.

| | |
|---|---|
| **Herkunftsland:** | USA |
| **Typ:** | experimenteller Doppeldecker |
| **Triebwerk:** | ein Wright-4-Zylinder-Reihenmotor mit 20 PS (15 kW) |
| **Leistung:** | Höchstgeschwindigkeit 56 km/h |
| **Gewicht:** | 388 kg |
| **Abmessungen:** | Spannweite 12,34 m; Länge 8,53 m; Höhe 2,44 m; Flügelfläche 46,73 qm |

# Zeppelin-Staaken R-Serie

**Die größten Flugzeuge des 1. Weltkriegs waren die trägen, aber leistungsfähigen Maschinen der Riesenflugzeug-Reihe der Zeppelin-Werke Staaken. Erste in der Reihe war die 9.000 kg schwere V.G.O.I, die im April 1915 mit drei 240 PS (179 kW) starken Motoren ihren Erstflug machte. Nach einer Serie von Einzelmaschinen mit drei, vier oder fünf Triebwerken und unterschiedlicher Bewaffnung konstruierte das Entwurfsteam Baumann, Hirth und Klein schließlich die R.IV. Abgesehen von der V.G.O.I , die bei einem Absturz verloren ging, wurden alle Flugzeuge an der Ostfront oder für Angriffe auf Großbritannien verwendet. Vom Modell R.VI wurden 18 Exemplare gebaut, eines von Zeppelin Staaken, sechs durch Aviatik, vier durch OAW und sieben bei Schütte-Lanz. Die bei Aviatik gebauten Maschinen besaßen einen anderen Bug sowie verschiedene Leitwerke und Maybach-Motoren. Nach der R.VI folgte eine Reihe von Varianten mit unterschiedlichen Rümpfen und Motoren.**

| | |
|---|---|
| **Herkunftsland:** | Deutschland |
| **Typ:** | schwerer Bomber |
| **Triebwerk:** | vier 6-Zylinder-Reihenmotoren Maybach Mb.IV mit 245 PS (180 kW) |
| **Leistung:** | Höchstgeschwindigkeit 130 km/h; Dienstgipfelhöhe 3.800 m; Reichweite 800 km |
| **Gewicht:** | Leergewicht 7.350 kg; max. Startgewicht 11.460 kg |
| **Abmessungen:** | Spannweite 42,2 m; Länge 22,1 m; Höhe 6,3 m |
| **Bewaffnung:** | ein oder zwei bewegliche 7,92-mm-Parabellum-MG im Bugstand; ein oder zwei bewegliche 7,92-mm-Parabellum-MG im Stand auf dem Rumpfrücken; ein 7,92-mm-Parabellum-MG in Bauchposition; interne Bombenlast bis zu 18 100-kg-Bomben oder eine 1.000-kg-Bombe halbverdeckt; max. Bombenlast 2.000 kg |

# Register